石油和化工行业"十四五"规划教材（普通高等教育）

化工环保与安全技术

钱家盛　主　编

周　奇　曹　明　副主编

化学工业出版社

·北京·

内容简介

本书内容包括化工环保技术与化工安全技术两个部分，全面、系统地介绍了化工过程中的"三废"治理、环境保护、化工安全、职业卫生以及环境质量和安全评价与管理等内容。全书共分为十章，包括化工废水处理技术、化工废气处理技术、化工废渣处理技术、化工清洁生产与可持续发展、环境质量评价、防火防爆与电气安全技术、化工设备安全技术、化工过程安全技术、工业毒物与职业卫生、安全评价。本书可作为高等院校化工类、制药类、轻工类以及相关专业的教材，也可供从事相关专业的科研人员参考。

图书在版编目（CIP）数据

化工环保与安全技术 / 钱家盛主编；周奇，曹明副主编. —北京：化学工业出版社，2022.11（2024.11 重印）
高等学校教材
ISBN 978-7-122-42060-2

Ⅰ.①化… Ⅱ.①钱… ②周… ③曹… Ⅲ.①化学工业-环境保护-高等学校-教材②化工安全-高等学校-教材
Ⅳ.①X78②TQ086

中国版本图书馆 CIP 数据核字（2022）第 158081 号

责任编辑：曾照华
文字编辑：杨子江　师明远
责任校对：王鹏飞
装帧设计：王晓宇

出版发行：化学工业出版社
　　　　　（北京市东城区青年湖南街 13 号　邮政编码 100011）
印　　装：涿州市般润文化传播有限公司
787mm×1092mm　1/16　印张16　字数419千字
2024 年 11 月北京第 1 版第 2 次印刷

购书咨询：010-64518888
售后服务：010-64518899
网　　址：http://www.cip.com.cn
凡购买本书，如有缺损质量问题，本社销售中心负责调换。

定　　价：69.00 元　　　　　　　　版权所有　违者必究

化学工业是国民经济中的重要支柱产业，化工的发展也是社会经济发展的标志之一；同时化工也与环境保护和安全技术紧密相关，并受到国家法律法规的约束。近十几年来，随着我国工程教育专业认证的实施，化学工程与工艺专业的学生不仅需要掌握专业知识与技能，还需要树立环境保护、安全生产以及可持续发展的意识，具备良好的职业道德，成长为德才兼备的专业技术人才，因此化工环保与安全技术课程在化工专业教育中的作用越来越重要。

本教材着眼于符合时代发展的人才培养要求，参照工程教育专业认证标准，以"环保、安全、健康"为主线进行编写，既介绍了环保与安全技术方面的基本知识和技术进展，也在环境评价、安全评价等实际应用方面开展案例分析，以体现实用性与先进性。

本教材是按2学分教学任务进行编撰，内容分为化工环保技术与化工安全技术两个部分，包括化工过程中的"三废"治理、环境保护、化工安全、职业健康卫生，以及环境质量和安全评价等内容。本教材由安徽大学钱家盛任主编，其中绪论、第五章由钱家盛编写，第一章的第一至第五节、第三、四、六章由周奇编写，第一章的第六至八节、第二章由孙英强编写，第七、十章由刘久逸编写，第八、九章由曹明编写。在本教材的编写中，安徽省化工研究院的李玉发、刘雪云、卢杨三位高级工程师提出了许多宝贵的意见和建议，在此深表谢意。

由于编者水平有限，加之时间仓促，书中难免有不妥之处，敬请读者批评指正。

编者

2023 年 6 月

绪论

化学工业是依据化学、物理、工程等科学技术原理进行化学品生产的工业，现已成为国民经济建设中的支柱产业之一，为现代社会经济发展做出了巨大贡献。随着环境保护、绿色发展等理念深入人心，化工行业成为实现环境保护和安全生产管理的重要发力领域，构建安全可靠、清洁环保的化工生产条件，是确保化工产业健康稳定发展的基础，对实现与经济、社会、资源和环境保护的和谐发展具有重要意义。

一、现代化工生产的特点

化工是化学工业、化学工艺和化学工程的总称。化学工业是利用化学工艺、化学工程及工程设备，将各种原材料制造成为有用产品的过程。化学工业与人类发展历史关系密切，一方面化工生产对应社会经济发展的切实需求，化工产品的生产和应用推动人类文明进步，在一定程度上甚至代表着人类文明阶段性发展的最高水平；另一方面科学技术的进步也使化工由作坊式的手工生产方式逐步演变成当今的现代化学工业。我国的化工产业现已形成总规模位居世界前列的完整工业体系，原油一次加工能力居世界第二位，芳烃、三大合成材料和现代煤化工能力均居世界第一位。

（一）原料、工艺和产品的多样性

现代化工既生产生产资料，又生产生活资料，使用的原材料大部分是自然资源，如石油、煤、天然气、盐、生物质等，涉及的生产工艺和产品具有多样性和复杂性的特点，是一个资源密集、跨行业、多品种的生产部门。

现代化工按化学特性可分为无机化工和有机化工；按原料可分为石油化工、煤化工、天然气化工、生物化工、农林化工等；按产品用途可分为医药化工、农药化工、染料化工、涂料化工、日用化工等；按产品吨位可分为通用化工产品（又称大宗化学品）和精细化学品，前者如乙烯、氨、甲醇、硫酸、烧碱、塑料、合成橡胶、纤维等，后者如催化剂、电子化学品、染料、农药、药品等。

现代化工可以用一种原料制造多种产品；一种产品可以使用不同原料或通过不同工艺路线来生产；一种产品可具有不同用途，而不同产品可能会有相同用途；一种产品的生产过程包括原料处理、化学反应、产物与副产物精制除杂等化学物理过程，因此往往工艺及参数复杂多变，工程涉及面广、影响因素多。

（二）大型化、集约化、精细化和自动化

现代化工是装置型工业，不同于装配型工业，它是由若干设备构成整套生产装置，物料在装置内连续移动进行连续制造产品的工业过程。化工生产装置的投资额占总投资的比例很大，但装置规模越大，单位产品的成本越低，劳动生产率和盈利能力越高，装置的规模经济性越明显，这是现代化工一个显著特点。

现代化工的集约化可以综合利用资源和能源，充分合理地转化副产物为合格产品，减少环境污染，提升安全生产品质，逐步实现循环经济的目标。

精细化不仅指产品批量小，更是指产品的生产技术含量高和附加值高。现代化工发达程度和技术水平高低的一个标志就是指精细化工率的高低，即精细化工产品占整个化工产品总产值比例的多少。精细化工产品的研究应用领域宽广，可包括精细化学品和专用化学品。其生产工艺流程繁杂，单元反应多，具有技术密集度高、保密性和专利垄断性强的特点。精细化工产品具有特定的功能和实用性，批量小、品种多，研发投入大且周期长，产品市场周期短，更新换代快。精细化工是现代化工最具活力的热点领域之一，是体现化工与高新技术交叉融合的主要载体，现代化工的精细化发展已逐渐成为世界各国调整化学工业结构、增加产业动能和收获市场红利的战略重点。

（三）知识、技术密集和资金密集

现代化工的自动化程度高，生产是依靠技术、管理等各种专业人员的团队协作来完成的，所涵盖的知识和技术领域广泛，包括化学、化学工程与工艺、机械与设备、自动化、过程控制、建筑工程、环境保护技术与工程、安全科学与工程、工业卫生、经济、管理、营销、公共关系等众多学科。

现代化工具有的装置型工业特点决定了化工是资金密集度较高的工业。现代化工的工艺流程长，设备多且复杂，技术集成度大，产品更新快，基建投资高，流动资金大，因此总投资额度巨大。现代化工的高速发展促使了联合企业的产生，使投资更为集中，资源综合利用率更高，呈现出产品成本低、附加值高、综合效益佳的特点。

（四）环境保护和安全问题首当其冲

化工生产传统上是高能耗，存在废水、废气、废渣"三废"污染的产业。经过科技创新、加大建设等诸多努力，我国化工行业已经建立了围绕环境保护与安全生产的法律法规体系，环境和安全生产监管能力逐步加强，逐步进入高质量和谐发展的阶段。

化工生产应尽量选用非易燃易爆且低毒无毒的原材料，采用环保安全的生产工艺，配备安全可靠的过程设备，并执行严格的环境与安全规章制度和监督机制。化工行业需持续开发环保与安全新技术及清洁生产技术，完善"三废"治理过程，做到少排放乃至零排放；需创建安全和清洁的生产环境，采用无毒无害的工艺和反应过程，发展循环经济，生产环境友好的产品。

二、化工环保技术的发展

环境问题是工业革命以来人类发展所面临的挑战之一，保护和改善环境已成为全人类的紧迫目标。化工行业属典型的资源密集型产业，往往伴随着高能耗、高污染，因此化工环境保护是社会整体环保事业的重要部分。

化工环境保护技术是一门综合性科学技术，通过综合运用自然科学、工程技术以及其他方法和手段，对化工污染物进行消除、减量和无害化等处理，控制污染物排放并降低其对环境的危害，以利于人类社会经济的发展。随着现代化工和环境保护事业的发展，化工环保技术也在不断革新，其主要内容包括三个方面。

（一）化工"三废"处理技术

化工产业因原料、工艺和产品的多样性，污染物种类繁多，针对化工废水、废气、废渣"三废"污染物，治理技术可分为化工废水处理技术、化工废气处理技术和化工废渣处理技术。

化工"三废"处理技术是在遵循特定污染物的处理原则和排放标准的前提下，针对化工过程中因各种原因产生的污染物研究治理的原理和方法，设计处理工艺的流程和设备。因该技术是针对在生产过程末端产生的污染物而实施的有效治理技术，因此属典型的末端治理。

（二）清洁生产

虽然末端治理能够做到化工污染物的达标排放，在一定时期内或在局部地区起到一定的环保作用，但仍存在治理费用高、达标越来越难、无法彻底消除污染、忽视污染物总量控制等问题，从长远看污染问题没有得到根本解决。因此从 20 世纪 70 年代以来，各国政府和企业开始研发少废、无废工艺，探寻清洁生产这一新的途径。

清洁生产的本质是实行污染预防和全过程控制，从根本上最大限度地利用能源，减少或杜绝污染物的产生，减少末端治理费用和降低生产成本，从而达到节能降耗、减污增效的目的，使企业经营实现经济效益和环境效益的统一。它的主要内容可归纳为"三清一控制"四个方面，即清洁的原料和能源、清洁的生产过程、清洁的产品和贯穿于清洁生产中的全过程控制。可见，清洁生产是实施循环经济的有效方法之一，是实现可持续发展战略的重要措施。

（三）环境质量评价

环境质量评价是从人类活动对环境质量影响的角度出发，研究污染物质的来源、成分、性质、含量、分布、变化趋势以及对环境的影响，按照一定的标准和方法，对环境质量进行定量和半定量的判定和预测。环境质量评价可为规范和调整人类生产活动提供科学依据。

环境质量评价包括非常广泛的评价对象和内容，目前主要是环境质量现状评价和环境影响评价。环境质量现状评价是对一个区域当前环境的环境质量进行评价，其主要内容有环境污染评价、生态评价等；环境影响评价是指对规划和建设项目实施后可能造成的环境影响进行分析预测和评估，并提出预防和减轻不良环境影响的对策和措施。

三、化工安全理论、技术与评价

现代化工在为人类社会经济发展做出重大贡献的同时，也因安全事故频发造成巨大的人身伤害，财产损失，以及次生的环境危害，为化工产业的可持续发展带来极为不利的影响。因化工行业的所用原料、工艺设备和生产规模等特性，化工安全事故具有以下特点：火灾、爆炸、中毒等事故多发且后果严重，生产过程中的事故多发且成因复杂，次生环境污染严重。与环境问题相比，人们对安全生产问题的研究相对要早，认识也深。随着现代化工和各学科的快速发展，化工安全理论与技术也取得较大进展，不仅在火灾、爆炸、静电、辐射、噪声、职业病等方面的研究不断深入，还发展出安全系统工程新学科，化工安全评价技术也有很大发展；与此同时安全管理的法律体系也日臻完善。

（一）化工安全理论与技术

化工安全理论与技术是研究化工生产中安全事故和职业伤害发生的原因、预防和消除的系统的科学技术和理论。

化工安全技术是一门综合性科学，涉及数、理、化、生等自然基础科学和电工、材料、劳动卫生等应用科学理论，以及化工、机械、电气、建筑、交通运输等工程技术。化工安全理论与技术包括以下几个方面：化学品安全技术与管理；化工生产过程安全技术，如化工反应、单元操作、化工工艺等安全技术；用于应对安全事故的其他各类安全技术，如防火防爆及电气安全技术、化工设备安全技术；职业卫生与工业毒物等。

（二）化工安全评价与安全管理

化工安全评价，也称危险评价或风险评价，是运用安全系统工程的原理和方法，对化工安全管理全过程进行危险因素辨识、事故原因分析、影响后果评估及后续对策制定等方面的研究。

化工安全评价方法是进行定性定量安全评价的工具，主要有：预先危险性分析（PHA）法、安全检查表（SCA）法、危险和可操作性分析（HAZOP）法、事故树分析（ATA）法、火灾爆炸危险指数评价法等。安全评价通常分为准备工作、实施评价、编制评价报告三个阶段；同时，按照化工建设项目实施阶段的不同，还可分为安全预评价、安全验收评价和安全现状评价等三类安全评价。在我国，安全评价机构和从业人员实行准入制度，只有具有安全评价资质的注册安全评价师方可编写、出具有签名的有效评价报告。

化工安全管理主要指安全生产管理，即针对安全问题，运用一切资源和手段，实现生产过程中人和机器、物料、环境的和谐，达到安全生产目标的管理方式。化工安全生产管理包括安全生产制度建设与管理、危险化学品管理、生产安全管理、设备管理、职业健康管理等方面。

本教材希望学生在学习化工环境保护和化工安全技术的基本原理、技术和方法的基础上，能够运用这些知识初步评价化工实践过程对环境、社会可持续发展的影响，并以良好的职业道德精神，自觉履行环保、安全地开展化工生产的社会责任。

第一章 化工废水处理技术

化工废水的来源和类型多样，相应地发展出不同的针对性处理技术。本章从废水处理技术的原理出发，着重对物理处理法、化学处理法、物理化学处理法以及生化处理法进行分类介绍，并适当引入废水处理新技术与工艺组合案例。化工废水的治理趋势是以可持续发展为主旨，加快发展绿色化工，采用末端废水治理技术与前端清洁生产技术相结合的方式，形成节约资源和保护环境的理念和科学技术。

第一节 化工废水的来源、特点和处理原则

一、化工废水的来源与特点

（一）化工废水的来源

目前，我国化工行业门类发展得较为齐全，形成石油化工、煤化工、农药、化肥、生物制药等20多个行业，4万多个产品种类。但在发展的同时，化工行业特别是精细化工行业排出的废水里大多含有结构复杂、有毒有害和生物难降解的有机物。因此化工废水往往成分复杂、产量大、处理难度高，是水环境治理方面的重点和难度。

化工废水可以来源于生产过程中的各个环节，其主要形成途径可以概括为以下几点。

（1）原料、中间品和产品的流失。在运输和生产过程中，因操作不规范等原因导致有一部分物料、产品流失并进入水体。

（2）未反应完的原料。在生产过程中，因为原料自身纯度及反应条件限制等因素，未能实现完全反应从而形成剩余的废料，未经再利用就被排入水体，形成化工废水。

（3）副产品的生成。化工生产中，伴随副反应生成的副产物被直接排放。

（4）管道及设备的泄漏。由于设备或管道密封不良或者操作不当，在化工生产和物料运送过程中，发生了"跑、冒、滴、漏"。

（5）生产设备的清洗。清洗化工生产的容器、设备、管道时，其内残留的物料随着清洗水一并排出形成废水。

（6）冷却水。冷却水冷却物料后带走的少量物料；冷却时水中投加的水质稳定剂；排出的冷却水温度较高，形成热污染。

（7）特定生产过程生成废水。由蒸汽蒸馏、汽提、酸洗、碱洗过程排放的水。

（二）化工废水的特点与分类

1. 化工废水的特点

（1）化工废水水质成分复杂，既有重工业的来源，如石油工业和煤炭工业，也有轻工业的来源，如纺织印染业，有害物质不单一，综合处理较为困难。

（2）废水中污染物含量高，这是由于反应不完全的原料或生产中使用的大量溶剂介质、半

成品、成品进入了水体。

（3）有毒有害、刺激性物质多。精细化工中产生的有机污染物对微生物多是有毒有害的，如卤素化合物、硝基化合物、具有杀菌作用的分散剂或表面活性剂等，另外也可能含有无机酸、碱类等刺激性、腐蚀性的物质。

（4）生物难降解物质多，BOD（生化需氧量）/COD（化学需氧量）低，可生化性差，化工废水中的许多人工化合物结构稳定，难以被降解。

（5）大多属于高含盐废水，难以直接生化处理；总盐分高的废水主要是因为生产所需酸类、碱类较多所导致，如肟、胺、腙类生产废水中，总盐分可以达到 10%以上，甚至是 30%左右。

（6）废水色度高，水质污染严重，可能会呈现各种颜色。

此外可能还存在高营养化、pH 不稳定、残余温度高的问题。

总之，化工废水 COD 高、盐度高、对微生物有毒性，是典型的难降解废水，是目前水处理技术方面研究的重点和热点。

2. 化工废水的分类

按所含主要污染物的化学性质，化工废水可以分为三大类。

（1）以无机污染物为主的无机废水，一般含酸、碱、大量的盐类或悬浮物。

（2）以有机污染物为主的有机废水，如制药、染料、日化、塑料等有机产品生产行业排放的废水，毒性较强且不易分解。

（3）既含无机物又含有机物的混合废水，实际上，绝大多数化工废水均属于混合废水。

按所含污染物主要成分分类，可分为酸性废水、碱性废水、含汞废水、含酚废水、含油废水等。

按工业企业的产品和加工对象分类，可分为冶金废水、造纸废水、炼焦煤气废水、金属酸洗废水、化学肥料废水、纺织印染废水、染料废水、制革废水、农药废水、电站废水等。

3. 化工废水中污染物的种类及污染指标

化工废水中常见污染物的种类及危害原理如下。

（1）固体污染物。降低水的透明度，影响感官及水生生物。

（2）耗氧有机物。这类污染物在分解过程中要消耗氧气，因而被称为耗氧污染物。水中溶解氧减少影响鱼类和其他水生生物的生长。水中溶解氧耗尽后，有机物将进行厌氧分解，从而产生一些有难闻气味的有机物，使水质进一步恶化。

（3）富营养化物质。含磷、氮量较高的废水会造成水体富营养化，刺激藻类繁殖，大量消耗溶解氧、鱼类窒息死亡。

（4）无机无毒物质。如酸、碱、盐，可抑制微生物生长，妨碍水体自净，使水质恶化、土壤酸化或盐碱化，腐蚀金属。

（5）有毒污染物。如重金属、砷、氰，有机农药、酚类化合物以及放射性物质，对人体和动物造成危害。

（6）油类污染物。在水面上形成油膜，影响氧气进入水体，破坏了水体的复氧条件。

（7）感官污染物。一些会引起异色、浑浊、泡沫、恶臭等现象的物质。

（8）热污染。冷却水是热污染的主要来源。这种废水直接排入天然水体，可引起水温升高。

此外，还有生物污染物质，通常为致病性微生物，包括致病细菌、病虫卵和病毒，但一般不是由化工废水污染直接导致。

根据上述污染物类别，人们建立了衡量水体被污染程度的数值指标，最常用指标如下。

（1）生化需氧量（BOD）。表示在有饱和氧条件下，好氧微生物在 20℃下经一定天数降解每升水中有机物所消耗的游离氧的量，常用单位 mg/L，常以 5 日为测定 BOD 的标准时间，以 BOD_5 表示。

（2）化学需氧量（COD）。表示用强氧化剂把有机物氧化为 H_2O 和 CO_2 所消耗的相当氧量。常用的氧化剂为重铬酸钾或高锰酸钾，分别表示为 COD_{Cr}（COD）和 COD_{Mn}（也称耗氧量，简称 OC），单位为 mg/L。

（3）总需氧量（TOD）。当有机物完全被氧化时，C、H、N、S 分别被氧化为 CO_2、H_2O、NO、SO_2 时所消耗的氧量，单位为 mg/L。

（4）总有机碳（TOC）。表示水中有机污染物的总含碳量，以碳含量表示，单位为 mg/L。

（5）悬浮物（SS）。水样过滤后，滤膜或滤纸上截留下来的物质，单位为 mg/L。

（6）pH 表示污水的酸碱性。

（7）有毒物质。表示水中对生物有害物质的含量，如氰化物、砷化物、汞、镉、铬、铅等，单位为 mg/L。

（8）大肠杆菌数。指每升水中所含大肠杆菌的数目，单位为个/L。

二、化工废水的处理标准与原则

（一）化工废水处理的标准

1. 污水综合排放标准

水污染物排放标准通常被称为污水排放标准，它是根据受纳水体的水质要求，结合环境特点和社会、经济、技术条件，对排入环境的废水中的水污染物和产生的有害因子所作的控制标准，或者说是水污染物或有害因子的允许排放量（浓度）或限值。

我国现在已经制定了比较完善的水系环境保护的质量标准，对于化工废水处理来说，最基本的是《地表水环境质量标准》（GB 3838—2002）和《污水综合排放标准》（GB 8978—1996）。《地表水环境质量标准》（GB 3838—2002）依据地表水域环境功能和保护目标，按功能高低依次划分为 5 类：Ⅰ类主要适用于源头水、国家自然保护区；Ⅱ类主要适用于集中式生活饮用水地表水源地一级保护区、珍稀水生生物栖息地、鱼虾类产卵场、仔稚幼鱼的索饵场；Ⅲ类主要适用于集中式生活饮用水地表水源地二级保护区、鱼虾类越冬场、洄游通道，水产养殖区等渔业水域及游泳区；Ⅳ类主要适用于一般工业用水区及人体非直接接触的娱乐用水区；Ⅴ类主要适用于农业用水区及一般景观要求水域。《污水综合排放标准》（GB 8978—1996）按污水的排放去向，分年限规定了 69 种水污染物最高允许排放浓度及部分行业最高允许排水量。其中建设（包括改、扩建）单位的建设时间以环境影响评价报告（表）批准日期为准划分。另外，对于排放含有放射性物质的废水，除符合此规定外，还应符合《电离辐射防护与辐射源安全基本标准》（GB 18871—2002）。

《污水综合排放标准》（GB 8978—1996）中将排放的污染物按其性质及控制方式分为两类。第一类污染物，指能在水环境或动植物体内蓄积，对人体健康产生长远不良影响的有害物质。这类污染物不分行业和污水排放方式，也不分受纳水体功能类别，一律在车间或车间处理设施排放口采样，其最高允许排放浓度必须达到表 1-1 的标准要求（采矿业的尾矿坝出水口不得视为车间排放口）。

表 1-1 第一类污染物最高允许排放浓度 单位：mg/L

序号	污染物	最高允许排放浓度
1	总汞	0.05
2	烷基汞	不得检出
3	总镉	0.1
4	总铬	1.5
5	六价铬	0.5
6	总砷	0.5
7	总铅	1.0
8	总镍	1.0
9	苯并 [a] 芘	0.00003
10	总铍	0.005
11	总银	0.5
12	总 α 放射性	1Bq/L
13	总 β 放射性	10Bq/L

　　第二类污染物指其长远影响小于第一类污染物的有害物质。这类污染物在排污单位排放口采样，其最高允许排放浓度必须达到表 1-2 标准要求（以下为该标准部分内容）。

表 1-2 第二类污染物最高允许排放浓度（1998 年 1 月 1 日后建设的单位） 单位：mg/L

序号	污染物	适用范围	一级标准	二级标准	三级标准
1	pH	一切排污单位	6～9（无量纲）	6～9（无量纲）	6～9（无量纲）
2	色度（稀释倍数）	一切排污单位	50 倍	80 倍	—
3	悬浮物（SS）	采矿、选矿、选煤工业	70	300	—
		脉金选矿	70	400	—
		边远地区砂金选矿	70	800	—
		城镇二级污水处理厂	20	30	—
		其他排污单位	70	150	400
4	五日生化需氧量（BOD$_5$）	甘蔗制糖、苎麻脱胶、湿法纤维板、染料、洗毛工业	20	60	600
		甜菜制糖、酒精、味精、皮革、化纤浆粕工业	20	100	600
		城镇二级污水处理厂	20	30	—
		其他排污单位	20	30	300
5	化学需氧量（COD）	甜菜制糖、合成脂肪酸、湿法纤维板、染料、洗毛、有机磷农药工业	100	200	1000
		味精、酒精、医药原料药、生物制药、苎麻脱胶、皮革、化纤浆粕工业	100	300	1000
		石油化工工业（包括石油炼制）	60	120	—
		城镇二级污水处理厂	60	120	500
		其他排污单位	100	150	500

　　《污水综合排放标准》（GB 8978—1996）是在我国特定阶段制定的覆盖行业类别较大的综合型标准，也是现阶段适用于排放污水的一切企、事业单位的规定，但存在不能反映特定行业生产工

艺、处理技术和污染物的特点的问题。因此，为贯彻《中华人民共和国环境保护法》，保障人体健康，加强环境管理，一些更严格的特定行业排放标准已代替《污水综合排放标准》相应标准执行。《医疗机构水污染物排放标准》（GB 18466—2005）自 2006 年 1 月 1 日实施起代替《污水综合排放标准》（GB 8978—1996）中有关医疗机构水污染物排放标准部分，其中色度（30）、COD（60）、BOD（20）等排放标准普遍都严于后者。此外，还有《煤炭工业污染物排放标准》（GB 20426—2006）、《皂素工业水污染物排放标准》（GB 20425—2006）分别自 2006 年 10 月 1 日与 2007 年 1 月 1 日实施起，优先于《污水综合排放标准》（GB 8978—1996）中相关的排放限值执行。

2. 污水排放标准的类别

污水排放标准可以分为：国家排放标准、地方排放标准和行业标准。

（1）国家排放标准。国家排放标准是国家环境保护行政主管部门制定并在全国范围或特定区域适用的标准，如《污水综合排放标准》（GB 8978—1996）适用于全国范围。

（2）地方排放标准。地方排放标准是由省、自治区、直辖市人民政府批准颁布的，在特定行政区适用。如《污水综合排放标准》（DB 31/199—2018），适用于上海市范围。

（3）行业标准。根据行业排放废水的特点和治理技术发展水平，国家对部分行业制定了水污染物行业排放标准。如：《制革及毛皮加工工业水污染物排放标准》（GB 30486—2013）；《电镀污染物排放标准》（GB 21900—2008）；《纺织染整工业水污染物排放标准》（GB 4287—2012）；《制浆造纸工业水污染物排放标准》（GB 3544—2008）；《海洋石油勘探开发污染物排放浓度限值》（GB 4914—2008）；《钢铁工业水污染物排放标准》（GB 13456—2012）；《合成氨工业水污染物排放标准》（GB 13458—2013）；《磷肥工业水污染物排放标准》（GB 15580—2011）；《烧碱、聚氯乙烯工业水污染物排放标准》（GB 15581—1995）。

本标准颁布后，新增加国家行业水污染物排放标准的行业，按其适用范围执行相应的国家水污染物行业标准，不再执行《污水综合排放标准》。

3. 国家标准与地方标准的关系

《中华人民共和国环境保护法》第十六条规定："国务院环境保护主管部门根据国家环境质量标准和国家经济、技术条件，制定国家污染物排放标准。省、自治区、直辖市人民政府对国家污染物排放标准中未作规定的项目，可以制定地方污染物排放标准；对国家污染物排放标准中已作规定的项目，可以制定严于国家污染物排放标准的地方污染物排放标准。地方污染物排放标准应当报国务院环境保护主管部门备案。"即，两种标准并存的情况下，执行地方标准。如化工大省江苏，污染物综合排放标准为《太湖地区城镇污水处理厂及重点工业行业主要水污染的排放限值》（DB 32/1072—2018），并且为了加强江苏省化工厂水污染防治，严格控制化工厂污水主要污染物排放，针对江苏省的化工厂污水排放标准特制定《江苏省长江水污染防治条例》《江苏生态省建设纲要》及《江苏省地表水（环境）功能区划》（苏政复〔2003〕29 号）。同时，其他省市也根据自身状况制定本地的地方标准，如山西省地方标准《污水综合排放标准》（DB 14/1928—2019）；北京市地方标准《水污染物综合排放标准》（DB 11/307—2013）；广东省地方标准《水污染物排放限值》（DB 44/26—2001）。

4. 污水综合排放标准与水污染物行业排放标准的关系

污水排放标准按适用范围不同，可以分为污水综合排放标准和水污染物行业排放标准。《污水综合排放标准》（GB 8978—1996）、《污水综合排放标准》（DB31/199—2018）是综合排放标准。《制浆造纸工业水污染物排放标准》（GB 3544—2008）是行业排放标准。国家污水综合排放标准与国家行业排放标准不交叉执行，有行业排放标准的优先执行行业标准、暂无行业标准的其他污水排放均执行《污水综合排放标准》。

　　此外，为了保证合流管道、泵站、预处理设施的安全、正常运行，发挥设施的社会效益、经济效益、环境效益，有关部门制定了纳管标准，即排水户向城市下水道或合流管道排放污水的水质控制标准。如上海市建设委员会 1999 年批准实施了《污水排入合流管道的水质标准》（DBJ08-904—1998）。该标准所称的合流污水，是指生活污水、产业废水及大气降水的总和。该标准规定了污水排入合流管道的 30 种有害物质的最高允许浓度。其他项目应遵守国家行业和地方标准中的规定。特殊行业的排水户除了执行该标准的规定外，还应执行其行业的有关水质标准。

（二）化工废水的处理原则

　　目前，化工废水的治理仍然以末端治理技术为主，主要以实现已产生的废水无害化排放为目的，并进一步开发对有价值物质资源化回收的技术。然而为了践行化工工业的生态文明建设，必须走可持续的绿色发展道路，即采取对化工废水产生到排放全流程整体监控的方式，将源头控制与末端治理相结合，解决化工废水污染性问题。归纳起来可分为以下三个方面。

1. 废水的无害化

　　对含有剧毒物质的废水，如含有重金属、放射性物质、高浓度酚和氰，可采用针对性的技术分离或分解其中的有害物质。

2. 废水的资源化

　　如对废水中的有价值物质进行分离回收或对于富含有机质的废水以能源回收的方式进行利用。

3. 废水的减量化

　　从源头上即从清洁生产的角度出发，应开发新型工艺代替或改革落后生产工艺，尽可能在生产过程中杜绝或减少有毒有害废水产生。对产生了的废水，可利用膜技术对废水进行浓缩。

　　化工废水处理的发展趋势是把废水和污染物作为有用资源回收利用或实行闭路循环。而实现可持续的绿色化工将更多追求从源头上进行防控，实现废水产生过程全方位治理。

第二节　化工废水的一般处理技术

　　化工废水多为混合型废水，其中的污染物是多种多样的，用一种工艺或者一步过程往往不能将废水中所有的污染物去除。由此，为了达到满意的废水处理效果，针对不同污染物的特征，对废水实行分级处理的策略，按处理深度可分为一级处理、二级处理和三级处理，相对应地发展了各种不同的废水处理方法（见表 1-3），处理程度逐步加深。

表 1-3　废水处理方法分级表

处理深度	处理技术	处理目的
一级处理	隔栅、筛网、气浮、沉淀、预曝气、中和	除去漂浮物、油，调节 pH，为初步处理
二级处理	活性污泥法、生物膜法、厌氧生化法、混凝、氧化还原	除去大量有机污染物，为主要处理
三级处理	氧化还原、电渗析、反渗透、吸附、离子交换	除去前两级未去除的有机物、无机物、病原体，为深度处理

这些处理方法按其工作原理分为物理处理法、化学处理法、物理化学处理法和生化处理法。

第三节　物理处理法

通过物理作用，以分离、回收废水中不溶解的呈悬浮状态污染物质（包括油膜和油珠）的废水处理法。与其他方法相比，物理法具有设备简单、成本低、管理方便、效果稳定等优点，一般作为其他处理方法的预处理或补充处理。根据物理作用的不同，又可分为重力沉淀法、离心分离法和过滤法（筛滤截留法）等。

一、重力沉淀法

一种使悬浮在流体中的固体颗粒下沉而与流体分离的过程。它是依靠地球引力场的作用，利用颗粒与流体的密度差异，使之发生相对运动而沉降，即重力沉降。

（一）沉淀法的分类

废水中含有的无机砂粒或固体颗粒一般采用沉淀法去除，以防止造成水泵及其他设备、管道的磨损及淤塞。沉淀池中沉降下来的固体可通过机械方式清除。

沉淀法可根据沉淀原理粗分为自然沉淀和混凝沉淀两种。

(1) 自然沉淀：依靠废水中固体颗粒的自身重量进行沉降。颗粒较大时处理效果较好。

(2) 混凝沉淀：混凝沉淀基本原理是通过在废水中投加电解质作为混凝剂，使废水中微小颗粒在混凝剂的作用下形成较大的胶团，加速其在水中的沉降，属于物理化学方法。

（二）颗粒自由沉淀的影响因素

为了加强对颗粒自由沉降规律的理解，可以引入斯托克斯（Stokes）公式来表示沉降速度 u_s。当雷诺数 $Re<1$ 时，即流体与颗粒间相对运动呈滞流状态，此时公式可表示为：

$$u_s = \frac{g(\rho_s - \rho)}{18\mu} d_s^2 \tag{1-1}$$

式中　μ——污水的黏度，Pa·s；

　　　d_s——颗粒的直径，m；

　　　ρ——污水的密度，kg/m³；

　　　ρ_s——悬浮颗粒密度，kg/m³；

　　　u_s——颗粒的沉降速度，m/s。

从式中可以看出，颗粒与水的密度差（$\rho_s-\rho$）越大，沉速越大。而当颗粒密度小于污水的密度时，$u<0$，颗粒上浮；颗粒密度与污水的密度相等时，$u=0$，颗粒悬浮。颗粒直径越大，沉速越快。一般沉淀只能去除 $d>20\mu m$ 的颗粒，但可以通过混凝的方式增大颗粒粒径。污水的黏度 μ 越小，沉速越快，黏度与水温成反比关系，提高水温有利于加速沉淀。

在实际情况中，因为悬浮颗粒在形状、大小以及密度方面有较大差异，并不能直接用公式来计算，但该公式有助于理解沉淀规律。

（三）沉砂池

沉砂池一般用于分离污水中粒径大于 0.2mm，密度大于 2.65kg/m³ 的砂粒。污水在迁移、流动和汇集的过程中不可避免会混入泥沙，当污水中无机成分高、含水量低时，应先采用沉砂池处理以保护管道、阀门等设施免受磨损和阻塞，破坏后续处理工艺过程。其工作原理是以重力分离或离心分离为基础，故应控制沉砂池的进水流速，使得比重大的无机颗粒下沉，而有机悬浮颗粒能够随水流带走。沉砂池主要有平流式沉砂池、曝气沉砂池、旋流沉砂池等。

1. 平流式沉砂池

常用的沉砂池是平流式沉砂池，如图 1-1 所示。平流式沉砂池由进水明渠、贮砂斗、排砂管、栏杆和闸阀组成，污水在池内沿水平方向流动。为了保证取得较好的沉砂效果，又能使有机悬浮物流走，需要严格控制水流速度，一般在 0.15～0.3m/s 为宜，停留时间不少于 30s。平流式沉砂池具有截留无机物颗粒效果较好、工作稳定、构造简单和排沉砂方便等优点。但砂中夹有有机物，增加了沉砂的后续处理难度，且存在占地面积大、配水不均匀的缺点。

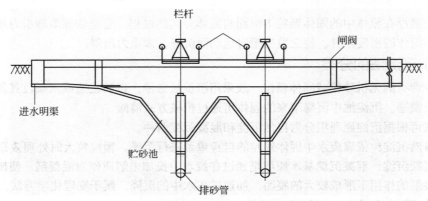

图 1-1　平流式沉砂池示意图

2. 曝气沉砂池

曝气沉砂池是一种长形渠道，如图 1-2 所示。沿渠壁一侧的整个长度方向，距池底 60～90cm 处安设穿孔曝气管进行曝气，在其下部设集砂槽，池底有 $i=0.1～0.5$ 的坡度，以保证砂粒滑入集砂槽。集砂槽侧壁倾角应不小于 60°，曝气装置的一侧可以设置挡板，使池内水流具有较好的旋流运动。在曝气作用下，黏附着有机物的砂粒处于悬浮状态，相互之间碰撞、摩擦并承受曝气产生的剪切力，从而使砂粒上的有机物被洗脱出来。在旋流的离心力作用下，这些密度较大的砂粒被甩向外部沉入集砂槽，而密度较小的有机物随水流向前流动被带到下一处理单元。曝气沉砂池在一定程度上克服了平流式沉砂池截留的沉砂中夹杂有一定有机物的缺点，但运行费用相对较高。

3. 旋流沉砂池

旋流沉砂池是利用机械力控制废水流态与流速，以加速砂粒下沉并使有机物被水流带走的沉砂装置。

如图 1-3 所示，沉砂池由流入口、流出口、沉砂区、砂斗、涡轮驱动装置以及排砂系统等组成。污水由流入口切线方向流入沉砂区，进水渠道设有跌水堰，使可能沉积在渠道底部的砂子向下滑入沉砂池；还可以在进水口设一挡板，使水流及砂子进入沉砂池时向池底流动，并加强附壁效应。在沉砂池中间设有可调速的桨板，使池内的水流保持环流。旋转的涡轮叶片使砂粒呈螺旋形流动，促进有机物和砂粒的分离，由于所受离心力不同，相对密度较大的砂粒被甩向池壁，在重力作用下沉入砂斗；而较轻的有机物，则在沉砂池中间部分与砂子分离，有机物随出水旋流带出池外。通过调整转速，可以达到最佳的沉砂效果。砂斗内沉砂可以采用空气提升、排砂泵排砂等方式排除，再经过砂水分离达到清洁排砂的标准。

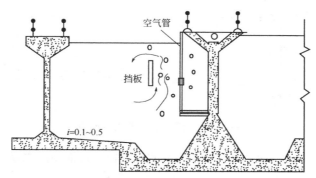

图 1-2　曝气沉砂池示意图

旋流沉砂池具有占地较小、除砂效率高、操作环境好、设备运行可靠等特点，但其需要严格控制水量的变化。

（四）沉淀池及分类

沉淀池一般是在生化前或生化后进行泥水分离，多为分离颗粒较细的污泥。可通过以下方式进行分类。

1. 按沉淀池在废水处理流程中的位置

主要分为初次沉淀池和二次沉淀池。

（1）初次沉淀池。初次沉淀池是指对废水预先进行净化的一级处理手段，广泛用于废水的预处理。例如在生化处理前，废水先经过沉淀池进行沉淀去除砂粒、固体颗粒杂质以及一部分有机物，可以减轻生化装置的处理负荷。

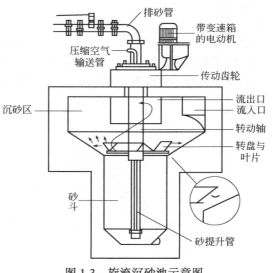

图 1-3　旋流沉砂池示意图

（2）二次沉淀池。二次沉淀池是指设在生化处理后的沉淀池，其目的是进一步去除残留的固体物质，包括生化处理后多余的活性污泥。

2. 按沉淀池结构

可分为平流式、竖流式、辐流式和斜板（管）式沉淀池。

（1）平流式沉淀池。平流式沉淀池是沉淀池的一种类型。如图 1-4 是设有链带式刮泥机的平流沉淀池，池体平面为矩形，池的长宽比不小于 4，有效水深一般不超过 3～4m，进口和出口分设在池长的两端。废水由进水槽经进水孔流入池中，其后通过挡板或穿孔整流墙对进水进行消能稳流，使水流均匀分布于池中过水部分的整个断面，出口设有溢流堰和集水槽，堰前设置挡板以阻隔浮渣，防止浮渣随水流出。沉淀池底前端有污泥斗，池底污泥由刮泥机刮入斗内，池底坡度为 0.01～0.02。平流式沉淀池沉淀效果好，使用较广泛，但占地面积大。常用于处理水量大于 15000m³/d 的污水处理厂。

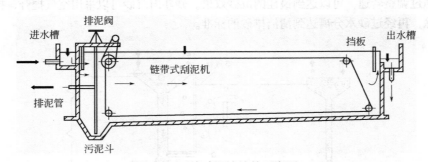

图 1-4 平流式沉淀池的示意图

(2) 竖流式沉淀池。竖流式沉淀池又称立式沉淀池，是池中废水竖向流动的沉淀池。如图 1-5 所示，池体平面图形为圆形或方形，水由设在池中心的进水管自上而下进入池内（管中流速应小于 30mm/s），管下设伞形挡板使废水在池中均匀分布后沿整个过水断面缓慢上升（对于生活污水，一般流速为 0.5～0.7mm/s，沉淀时间采用 1～1.5h），悬浮物沉降进入池底锥形沉泥斗中，澄清水从池四周沿周边溢流堰流出。堰前设挡板及浮渣槽以截留浮渣保证出水水质。池的一边靠池壁设排泥管（直径大于 200mm），靠静水压将泥定期排出。竖流式沉淀池的优点是占地面积小、排泥容易，缺点是深度大、施工困难、造价高。当废水含有大量无机悬浮物而水量又不大时，宜采用竖流式沉淀池，常用于处理水量小于 20000m³/d 的污水处理厂。

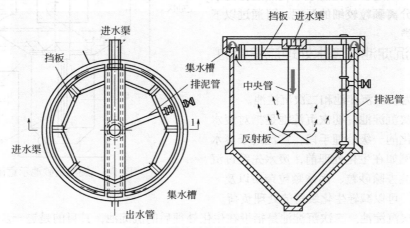

图 1-5 竖流式沉淀池的示意图

(3) 辐流式沉淀池。辐流式沉淀池的池体平面以圆形为多，也有方形的。直径（或边长）6～60m，最大可达 100m，池周水深 1.5～3.0m，池底坡度不宜小于 0.05。如图 1-6 所示。废水自池中心进水管进入池，沿半径方向向池周缓缓流动。悬浮物在流动中沉降，并沿池底坡度进入污泥斗，澄清水从池周溢流至出水渠中。辐流式沉淀池多采用回转式刮泥机收集污泥，刮泥机刮板将沉至池底的污泥刮至池中心的污泥斗，再借重力或污泥泵排走。

(4) 斜板（管）式沉淀池。如图 1-7 所示，斜板（管）式沉淀池的每两块平行斜板间（或平行管内）相当于一个很浅的沉淀池，使被处理的水（或废水）与沉降的污泥在沉淀浅层中相互运动并分离。在沉淀池内增设一组斜板（斜管）既增大了沉淀面积，也缩短了沉淀时间，与此同时，板间（管间）的水流也由紊流变为层流，同样提高了沉淀效率。为了及时排泥，板（管）与水平面成 45°～60° 安装。

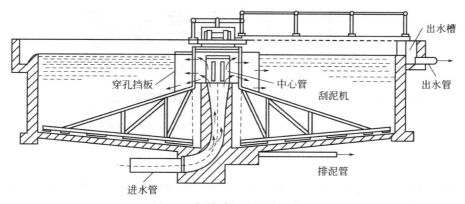

图 1-6　辐流式沉淀池的示意图

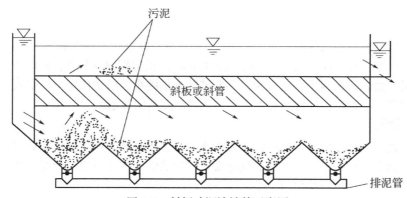

图 1-7　斜板式沉淀池的示意图

（五）隔油池

隔油池是利用油滴与水的密度差产生上浮作用来去除含油废水中可浮性油类物质的一种废水预处理构筑物。隔油池的构造如图 1-8 所示，可分为多个隔间，并在液面位置设置具有一定深度的隔油板，含油废水通过入水口进入平面为矩形的隔油池，沿入口隔板流入池底部，并沿水平方向缓慢流动，在流动中油品上浮水面，形成一层油脂层，由集油管或设置在池面的刮油机推送到集油管中流入脱水罐。在隔油池中沉淀下来的重油及其他杂质，积聚到池底，通过排泥管进入污泥管中，在池末设置导管，从池底部导出脱油后的水体。为了提高除油效果，可设置多个隔间，重复除油。经过隔油处理的废水则溢流入排水渠后排出池外，进行后续处理，以去除乳化油及其他污染物。

（六）气浮法

将根据液体表面张力的作用原理，使污水中固体污染物黏附在高度分散的微小气泡上，利用其密度小于水而上浮到水面，形成泡沫，然后用刮渣设备自水面刮除泡沫，实现固液或液液分离的过程称为气浮法。气浮过程的必要条件是：在被处理的废水中，应分布大量细微气泡，并使被处理的污染物质呈悬浮状态，且悬浮颗粒与气泡间形成黏附而上浮。

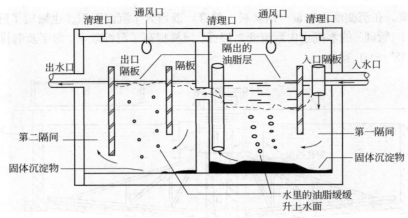

图 1-8 隔油池的示意图

工业废水处理中，气浮法常作为预处理单元以去除部分悬浮物质。气浮时要求气泡的分散度高、量多，以利于提高气浮的效果；同时泡沫层的稳定性要适当，既便于浮渣稳定在水面上，又不影响浮渣的运送和脱水。产生气泡的方法有三种。

1. 机械法

可分为曝气气浮和剪切气泡气浮两种类型。前者使空气通过池底微孔管、微孔板上的微孔，被分散成细小气泡进行气浮，达到固-液分离的目的。如扩散板曝气气浮，简单易行，但容易堵塞，气浮效果不高。后者利用高速旋转混合器或叶轮机的高速剪切作用，将引入的空气剪切成细小气泡进行气浮，适用于处理水量不大，污染物浓度高的废水。

2. 电解气浮

电解气浮是将正负相间的多组电极浸没在水中，废水电解时产生氢气和氧气形成微细的气泡黏附于悬浮物上进行气浮。但产生的气泡具有一定的氧化还原作用，会对设备造成损伤。这种技术结合了化学过程，一般被归于化学法或物理化学法。

3. 压力溶气法

将空气在一定的压力下溶于水中，并达到饱和状态，然后突然减压，过饱和的空气便以微小气泡的形式从水中逸出。目前废水处理中的气浮工艺多采用压力溶气法，又可分为完全溶气气浮和部分溶气气浮。

(1) 完全溶气气浮。全部污水进入溶气罐内，加压令空气溶解于污水中，然后通过减压释放装置将污水送入气浮池，如图 1-9 所示。这种方法的特点是溶气量大，动力消耗大，气浮池容积小。

(2) 部分溶气气浮。部分溶气气浮与完全溶气气浮相似，所不同者是取部分污水加压溶气，一般占总水量的 30%～35%，其余污水直接进入气浮池。这种方法的特点是动力消耗低，溶气罐的容积较小。

总的来说，用气浮法的主要优点如下。

① 设备占地少，效率较高，一般只需 15～20min 即可完成固液分离。

② 气浮法所产生的污泥较干燥，不易产生腐化。

③ 从表面刮取浮渣，操作较便利。

④ 整个工作是向水中通入空气，增加了水中的溶解氧量，对除去水中有机物、藻类、表面活性剂及臭味等有明显效果。

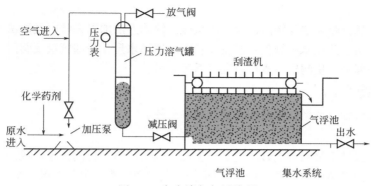

图 1-9　完全溶气气浮流程

⑤ 其出水水质为后续处理及利用提供了有利条件。

气浮法的主要不足之处如下。

① 能耗较大，运行耗电量较大。

② 运转部分易造成堵塞，设备维修及管理工作量较大。

③ 浮渣露出水面后，易受风、雨等天气变化因素影响。

二、离心分离法

离心分离法的原理是：含悬浮物的废水在高速旋转时，悬浮颗粒所受到的离心力大小不同，质量大的被甩到外圈，质量小的留在内圈，因此可以通过不同出口将它们分别引导出来。利用此原理就可分离废水中的悬浮颗粒，使废水得以净化。常利用高速离心机和旋液分离器进行离心分离。

（一）高速离心机

高速离心机可产生相当高的角速度，使离心力远大于重力。当非均相体系围绕一中心轴做旋转运动时，运动物体会受到离心力的作用，旋转速率越高，运动物体所受到的离心力越大。在相同的转速下，容器中不同大小密度的物质会以不同的速率沉降。如果颗粒密度大于液体密度，则颗粒将沿离心力的方向逐渐远离中心轴。经过一段时间的离心操作，就可以实现密度不同物质的有效分离。

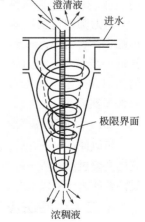

（二）旋液分离器

如图 1-10 所示，废液由圆筒部分以切线方向进入，做旋转运动而产生离心力，下行至圆锥部分更加剧烈。料液中的固体粒子或密度较大的液体受离心力的作用被抛向器壁，并沿器壁按螺旋线下流至出口（底流）。澄清的液体或液体中携带的较细粒子则上升，由中心的出口溢流而出。这种方法的优点是：构造简单，无活动部分；体积小，占地面积也小；分离的颗粒范围较广。但不足之处为分离效率较低，常采用几级串联的方式或与其他分离设备配合应用，以提高其分离效率。

图 1-10　旋液分离器示意图

三、过滤法

废水中含有悬浮物和漂浮物时，常采用机械过滤的方法加以去除。过滤法常作为废水处理的预处理方法，用以防止水中微粒物质及胶状物质破坏水泵、堵塞管道及阀门等。过滤法也用在废水的最终处理中，使滤出的水可以进行循环使用。

（一）过滤方式

按过滤方式可分为格栅、筛网和介质过滤器三种。

1. 格栅

格栅是污水泵站中最主要的辅助设备。格栅一般由一组平行的栅条组成，斜置于泵站集水池的进口处。其倾斜角度为 60°～80°。按格栅栅条的净间距，可分为粗格栅（50～100mm）、中格栅（10～40mm）、细格栅（1.5～10mm）三种。平面格栅与曲面格栅，都可做成粗、中、细三种。由于格栅是物理处理的重要设施，故新设计的污水处理厂一般采用粗、中两道格栅，甚至采用粗、中、细三道格栅。按清渣方式，格栅可分为人工清渣格栅和机械清渣格栅两种。人工清渣格栅适用于小型污水处理厂。当栅渣量大于 0.2m³/d 时，为改善工人劳动与卫生条件，都应采用机械清渣格栅。如图 1-11 为回转式机械格栅，由许多个相同的耙齿机件组装成封闭的耙齿链，在电动机的驱动下，齿链运转到设备上部及背部，此时固体污物靠自重下落到渣槽内，通过一组槽轮和链条组成连续不断的自上而下的循环运动，达到不断清除格栅污物的目的。但这类格栅若污物脱落不干净，容易把污物带到栅后渠道中。

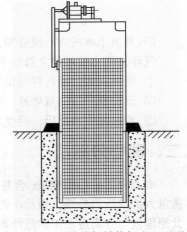

图 1-11　回转式机械格栅（正面图）

2. 筛网

筛网是用金属丝或纤维丝编织而成的，孔径 0.15～1mm。筛网能去除和回收不同类型和大小的悬浮物，具有简单、高效、运行费用低廉等优点，一般用于规模较小的废水处理。筛网有很多种，主要的两种是振动筛网和水力筛网。振动筛网由振动筛和固定筛组成，污水通过振动筛时，悬浮物等杂质被留在振动筛上，并通过振动卸到固定筛网上，以进一步脱水。

水力筛网是由运动筛网和固定筛网组成。运动筛网水平放置，呈截顶圆锥形。由运动筛网小端进水，并从小端到大端流动，在此过程中纤维等杂质被筛网截留，并沿着倾斜面卸到固定筛进一步脱水。水力筛网的动力来自进水水流的冲击力和重力作用，因此在进水端要保持一定的压力且一般不用筛网，而是采用不透水的材料制成。目前，水力筛网仍未有定型产品，但已有许多实际应用。

3. 介质过滤器

可以使用单一介质，也可根据不同需要采用多种介质。单一介质的过滤器也叫浅层介质过滤器，它的主要过滤介质一般为石英砂、花岗岩和火山砾等。多层介质过滤器也叫深层介质过滤器，它的过滤介质由一种以上过滤介质组成，一般有石英砂、活性炭、无烟煤、锰砂及其他接触性介质。

（二）过滤法应用形式与过滤设备

1. 滤池

废水处理中采用滤池的目的是去除废水中的细小悬浮物质，特别是去除生化处理及混凝沉淀不能去除的一些细小悬浮颗粒及胶体物质。目前，滤池广泛作为三级处理手段，对二级处理出水作进一步处理；或作为活性炭吸附、离子交换、电渗析、反渗透及膜分离等深度处理的预处理。滤池种类较多，按照滤速的大小可分为快滤池和慢滤池。目前实际应用中，大部分是快滤池。快滤池处理能力较大，出水水质好。快滤池有很多种：按滤料层形式，可分为单层滤料滤池（包括均质滤层、实际的分级滤层和理想滤层）、双层滤料滤池和多层滤料滤池；按照进水流动方式，可分为重力式滤池和压力式滤池；按照控制方式，可分为普通快滤池、虹吸滤池、移动罩式滤池及无阀滤池等。在废水三级处理中，一般采用综合滤料过滤器，滤床采用不同的过滤介质，一般是以格栅或筛网及滤布作为底层的介质，然后在其上再堆积颗粒介质。普通快滤池滤料一般为单层细砂级配滤料（级配是在同一种滤料中，不同粒径的滤料颗粒在滤料中所占的质量分数）或煤、砂双层滤料。普通快滤池工作过程包括过滤和反洗，过滤即截留污染物；反洗即把被截留的污染物从滤料层中洗去，使之恢复过滤能力。表 1-4 给出了普通快滤池的几种滤料组成和滤速范围。

表 1-4　普通快滤池的滤料组成及滤速范围

滤池类型	滤料及粒径/mm	相对密度	滤料厚度/m	滤速/(m/h)	强制滤速/(m/h)
单层滤池	石英砂 0.5~1.2	2.65	0.7	8~12	10~14
双层滤池	无烟煤 0.8~1.8	1.5	0.4~0.5	4.8~24	14~18
	石英砂 0.5~1.2	2.65	0.4~0.5	一般为 12	
三层滤池	无烟煤 0.8~2.0	1.5	0.42	4.8~24 一般为 12	
	石英砂 0.5~0.8	2.65	0.23		
	磁铁矿 0.25~0.5	4.75	0.07		
	无烟煤 1.0~2.0	1.75	0.45	4.8~24 一般为 12	
	石英砂 0.5~1.0	2.65	0.20		
	石榴石 0.2~0.4	4.13	0.10		

2. 微滤机

如图 1-12 所示，被处理的废水沿轴向进入微滤机鼓内，以径向辐射状经筛网流出，水中杂质（细小的悬浮物、纤维、纸浆等）即被截留于微滤机鼓筒上滤网内面。当截留在滤网上的杂质被转鼓带到微滤机上部时，被压力冲洗水反冲到排渣槽内流出。运行时，微滤机转鼓 2/5 的直径部分露出水面，转数为 1~4r/min，微滤网过滤速度可采用 30~120m/h，冲洗水压力 0.05~0.15MPa，冲洗水量为生产水量的 50%~100%，用于水库水处理时，微滤机除藻效率达 40%~70%，除浮游生物效率达 97%~100%。微滤机占地面积小，生产能力强（250~36000m³/d），操作管理方便，因此微滤机已成功地应用于给水及废水处理等工程中。

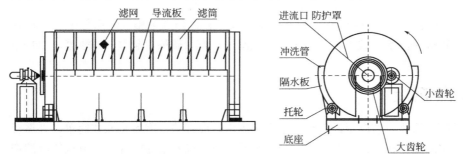

图 1-12　微滤机示意图

3. 压滤机

压滤机是利用一种特殊的过滤介质，对对象施加一定的压力，使得液体渗析出来的一种机械设备，是一种常用的固液分离设备，板框压滤机如图 1-13 所示。压滤机由滤板、滤框、滤布、压榨隔膜组成，滤板两侧由滤布包覆，需配置压榨隔膜时，一组滤板由隔膜板和侧板组成。隔膜板的基板两侧包覆着橡胶隔膜，隔膜外边包覆着滤布，侧板即普通的滤板。物料从止推板上的孔道进入各滤室，固体颗粒因其粒径大于过滤介质（滤布）的孔径被截留在滤室里，滤液则从滤板下方的出液孔流出。滤饼需要榨干时，除用隔膜压榨外，还可用压缩空气或蒸气，从洗涤口通入，冲去滤饼中的水分，以降低滤饼的含水率。

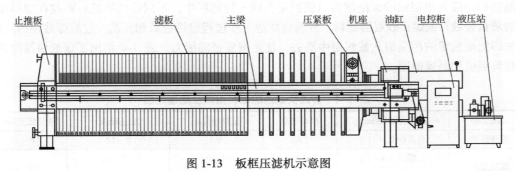

图 1-13　板框压滤机示意图

第四节　化学处理法

通过化学反应去除废水中的污染物质或将其转化为无害物质的废水处理法，可用来除去废水中的金属离子、植物营养素（氮、磷）、乳化油、色度、臭味、酸、碱等。

化学法包括中和、化学沉淀、氧化还原、电解等方法。

一、中和法

在化工、炼油企业中，对于低浓度的含酸、含碱废水，在无回收及综合利用价值时，往往采用中和的方法进行处理。中和法也常用于废水的预处理，用来调整废水的 pH。

针对酸碱废水采用的中和方法如下。

① 酸性废水。有酸性废水与碱性废水相互中和、药剂中和、过滤中和 3 种方法。具体手段有：加入碱性药剂（烧碱、石灰石等）；利用碱性废水，碱性废渣（电石渣、碳酸钙、碱渣等）；利用碱性滤料（石灰石、大理石、白云石等）形成的滤床。

② 碱性废水。有碱性废水与酸性废水相互中和、药剂中和、烟道气中和 3 种方法。具体手段有：向碱性废水中鼓入烟道废气；加入酸性药剂（硫酸、盐酸、硝酸等）；加入酸性废水、废渣。

二、化学沉淀法

化学沉淀法是目前应用最广泛的重金属废水处理方法，因为它操作简单、处理费用相对便宜。在化学沉淀过程中，化学物质会与重金属离子形成不溶性沉淀物。形成的沉淀物可以通过沉淀或过滤与水分离，经处理过的水可达标排放或重复利用。传统的化学沉淀处理方法主要包括氢氧化物沉淀法、硫化物沉淀法和铁氧体沉淀法。

（一）氢氧化物沉淀法

氢氧化物沉淀法是通过添加碱性物质调节 pH 值使重金属离子生成难溶的氢氧化物而沉淀分离，该方法具有操作简单、价格低廉、pH 值易于控制等特点，是重金属废水处理中最常应用的方法。氢氧化物沉淀法虽然得到了广泛的应用，但是在操作时还需要注意以下几个方面。

① 中和沉淀后，废水若 pH 值高，需要中和处理后才可排放。

② 废水中常常有多种重金属共存，当废水中含有 Zn、Pb、Sn、Al 等两性金属时，pH 值偏高，沉淀可能有再溶解倾向，因此要严格控制 pH 值，实行分段沉淀。

③ 有些小颗粒不易沉淀，则需加入絮凝剂辅助沉淀生成。

④ 废水中有些阴离子如卤素、氰根等有可能与重金属形成络合物，因此要在中和之前进行预处理。

（二）硫化物沉淀法

硫化物沉淀法是用硫化物（硫化钠、硫化氢等）去除废水中溶解性重金属离子的一种有效方法。与氢氧化物沉淀法相比，硫化物沉淀法可以在相对低的 pH 值条件下（7~9）使金属高度分离，同时具有处理后的废水一般不用中和、形成的金属硫化物易于脱水和稳定等特点。硫化物沉淀法也存在着一些缺点：

① 硫化物沉淀剂在酸性条件下易生成硫化氢气体，产生二次污染；

② 硫化物沉淀物颗粒较小，易形成胶体，会对沉淀和过滤造成一定的不利影响。

（三）铁氧体沉淀法

铁氧体沉淀法处理重金属废水就是向废水中投加铁盐，通过控制 pH 值、氧化、加热等条件，使废水中的重金属离子与铁盐生成稳定的铁氧体共沉淀物，然后采用固液分离的手段，达到去除重金属离子的目的。该法是日本 NEC 公司首先提出的，用于处理重金属废水及实验室污水，得到了较好的效果。铁氧体沉淀法可一次去除废水中多种重金属离子，形成的沉淀颗粒大，容易分离，颗粒不返溶，不会产生二次污染，而且形成的是一种优良的半导体材料。但是这种方法在操作中需要加热到 70℃ 左右，并且在空气中会慢慢氧化，操作时间长，消耗能量多。

三、氧化还原法

废水经过氧化还原处理，可使废水中所含的有机物质和无机物质转变为无毒或毒性不大的物质，从而达到废水处理的目的。因工业废水中有毒有害的有机物质污染较普遍，氧化法在废水处理中获得较大的发展。常用的氧化法有：空气氧化法、次氯酸氧化法、臭氧氧化法、湿式氧化法等。现在工业上用得比较多的氧化剂主要是次氯酸、O_3、H_2O_2、过硫酸盐等。

（一）空气氧化法

这是利用空气中的氧气氧化废水中的有机物和还原性物质的一种处理方法，因空气氧化能力比较弱，主要用于含还原性较强物质的废水处理，如炼油厂的含硫废水。空气中的氧与水中硫化物的反应如下：

$$2HS^- + 2O_2 \longrightarrow S_2O_3^{2-} + H_2O \tag{1-2}$$

$$2S^{2-} + 2O_2 + H_2O \longrightarrow S_2O_3^{2-} + 2OH^- \tag{1-3}$$

$$S_2O_3^{2-} + 2O_2 + 2OH^- \longrightarrow 2SO_4^{2-} + H_2O \tag{1-4}$$

（二）次氯酸氧化法

次氯酸是普遍使用的氧化剂，既用于给水消毒，又用于废水氧化。次氯酸氧化法目前主要用在对含酚、含硫化物的废水治理当中。次氯酸中氯元素的化合价为+1 价，是氯元素的最低价含氧酸，但其氧化性在氯元素的含氧酸中极强。

（三）湿式氧化法

湿式氧化法是指在废水的氧化还原处理中，使溶液中悬浮或溶解状有机物在液相水存在的情况下，通过高温高压后被氧化分解的处理工艺。湿式氧化法的原理及过程比较复杂，一般认为有两个主要步骤：空气中的氧从气相向液相的传质过程；溶解氧与基质之间的化学反应。

（四）高级氧化技术

高级氧化技术（AOPs）又称作深度氧化技术，以产生具有强氧化能力的羟基自由基（·OH）为特点，在高温高压、电、声、光照、催化剂等反应条件下，使大分子难降解有机物被氧化成低毒或无毒的小分子物质。

1. 臭氧氧化技术

用臭氧作氧化剂对废水进行净化和消毒处理。臭氧具有很强的氧化能力，因此在环境保护和化工等方面被广泛应用。臭氧氧化法主要用于水的消毒，去除水中酚、氰等污染物质，水的脱色，除去水中铁、锰等金属离子，除异味和臭味。

臭氧是一种不稳定、易分解的强氧化剂，因此要现场制造。臭氧氧化法水处理的工艺设施主要由臭氧发生器和气水接触设备组成。大规模生产臭氧的唯一方法是无声放电法。臭氧氧化法的主要优点是反应迅速，流程简单，没有二次污染问题。但目前生产臭氧的电耗仍然较高，每公斤臭氧约耗电 20～35kW·h，需要继续改进生产技术，降低电耗。同时需要加强对气水接触方式和接触设备的研究，提高臭氧的利用率。

2. 传统芬顿氧化法

传统的芬顿（Fenton）氧化法，与其他高级氧化工艺相比，因其操作简单、反应快速、可产生絮凝等优点而备受青睐。芬顿氧化法在处理难降解有机废水时，具有一般化学氧化法无法比拟的优点，已成功运用到多种工业废水的处理当中。芬顿试剂的实质是以二价铁离子（Fe^{2+}）和过氧化氢之间的链反应催化生成羟基自由基。羟基自由基具有较强的氧化能力，其氧化电位仅次于氟，高达 2.80eV。另外，羟基自由基具有很高的电负性，其电子亲和能力达 569.3kJ，具有很强的加成反应特性，因而芬顿试剂可氧化水中的大多数有机物，特别适用于生物难降解或一般化学氧化难以奏效的有机废水的氧化处理。芬顿试剂在处理有机废水时会发生反应产生铁水络合物，主要反应式如下：

$$\left[Fe(H_2O)_6\right]^{3+} + H_2O \longrightarrow \left[Fe(H_2O)_5OH\right]^{2+} + H_3O^+ \tag{1-5}$$

$$\left[Fe(H_2O)_5OH\right]^{2+} + H_2O \longrightarrow \left[Fe(H_2O)_4(OH)_2\right]^+ + H_3O^+ \tag{1-6}$$

当 pH 为 3～7 时，上述络合物变成：

$$2\left[Fe(H_2O)_5OH\right]^{2+} \longrightarrow \left[Fe_2(H_2O)_8(OH)_2\right]^{4+} + 2H_2O \tag{1-7}$$

$$\left[Fe_2(H_2O)_8(OH)_2\right]^{4+} + H_2O \longrightarrow \left[Fe_2(H_2O)_7(OH)_3\right]^{3+} + H_3O^+ \tag{1-8}$$

$$\left[Fe_2(H_2O)_7(OH)_3\right]^{3+} + \left[Fe(H_2O)_5OH\right]^{2+} \longrightarrow \left[Fe_3(H_2O)_7(OH)_4\right]^{5+} + 5H_2O \qquad (1\text{-}9)$$

但 H_2O_2 价格昂贵，单独使用往往成本太高，因而在实际应用中，通常是与其他处理方法联用，将其用于废水的预处理或最终深度处理。用少量芬顿试剂对工业废水进行预处理，可使废水中的难降解有机物发生部分氧化，改变它们的可生化性、溶解性和混凝性能，利于后续处理。

3. 光催化氧化技术

光催化氧化技术是在光化学氧化技术的基础上发展起来的。光化学氧化技术是在可见光或紫外光作用下分子吸收特定波长的电磁辐射，受激产生分子激发态，然后会发生化学反应生成新的物质，或者变成引发热反应的中间化学产物，使有机污染物氧化降解的反应过程。如将 O_2、H_2O_2 等氧化剂与光辐射相结合的 UV-H_2O_2、UV-O_2 等工艺，可以用于处理污水中 CCl_4、多氯联苯等难降解物质。但由于反应条件所限，光化学氧化降解往往不够彻底，易产生多种芳香族有机中间体，成为光化学氧化需要克服的问题。通过与催化剂相结合构成光催化氧化体系，可以大大提高光化学产生氧化物种的效率。

根据光催化剂使用的不同，可以分为均相光催化氧化技术和非均相光催化氧化技术。

均相光催化氧化技术有 UV/芬顿法，将紫外光加入芬顿体系中，紫外光与铁离子之间存在着协同效应，使 H_2O_2 分解产生羟基自由基的速率大大加快，促进有机物的氧化去除。为了提高体系的太阳光活性，利用草酸铁络合物的高光化学活性，进一步发展了 UV-Vis/H_2O_2/草酸铁络合物法。

非均相光催化降解是利用光照射某些具有能带结构的半导体光催化剂如 TiO_2、ZnO、CdS、WO_3、$SrTiO_3$、Fe_2O_3 等，可诱发产生羟基自由基。在水溶液中，水分子或氧化剂（H_2O_2）在半导体光催化剂的作用下，产生氧化能力极强的羟基自由基，可以氧化分解各种有机物。

4. 电芬顿氧化法

该法综合了电化学过程和芬顿氧化过程，充分利用了二者的氧化能力。电芬顿技术相对于传统芬顿具有如下优点：

（1）自动产生 H_2O_2 的机制较完善；

（2）喷洒在阴极上的氧气或空气可提高反应溶液的混合度；

（3）Fe^{2+} 可由阴极再生，污泥常量少；

（4）有机物降解因素多，包括羟基自由基的间接氧化、阳极的直接氧化、电混凝和电絮凝。

电芬顿过程原理图如图 1-14 所示。

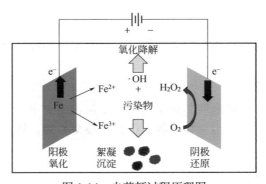

图 1-14 电芬顿过程原理图

四、电解法

废水电解处理法是指应用电解的机理，使废水中有害物质通过电解过程在阳、阴两极上分别发生氧化和还原反应转化成为无害物质以实现废水净化的方法。电解槽内装有极板，一般用普通钢板制成。电解槽按极板连接电源方式分单极性和双极性两种。通电后，在外电场作用下，阳极失去电子发生氧化反应，阴极获得电子发生还原反应。废水作为电解液流经电解槽，在阳极和阴极分别发生氧化和还原反应以去除有害物质。电解法主要用于处理含铬废水和含氰废水。此外，还用于去除废水中的重金属离子、油以及悬浮物，也可以凝聚吸附废水中呈胶体状态或溶解状态的染料分子，同时氧化还原作用可破坏生色基团，取得脱色效果。按照污染物的净化机理可以分为电解氧化法、电解还原法、电解凝聚法和电解浮选法。

（一）电解氧化法

可分为两个部分，即直接氧化和间接氧化。直接氧化作用是指溶液中·OH 基团的氧化作用，它是由水通过电化学作用产生的，该基团具有很强的氧化活性，对作用物几乎无选择性。直接氧化的电极反应如下：

$$2H_2O \longrightarrow 2 \cdot OH + 2H^+ + 2e^- \tag{1-10}$$

$$有机物 + \cdot OH \longrightarrow CO_2 \uparrow + H_2O \tag{1-11}$$

$$2NH_3 + 6 \cdot OH \longrightarrow N_2 \uparrow + 6H_2O \tag{1-12}$$

$$2 \cdot OH \longrightarrow H_2O + 1/2O_2 \uparrow \tag{1-13}$$

水中含有高浓度的 Cl^- 时，Cl^- 在阳极放出电子，形成 Cl_2，进一步在溶液中形成 ClO^-，溶液中 Cl_2/ClO^- 的氧化作用能有效去除废水中的 COD 及 NH_3-N。这种氧化作用即为间接氧化，反应如下：

$$阳极：\quad 4OH^- \longrightarrow 2H_2O + O_2 \uparrow + 4e^- \tag{1-14}$$

$$2Cl^- \longrightarrow Cl_2 \uparrow + 2e^- \tag{1-15}$$

$$溶液中：\quad Cl_2 + H_2O \longrightarrow ClO^- + 2H^+ + Cl^- \tag{1-16}$$

$$有机物 + ClO^- \longrightarrow CO_2 \uparrow + H_2O + Cl^- \tag{1-17}$$

$$3ClO^- + 2NH_3 \longrightarrow 3Cl^- + N_2 \uparrow + 3H_2O \tag{1-18}$$

（二）电解还原法

阴极上产生的活性氢，其还原能力很强，可与废水中的污染物发生还原反应，或生成氢气。

（三）电解凝聚法

在直流电场的作用下，可溶性铝板电极氧化电解出铝离子，与水电离产生的羟基形成氢氧化铝絮状矾花，并与水中污染物如氟离子产生凝集作用，从而达到净化水中污染物的效果。

（四）电解浮选法

电解浮选法已经比较广泛地应用于废水处理中。浮选微泡是利用电解水的方法获得的。

未被彻底氧化的有机物部分和悬浮固体颗粒可被 Al(OH)₃ 吸附凝聚并在氢气和氧气带动下上浮分离，从而提高水处理效率。此法设备面积小，装置中除设有浮渣清除部件外，无可动部件，不容易发生故障，便于维护、操作。电解浮选法的缺点是电耗较高，因此多作为二级处理使用。

第五节　物理化学处理法

废水经物理方法处理后，仍会含有某些细小的悬浮物以及溶解的有机物，为了去除残存在水中的污染物，可进一步采用物理化学方法进行处理。物理化学处理法是指利用物理化学作用使废水中的污染物质通过相转移的方式从水中去除，污染物在此过程中可以不参与化学反应，直接从一相转移到另一相，也可以经过化学反应后再转移，因此在物理化学处理过程中可能伴随着或不伴随化学反应。物理化学处理法主要可分为吸附法、离子交换法、混凝法、膜分离法、萃取法、汽提法和吹脱法等。

一、吸附法

吸附法是利用多孔性的固体吸附剂将废水中的某种或几种污染物（吸附质）吸附于表面，去除这些污染物，从而使废水得到净化的方法。此外，用适宜溶剂、加热或吹气等方法将污染物解吸，达到分离和富集的目的，是实现废水资源化利用的一种有效途径。在污水处理领域，吸附法应用范围包括脱色，除臭味，脱除重金属、各种溶解性有机物、放射性元素等。在处理流程中，吸附法可作为离子交换、膜分离等方法的预处理手段，可去除有机物、余氯等，也作为二级处理后的深度处理手段，以保证回用水的质量。

吸附剂的选择原则有：吸附能力强、吸附选择性好、吸附平衡浓度低、容易再生和再利用、机械强度好、化学性质稳定、来源容易、价格便宜。

吸附工艺及设备：按照吸附和再生操作方式的不同，吸附工艺可分为间歇吸附和连续吸附。前者是将吸附剂投入废水中，连续搅拌直到吸附平衡，再进行固液分离；后者是废水连续流过吸附床层，待出水浓度突破排放限值时，吸附剂被排出吸附柱进行再生。按吸附设备不同，又可分为固定床、移动床和流化床。

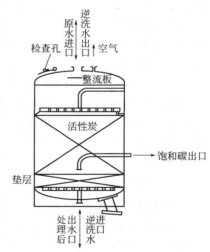

图 1-15　吸附固定床示意图

如图 1-15，固定床是吸附剂填充在吸附柱内，吸附时吸附剂固定不动，而废水穿过吸附剂床层。移动床吸附是指新鲜或再生吸附剂由塔顶加进，添加速率的大小以保持液、固相有一定的接触高度为原则；塔底有一装置连续地排出已饱和的吸附剂，送到另一容器再生，再生后回到塔顶。废水从塔底进入，通过吸附床流向塔顶，由塔顶流出。因为在吸附过程中吸附剂一直在移动，所以称为吸附移动床，见图 1-16。多室流化床吸附塔的流化床中废水由床底部升流式通过床层，吸附剂由上向下移动。控制原水流速使吸附剂呈流态化，两者的接触面积增大，充分发挥吸附剂活性，因而设备小而生产能力大，图 1-17 为多室流化床吸附塔结构示意图。

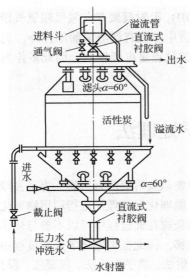

图 1-16　吸附移动床示意图

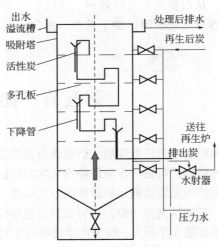

图 1-17　多室流化床吸附塔结构示意图

二、离子交换法

离子交换过程可认为是一种特殊的吸附过程，其原理是：原水中的各种无机盐电离生成的阳离子、阴离子，经过阳、阴树脂层（离子交换柱内的离子交换剂）时，与树脂所带基团上的原本阳离子（如氢离子）和阴离子（如氢氧根离子）发生置换反应，而被树脂吸附。随着离子交换柱的运行，柱内树脂上可置换的离子变得越来越少，置换能力也就越来越弱。当这种置换能力弱到一定程度时，我们就称树脂"失效"，此时树脂就需要再生。再生就是让强酸（常用HCl 溶液）、强碱（常用 NaOH 溶液）电离生成的氢离子和氢氧根离子，在流过阳、阴树脂层时，把吸附在树脂上的无机盐离子置换下来，并随着酸液或碱液一起流出离子交换柱，这样就使得离子交换柱内的树脂恢复了原有的置换能力。离子交换法可用于水的软化及除盐，或在工业水处理中用于去除金属离子，浓缩回收有用物质。

离子交换剂的分类：离子交换剂按材质不同，可分为无机离子交换剂和有机离子交换剂。无机离子交换剂包括天然沸石和合成沸石，均属于硅质离子交换剂，不适合在酸性条件下使用。有机离子交换剂一般由不溶的高分子骨架及其所带的官能团与官能团上的反离子构成，如聚丙烯酸钠树脂，主体结构为聚丙烯高分子，官能团为羧基，反离子是钠离子。

离子交换工艺可分为间歇式离子交换和连续式离子交换。

1. 间歇式离子交换

间歇式离子交换过程是交换和再生在同一装置中交替进行，再生过程包括反洗、再生和清洗。对应的装置为固定床，包括单层床、双层床和混合床。图 1-18 为单层固定床离子交换装置示意图，进水装置的作用是分配进水和收集反洗排水，常用的有漏斗式、喷水型、十字穿孔管型和多孔板进水水帽型。排水装置用来收集出水和分配反洗水，排水装置应保证水流分布均匀和不漏树脂，常用的有多孔板排水帽式和石英砂垫层式。

2. 连续式离子交换

连续式离子交换过程是指交换过程和再生过程分别在两个装置中连续进行，树脂不断地在离子交换装置和再生装置中循环，如混床离子交换过程（图 1-19）。离子交换树脂再生器采用固定床，交换器采用流动床。

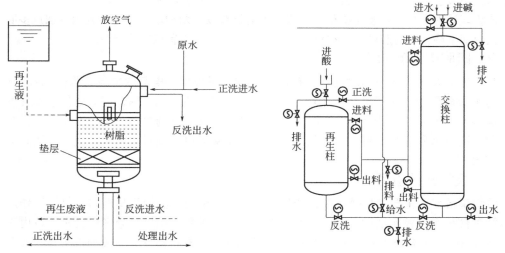

图 1-18 单层固定床离子交换装置示意图　　图 1-19 混床离子交换过程示意图

三、混凝法

混凝法主要用于去除水体中难以自然沉降的粒径为 $1nm \sim 100\mu m$ 的细小悬浮颗粒及胶体颗粒。因为胶体颗粒一般都较小，水分子的布朗运动不足以使其在短时间内发生沉降，而且胶体颗粒具有特殊的表面双电层结构，如图 1-20，也不利于其自然沉降，因此胶体颗粒能在水中长时间稳定存在。

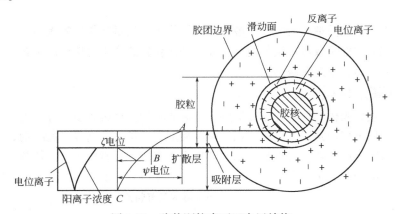

图 1-20 胶体颗粒表面双电层结构

（一）混凝法的原理

混凝剂的作用是使细微、相互聚结的胶体物质脱稳，形成容易去除的大絮凝体。絮凝沉淀不仅可去除细小悬浮颗粒，还能够去除色度、油分、微生物、氮磷等富营养物质、重金属及有机物等。

1. 压缩双电层机理

当向溶液中投加电解质，使溶液中离子浓度增高，这时扩散层的厚度将降低。该过程的实质是加入的反离子与扩散层原有反离子之间的静电斥力把原有部分反离子挤压到吸附层中，从而使扩散层厚度降低。由于扩散层变薄，颗粒相撞时的距离减少，相互间的吸引力变大。颗粒间排斥力与吸引力的合力由斥力为主变为以引力为主，颗粒就能相互凝聚。

该机理认为电势差最多可降至 0，因而不能解释以下两种现象：①混凝剂投加过多时，混凝效果反而下降；②与胶粒带同样电荷的聚合物或高分子也有良好的混凝效果。

2. 吸附电中和机理

胶粒表面对异号离子、异号胶粒、链状离子或分子带异号电荷的位点有强烈的吸附作用，由于这种吸附作用中和了电位离子所带电荷，减少了静电斥力，降低了 ζ 电位，使胶体的脱稳和凝聚易于发生。本机理可用来解释三价铝盐或铁盐混凝剂投量过多，混凝效果反而下降的现象。这是因为胶粒吸附了过多的反离子，使原来的电荷变号，排斥力变大，从而发生了再稳现象。

3. 吸附架桥机理

吸附架桥作用主要是指链状高分子聚合物在静电引力、范德瓦耳斯力和氢键等作用下，通过活性部位令胶粒和细微悬浮物等发生吸附桥联的过程。无机高分子聚合物可以由三价铝盐或铁盐在控制水解 pH 值情况下经水解和缩聚形成；而有机高分子絮凝剂本身具有长链或网状结构，由于高分子长链可以吸附胶粒，可使相距较远的胶粒之间形成吸附架桥，结成大的絮凝体。

4. 沉淀物网捕机理

当采用硫酸铝、石灰或氯化铁等高价金属盐类作混凝剂时，当投加量大得足以迅速沉淀金属氢氧化物 [如 $Al(OH)_3$、$Fe(OH)_3$] 或金属碳酸盐（如 $CaCO_3$）时，水中的胶粒和细微悬浮物可被这些沉淀物在形成时作为晶核或吸附质所网捕。当水中胶粒本身可作为这些沉淀所形成的核心时，凝聚剂最佳投加量与被除去物质的浓度成反比，即胶粒越多，金属凝聚剂投加量越少。

上述四种作用在水处理中可能同时或交叉发挥作用，只是起作用的大小不同。一般低分子电解质作为混凝剂主要是双电子层作用，而高分子聚合物的作用为架桥产生絮凝，故而往往将前者称为混凝剂，后者称为絮凝剂。

（二）混凝剂种类

混凝剂具有破坏胶体的稳定性和促进胶体絮凝的功能，种类较多，分为无机混凝剂与有机混凝剂，目前应用最广的是铝系混凝剂和铁系混凝剂。近年来，高分子混凝剂有很大发展，一般聚合物分子量都很高，絮凝能力都很强，如聚丙烯酰胺，具有投量小、絮凝体沉淀速度快等优点。常见的混凝剂如表 1-5 所示。

表 1-5　常用混凝剂及其特点

混凝剂类别		混凝剂	应用特点
无机混凝剂	铝系混凝剂	硫酸铝 明矾 聚合氯化铝（PAC） 聚合硫酸铝（PAS）	适宜 pH：5.5~8
	铁系混凝剂	三氯化铁 硫酸亚铁 硫酸铁（国内生产少） 聚合硫酸铁 聚合氯化铁	适宜 pH：5~11，但腐蚀性强

续表

混凝剂类别		混凝剂	应用特点
有机混凝剂	人工合成混凝剂	阳离子型：含氨基、亚氨基的聚合物	国外开始增多，国内尚少
		阴离子型：水解聚丙烯酰胺（HPAM）	
		非离子型：聚氧化乙烯（PEO）	
		两性型：聚丙烯酰胺（PAM）	使用极少
	天然混凝剂	淀粉、动物胶、树胶、甲壳素等	
		微生物絮凝剂	

（三）混凝剂的投加流程

混凝剂的处理流程包括投药、混合、反应以及沉淀分离几个过程，如图 1-21 所示。

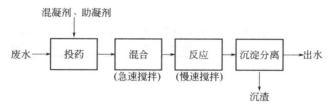

图 1-21　混凝剂的投加流程图

投药方法可分为干法投药和湿法投药两种，前者是药剂直接投放，后者是将药剂配置成一定浓度的溶液，再投入处理水中。在实际应用中湿法给药较为常用。混凝剂在废水中发生水解反应的速度很快，需要急速搅动生成大量细小胶体，并不要求产生大颗粒。因此混合阶段要求均匀快速，大约在 10～30s 完成，一般不超过 2min。混合完成后，水中生成细小絮体，但未达到自然沉降的程度。反应阶段应有一定的停留时间和适当的搅拌强度，以让小絮体能相互碰撞，并防止产生大絮体沉淀；同时搅拌强度不宜过大，防止已生成的絮体破碎，反应时间一般在 20～30min。随后进行沉淀，从水中分离絮体。

四、膜分离法

膜分离法是指利用膜的选择透过性，将离子或分子或某些微粒从水中分离出来的过程。用膜分离溶液时，使溶质通过膜的方法称为渗析，使溶剂通过膜的方法称为渗透。在过滤过程中通过泵的加压，料液以一定流速沿着滤膜的表面流过，大于膜截留分子量的物质分子不透过膜流回料罐，小于膜截留分子量的物质或分子透过膜，形成透析液。故膜系统都有两个出口，一个是回流液（浓缩液）出口，另一个是透析液出口。由于膜分离过程是一种纯物理过程，具有无相变、节能、体积小、可拆分等特点，因此膜分离法广泛应用在发酵、制药、植物提取、化工、水处理工艺过程及环保行业中。根据材料的不同，膜可分为无机膜和有机膜，无机膜主要是陶瓷膜和金属膜，其过滤精度较低，选择性较小。有机膜是由高分子材料做成的，如醋酸纤维素、芳香族聚酰胺、聚醚砜、氟聚合物等。膜的孔径一般为微米级，依据其孔径的不同（或称为截留分子量），又可将膜分为微滤膜、超滤膜、纳滤膜和反渗透膜。不同孔径膜的特点和适用范围如表 1-6 所示。

反渗透性较为特殊，反渗透膜属于人工的半透膜，孔径较小，只有 0.0003～0.06μm。反渗透原理是利用反渗透膜只能透过溶剂（通常是水）而截留离子物质或小分子物质的选择透过性，以压力差为推动力，从溶液中分离出溶剂的膜分离操作，由于与自然渗透方向相反，故称为反渗透。如

图 1-22，在处理废水时，对膜的一侧的废水施加一定的压力，压力超过溶液的渗透压时，溶剂逆着自然渗透的方向进行反渗透，在膜的低压侧得到处理后的净水，膜的高压侧得到浓缩的废水。

表 1-6　不同孔径膜的特点和适用范围

类型	推动力（压力差）/MPa	膜孔径	特点	适用范围
微滤	0.1～0.3	约 0.1μm	效率高，速度快，随着过滤时间的累积，滤饼层厚度增加，透过率下降	用于过滤微生物及细微杂质，用于食品药品行业及其他工业发酵物质的浓缩
超滤	0.1～0.5	10～100nm	低耗能、操作简便，工作压力较低，设备维护费用低，效率高，但成本高，浓差极化严重	应用于石化工业、电子制造、纺织、食品行业、医药领域等
纳滤	0.5～1.0	1～10nm	处理效率高，操作压力较小，对二价和多价离子的截留率可达 90% 以上，对单价离子截留率较低，仅 10%～80%	可用于分离、提纯和浓缩，在制作纯水方面具有良好效果，还应用于药物提纯等诸多领域
反渗透	2～100	<1nm	除盐效率很高、操作简便、维护成本低，但操作压力较大	常用于中水回用，适用于电子工业、超高压锅炉补水等对纯水要求高的领域

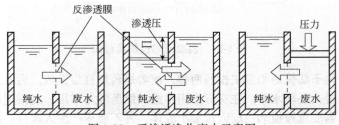

图 1-22　反渗透净化废水示意图

　　电渗析是在渗析法的基础上发展起来的一项废水处理新工艺。电渗析过程是对电化学过程和渗析扩散过程的结合：在外加直流电场的驱动下，利用离子交换膜的选择透过性（即阳离子可以透过阳离子交换膜，阴离子可以透过阴离子交换膜），阴、阳离子分别向阳极和阴极移动，从而实现溶液淡化、浓缩、精制或纯化等目的。

　　在电渗析过程中，离子交换膜与离子交换树脂不同，在水溶液中不与溶液中的离子发生交换，只是对带有不同电荷的离子起到选择性透过的作用。在实际应用中，电渗析器由多对阴、阳离子交换膜所组成，形成多个阳极室和阴极室来提高电渗析效率，如图 1-23。

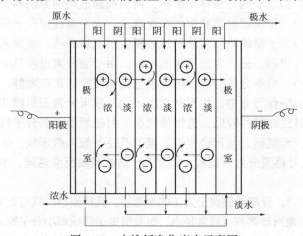

图 1-23　电渗析净化废水示意图

电渗析器内的电化学反应与普通电极反应一样，阳极室发生氧化反应，阳极水有时呈酸性，导致阳极本身容易被腐蚀；阴极室发生还原反应，阴极水有时呈碱性，因而阴极容易结垢。目前，电渗析法已用于化工行业的给水和废水治理中，并且可用于贵金属的回收，如电镀废水中回收镍。

第六节　生化处理法

一、基本概述

废水中的有机污染物常以悬浮颗粒、胶体和溶解态的形式存在于废水中，单纯化学法很难将废水中的这类有机物转化去除。因此，工程上常采用微生物对这些污染物进行转化。工艺上将利用微生物进行废水处理的方法称为生物处理法。废水生物处理是微生物通过新陈代谢作用将废水中污染物转化或者分离的过程。废水生物处理过程中，污染物首先被微生物吸附或吸收进细胞内。其次，通过微生物酶的水解作用将大分子有机污染物转变为小分子物质。最后，这些小分子物质被微生物进一步同化为细胞质或氧化分解。在此过程中，微生物从物质氧化中获得能量，进行生长繁殖。增殖的微生物部分以活性污泥、颗粒污泥或生物膜的形式与水分离，以进行进一步的处理；大部分微生物被重新投入系统进行新一轮的净化。

生物处理系统包括三个基本要素：作用者、作用对象和环境条件。

生物处理的作用者主要包括形体微小的微生物及小部分形体较大的植物和动物，包括细菌、放线菌、真菌、原生动物、微型后生动物和藻类等。

生物处理的主要作用对象主要是指废水中可以充作微生物营养物的物质，如有机物和一些无机盐，包括氨、硝酸盐、亚硝酸盐和磷酸盐；个别情况下，生物处理的对象包括不能充当生物营养物的无机物，如重金属离子和无机悬浮颗粒。

微生物正常代谢所需要的环境条件除营养充足外，还要保证存在微生物呼吸作用所需的氢受体，以便进行呼吸作用。微生物的呼吸作用有好氧呼吸和厌氧呼吸两大类。好氧呼吸必须有分子氧存在；厌氧呼吸不得有分子氧和硝酸盐存在。据此，废水生物处理可分为好氧生物处理、厌氧生物处理两大类。由于化工生产过程中的废水具有高盐、高有机质等特点，自然生物处理很难满足工业园区的废水排放要求。因而，化工行业的废水生物处理技术以好氧生物处理、厌氧生物处理、好氧与厌氧组合工艺为主。

二、好氧生物处理技术

好氧生物处理法是在有氧的条件下，好氧菌和兼性好氧菌将废水中的部分有机物氧化分解为简单的无机物并释放大量的能量，同时将另一部分有机物转化为新的细胞物质（原生质）。整个过程中，微生物逐渐生长、分裂，形成更多的微生物。好氧生物处理过程见式（1-19）、式（1-20）。

有机物氧化：

$$C_xH_yO_z+O_2 \xrightarrow{\text{酶}} CO_2+H_2O+能量 \tag{1-19}$$

原生质合成：

$$C_xH_yO_z+NH_3+O_2+能量 \xrightarrow{\text{酶}} C_5H_7NO_2+CO_2+H_2O \tag{1-20}$$

当废水中营养物（主要为有机物）缺乏时，细菌靠氧化体内的原生质来提供生命活动所需的能量（内源呼吸），这会导致微生物的数量减少，反应式如下。

$$C_5H_7NO_2+O_2 \xrightarrow{\text{酶}} CO_2+H_2O+NH_3+能量 \tag{1-21}$$

有机物的好氧分解过程如图 1-24 所示。

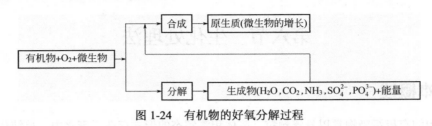

图 1-24　有机物的好氧分解过程

除少数难降解的物质外，几乎所有的有机物都能被相应的微生物氧化分解。依据好氧微生物在处理系统中所呈现的状态不同，好氧生物处理法又可分为活性污泥法和生物膜法两大类。

（一）活性污泥法

如果向有机污水中连续鼓入空气，保持水中有足够的溶解氧，经过一段时间，水中就会产生一种黄褐色絮凝体，这种絮凝体就是活性污泥。活性污泥中含有大量细菌、原生动物和后生动物，以及少量无机物、未分解的有机物和微生物自身代谢的残留物。活性污泥含水量较高，达到 99.9% 以上，相对密度接近 1；活性污泥结构疏松，表面积巨大，一般为 $20\sim100\text{cm}^2/\text{mL}$，对有机污染物具有强烈的吸附、絮凝、氧化、分解能力。在条件适宜时，活性污泥还具有良好的自身絮凝和氧化分解性能，大部分絮凝体在 $0.02\sim0.2\text{mm}$。对于废水处理而言，这些特点十分有利。

活性污泥法是以废水中的有机污染物为培养基，在有溶解氧的条件下连续地培养活性污泥，再利用其吸附絮凝和氧化分解作用处理废水中的有机污染物。

普通活性污泥系统由以下几部分组成。

（1）初沉池：用于除去废水中粗大的悬浮物。悬浮物较少时可以不设。

（2）曝气池：在池中使废水中有机污染物与活性污泥充分接触，吸附和氧化分解有机污染物。

（3）曝气系统：曝气系统供给曝气池生物反应所必需的氧气，并起混合搅拌作用。

（4）二次沉淀池：二次沉淀池用以分离曝气池出水中的活性污泥。

（5）污泥回收系统：把二次沉淀池中的一部分沉淀污泥再回流到曝气池，以供应曝气池赖以进行生化反应的微生物。

（6）剩余污泥排放系统：曝气池内污泥不断增殖，增殖的污泥作为剩余污泥从剩余污泥排放系统排出。

影响活性污泥处理效率的因素如下。

1. 溶解氧

一般情况下，曝气池出口处混合液中的溶解氧浓度在 2mg/L 左右就能使活性污泥具有良好的净化功能。如溶解氧浓度过低，就会影响活性污泥微生物正常的代谢活动，使净化能力下降，并易滋生丝状菌，产生污泥膨胀现象；如溶解氧浓度过高，氧的传质效率降低，所需动力费用增加。

2. 温度

好氧生物处理的最适宜温度为 $15\sim30℃$。温度过高会导致气味明显。温度低于 $10℃$，则会降低 BOD 的去除速率。

3. 营养物质

各种微生物体内含有的元素和需要的营养元素大体一致。细菌的化学组成实验式为 $C_5H_7O_2N$，霉菌为 $C_{10}H_{17}O_6N$，原生动物为 $C_7H_{14}O_{13}N$，应按菌体的主要成分比例供给菌体培养所需的营养。

4. pH 值

活性污泥的最适宜 pH 值为 6.5～8.5。如 pH 值低于 4.5，原生动物会全部消失，真菌占据优势，易产生污泥膨胀现象；当 pH 值大于 9.0 时，微生物的代谢速率将受到影响。

5. 有毒物质

主要由重金属离子（如锌离子、铜离子、镍离子、铅离子、铬离子等）和一些非金属物质（如氰化物、硫化物、卤化物、酚、醛、醇、染料、农药和抗生素等）组成。重金属离子易和细胞蛋白质结合，使之变性；或与酶的—SH 结合使其失活。酚、醛、醇等有机化合物能使活性污泥中生物蛋白质变性或脱水，损害细胞质而导致微生物死亡。实践证明，活性污泥经长期驯化能承受较高浓度的有毒物质，并能将其分解，甚至作为营养物质。

活性污泥法有多种运行方式，常见的有普通活性污泥法、完全混合式表面曝气法、吸附再生法等。废水在曝气池内的停留时间一般为 4～6h，能去除废水中 90% 左右的有机污染物。活性污泥法是使用最广泛的一种生物处理法。

（二）生物膜法

生物膜是由好氧微生物及其吸附、截留的有机物和无机物所组成的黏膜附着生长在固定介质表面上形成的。生物膜法进行废水处理的原理是：当废水流过生物膜时，废水中的有机物质被生物膜中的好氧微生物在有氧条件下氧化。生物膜法又称为生物过滤法。

生物膜是生物处理的基础，必须有足够的数量。生物膜厚度介于 2～3mm 时较为理想。生物膜太厚会影响通风，甚至发生堵塞，生成厌氧层，使水质处理能力下降，而且厌氧代谢产物会恶化环境卫生。

生物膜为蓬松的絮状、多孔结构，表面积较大，具有很强的吸附能力，其结构剖面如图 1-25 所示。生物膜表面流动水层内的有机物在浓度差的作用下被转移到附着水层内，进而被生物膜吸附。同时，空气中的氧在溶入废水后，进入生物膜。在此条件下，微生物对有机物进行氧化分解和同化合成，产生的 CO_2 和其他代谢产物一部分深入附着水层，另一部分析出到空气中，如此循环往复，使废水中的有机物不断减少，达到净化废水的目的。

由于存在气液膜阻力，生物膜获得氧气的速率很慢。随着生物膜厚度的增大，废水中的氧将迅速被表层的生物膜所耗尽，致使其深层因氧气含量不足而发生厌氧分解，生成 H_2S、NH_3，而 NH_3、H_2S 会接着被自养

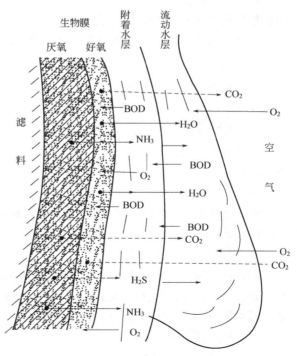

图 1-25　生物膜结构剖面图

菌氧化成 NO_2^-、NO_3^- 和 SO_4^{2-} 等，维持生物膜的活性。若供氧不足，从总体上讲，厌氧菌将起主导作用，好氧生物分解的功能将丧失，进而使生物膜发生非正常的脱落。

三、厌氧生物处理技术

在无氧条件下，依赖兼性厌氧菌和专性厌氧菌等多种微生物共同作用，对有机物进行生化降解生成 CH_4 和 CO_2 的过程称为厌氧生物处理法，又称厌氧消化。

（一）厌氧生物处理过程

厌氧生物处理过程中，有机物的分解转化主要依靠水解产酸细菌、产氢产乙酸细菌和产甲烷细菌的协同作用完成，整个过程分为三个连续的阶段。

第一阶段，水解和发酵。微生物（发酵细菌）将多糖首先水解为单糖，再通过酵解进一步发酵成为乙醇和脂肪酸等。蛋白质则先水解为氨基酸，再脱氨基产生脂肪酸和氨。

第二阶段，产氢、产乙酸阶段（即酸化阶段）。第一步产生的乙醇和脂肪酸等水溶性小分子在产氢产乙酸菌的作用下进一步转化为乙酸、H_2 和 CO_2。

第三阶段，产甲烷阶段。此过程由两组不同的产甲烷菌完成，一组把氢气和 CO_2 转化成甲烷，另一组将乙酸或乙酸盐脱羧产生甲烷。前者约占总量的 1/3，后者约占总量的 2/3，反应式为：

$$4H_2+CO_2 \xrightarrow{\text{产甲烷菌}} CH_4+2H_2O \tag{1-22}$$

$$CH_3COOH \xrightarrow{\text{产甲烷菌}} CH_4+CO_2 \tag{1-23}$$

$$CH_3COONH_4+H_2O \xrightarrow{\text{产甲烷菌}} CH_4+NH_4HCO_3 \tag{1-24}$$

上述三个阶段在厌氧反应中同时进行并呈某种程度的动态平衡，这种动态平衡一旦被 pH 值、温度、有机负荷等外加因素破坏，则首先使产甲烷阶段受到抑制，其结果会导致高级脂肪酸的积存和厌氧进程的异常变化，甚至导致整个厌氧消化过程的停滞。

（二）影响厌氧生物处理的主要因素

1. 温度

厌氧消化可分为低温消化（5～15℃）、中温消化（30～35℃）和高温消化（50～55℃）。高温消化比中温消化时间短，产气率高，对寄生虫卵的杀灭率可达 90%，但耗热量大，管理复杂。

2. pH 值

甲烷细菌生长最适宜的 pH 值范围为 6.8～7.2，若 pH 值低于 6 或高于 8，正常的消化就会难以进行。

3. 负荷

在通常情况下，常规厌氧消化中温高浓度废水的 COD 负荷为 $2～3kg/(m^3 \cdot d)$，在高温下为 $4～6kg/(m^3 \cdot d)$。

4. 碳氮比（C/N）

碳氮比过高，组成细菌的氮量不足，消化液的缓冲能力降低，pH 值易下降，碳氮比过低，则氮量过高，pH 值可能升至 8.0 以上，脂肪酸和铵盐的积累会对甲烷菌产生毒害行为。研究表明，碳氮比为(10～20):1 时，消化效果较好。

5. 有毒物质

重金属离子、硫化物、氨氮、氰化物以及某些人工合成有机物等有毒物质会影响消化的正常进行。有毒物质的最高允许浓度与处理系统的运行方式、污泥驯化程度、废水特性、操作条件等因素有关。

与好氧生物处理法相比，厌氧生物处理法存在处理时间长、对低浓度有机污水处理效率低等缺点，发展缓慢。厌氧生物处理法常用于处理污泥及高浓度有机废水。由于厌氧生物处理法的最终产物是以甲烷为主的可燃性气体，且相对好氧生物处理法操作费用低，污泥产生量少、易于浓缩脱水作为肥料使用，因此，一大批高效新型厌氧生物反应器相继出现，包括厌氧生物滤池、升流式厌氧污泥床、厌氧流化床等。目前，厌氧生物处理法不但可以处理高浓度和中等浓度的有机污水，而且可以处理低浓度有机污水。

四、好氧与厌氧组合工艺

在活性污泥法中，氮磷的去除率低，一些化工废水（如焦化废水）还含有难降解的多环和杂环类化合物，单纯的厌氧和好氧生物不能使出水中的 COD 达标，因此可以采用好氧和厌氧相组合的工艺实现碳氮磷的高效治理。

生物除氮的原理是通过细菌的生化作用，将污水中的氨氮经硝化、反硝化等脱氮过程，使氨氮转化为氮气，从而从水体中去除。硝化反应是在有氧环境中，由好氧自养型细菌完成。

第一步，亚硝化细菌将氨氮氧化为亚硝酸盐：

$$NH_4^+ + O_2 + HCO_3^- \xrightarrow{\text{亚硝化细菌}} C_5H_7O_2N + NO_2^- + H_2O + H_2CO_3 \tag{1-25}$$

第二步，硝化细菌将亚硝酸盐氧化为硝酸盐：

$$NO_2^- + NH_4^+ + H_2CO_3 + HCO_3^- + O_2 \xrightarrow{\text{硝化细菌}} C_5H_7O_2N + H_2O + NO_3^- \tag{1-26}$$

反硝化反应是在缺氧条件下，异养型细菌利用硝酸盐和亚硝酸盐中的氧作为电子受体、有机物作为电子供体，将硝酸盐和亚硝酸盐还原成氮气从水体逸出，同时将污水中的部分有机物氧化为 CO_2 和 H_2O。其主要反应：

$$C_{(\text{有机})} + NO_3^- + H_2O \xrightarrow{\text{反硝化菌}} N_2 + CO_2 + OH^- \tag{1-27}$$

$$C_{(\text{有机})} + NO_2^- + H_2O \xrightarrow{\text{反硝化菌}} N_2 + CO_2 + OH^- \tag{1-28}$$

生物除磷的原理是在厌氧/好氧交替运行的条件下，利用聚磷菌（PAO）完成除磷。聚磷菌分为好氧聚磷菌（APB）和反硝化聚磷菌（DPB），APB 以 O_2 为电子受体在好氧条件下完成吸磷，DPB 以 NO_3^- 为电子受体在缺氧条件下完成吸磷，并通过厌氧/缺氧交替运行的环境进行富集。除磷过程包括厌氧释磷和好氧吸磷。厌氧释磷：HAc 等低分子脂肪酸被聚磷菌快速吸收，同时细胞内的多聚磷酸盐被水解并以无机磷酸盐的形式释放出来；利用上述过程产生的能量和糖原酵解还原产物 $NADH_2$，聚磷菌合成大量的聚 β-羟基丁酸（PHB），储存在细胞体内。好氧吸磷：APB 在好氧条件下以 O_2 为电子受体，利用碳源和胞内储存的 PHB 为能源进行呼吸，吸收在数量上远远超过其生理需要的溶解态的正磷酸盐，在胞内合成并积累高能聚磷酸盐，形成高磷污泥；DPB 在缺氧条件下可利用硝酸盐中的氧进行呼吸，将硝酸盐还原成 N_2 或 N_2O，具有脱氮功能，同时进行吸磷，既可以提高碳源利用率，又可减小曝气量消耗，还可减少产生的剩余污泥量。

目前好氧与厌氧组合工艺有缺氧/好氧（A/O）、厌氧-缺氧/好氧（A^2/O）、缺氧/好氧-好氧（A/O^2）、初曝-二段生化脱氮（O/A/O）、厌氧-生物反硝化-一级好氧-生物硝化（A/A/O/O）等。

（一）A/O 工艺

A/O 的工艺流程如图 1-26 所示。原水首先进入缺氧池，缺氧池中的有机碳可为微生物提供能量，反硝化菌利用碳源将好氧池回流至此的硝态氮还原为 N_2 从废水中去除。在好氧池中，有机物逐渐降解，亚硝酸菌和硝酸菌的强化互助促成无机氨氮氧化为亚硝酸盐，并最终形成硝酸盐。

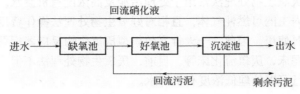

图 1-26　A/O 的工艺流程图

硝化反应需要有氧条件和污泥龄较长的亚硝酸菌和硝酸菌；反硝化反应需要缺氧条件和污泥龄较短的反硝化菌，反硝化菌以有机碳源作为电子供体完成脱氮过程，O_2 的存在对反硝化过程有抑制作用。缺氧池布置在好氧池前面具有如下优点：反硝化反应在前可避免废水中存在大量的溶解氧，消除氧对反硝化的负面影响，同时水中的碳源充足，有利于反硝化反应的进行；如果好氧池在前，则首先发生硝化反应，同时有机物好氧降解，则反硝化时需要外加碳源才能进行，而且水体中存在的溶解氧也不利于反硝化反应进行。因此，合理的布置是缺氧池在好氧池前面。

A/O 法的主要特点是好氧反应器回流混合液到缺氧反应器，反硝化时不需要外加碳源，易于控制污泥膨胀，流程简单，工艺成熟，BOD_5 的去除率高，氮的去除率也较高，但除磷效率低，水力停留时间长，耐冲击负荷力差。

（二）A^2/O 工艺

A^2/O 是在原来 A/O 工艺基础上，嵌入一个缺氧池，并将好氧池出水的混合液回流到缺氧池中，同时实现磷的摄取和硝化脱氮过程，组合起来形成厌氧-缺氧-好氧生物脱氮除磷工艺，即 A^2/O 工艺。其工艺流程见图 1-27。

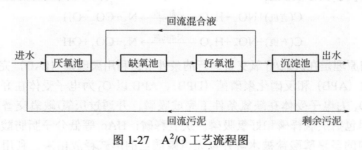

图 1-27　A^2/O 工艺流程图

该工艺 BOD_5 去除率与普通活性污泥法基本相同，TP 的去除率可达 50%～70%，TN 的去除率为 40%～60%，剩余污泥中的磷含量在 2.5% 以上。

该工艺主要技术特点如下。

（1）工艺流程简单，水力停留时间少于其他同类工艺，基建投资相对较低。

（2）该工艺在厌氧、缺氧、好氧环境下交替运行，有利于抑制丝状菌的膨胀，改善污泥沉降性能。

（3）该工艺一般情况下不需要额外投加碳源，厌氧池、缺氧池只需进行缓慢搅拌，节省运行费用。

（4）常规活性污泥工艺改造成 A^2/O 工艺方便易行。

（5）该工艺脱氮效果受混合液回流比大小影响，除磷效果受回流污泥夹带的溶解氧和硝态氮的影响，脱氮除磷效果相对不高。沉淀池要防止产生厌氧、缺氧状态，以避免聚磷菌释放磷或反硝化产生 N_2 影响沉淀，导致出水水质降低。溶解氧含量也不宜过高，以防止循环混合液对缺氧池产生影响。

第七节　化工废水处理技术组合策略

化工废水成分复杂、水质水量变化大。随着国家对其处理达标要求越来越严格，人们发现用一种方法很难得到良好的处理效果：用物化工艺将化工废水处理到排放标准难度很大，而且运行成本较高；化工废水含较多的难降解有机物，可生化性差，而且化工废水的废水水量水质变化大，故直接用生化方法处理化工废水效果不是很理想。因此处理化工废水时需根据实际情况采用各种组合处理技术，取长补短，实现处理系统的优化。

针对化工废水处理的这种特点，我们认为对其处理时宜根据实际废水的水质采取适当的预处理方法，如絮凝、内电解、电解、吸附、光催化氧化等工艺，破坏废水中难降解有机物，改善废水的可生化性；再联用生化方法，如 SBR、接触氧化工艺、A/O 工艺等，对化工废水进行深度处理。

目前，国内对处理化工废水工艺的研究也趋向于采用多种方法的组合工艺。

一、采取内电解-混凝沉淀-厌氧-好氧工艺处理医药废水

首先进行物理化学预处理，降低生物毒性，提高废水的可生化性，然后再通过生物处理，以达到综合处理的目的。内电解-混凝沉淀-厌氧-好氧工艺处理工艺路线如图 1-28 所示。先用石灰水进行预处理，除去暂时硬度，软化水质并去除水中 CO_2，调节水的 pH 值。内电解法中铁屑的铁与石墨分别构成微电解的负极和正极，以充入的污水为电解质溶液，在偏酸性介质中，正极产生的活性氢具有强还原性，能还原重金属离子和有机污染物。负极生成的亚铁离子也具有还原性。此外生成的铁离子、亚铁离子经水解、聚合形成的氢氧化物聚合体以胶体形式存在，它具有沉淀、絮凝吸附作用，与污染物一起形成絮体、产生沉淀。混凝沉淀过程中，向废水中加入石灰乳调节 pH 至 9 左右可进一步助凝，再进行生物处理实现有机物降解。

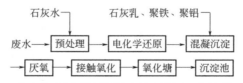

图 1-28　废水内电解-混凝沉淀-厌氧-好氧工艺处理工艺流程

此外还有采用大孔吸附树脂吸附和厌氧-好氧生物处理-絮凝沉淀法处理有机化工废水、采用絮凝-电解法联用处理废水、采取臭氧-生物活性炭工艺去除水中有机污染物、采用光催化氧化-内电解-SBR 组合方法处理高浓度化工废水等组合工艺都取得了比较好的结果。

二、工程案例

（一）废水中稀土回收及氨氮脱除一体化

我国南方稀土矿主要属于离子型稀土矿，一般采用硫酸铵作为浸矿剂进行原地浸矿。在稀

土原地浸矿开采过程中，大量高浓度氨氮废液被直接排放，对矿区周边流域的地下水和下游地表水的水质造成重大影响。同时，在稀土冶炼分离过程中，现有的钠皂工艺会使环烷酸失活、有机相水解，导致产品纯度无法提升，腐蚀灼烧设备。同时，稀土萃取分离过程中会用到油。因此，没法回收的稀土离子将随废水流出，其中还包含了油、有机分子、泥沙颗粒和高浓度氨氮，不但污染环境还会造成资源的损失。如何高效合理地回收稀土选冶废液中的稀土资源并实现氨氮污染物的达标排放，避免生态环境被破坏，是稀土选冶行业亟待解决的技术问题。

通过设计如下技术组合方法（图 1-29）采用预处理模块去掉大颗粒和油，进入矿物滤层去掉小颗粒无机物或有机物，利用离子交换技术回收水体里的稀土离子，然后进入 COD、BOD 处理模块，最后通过预先调节水体 pH 并通入中空纤维内部（图 1-30）而后加压的方式，利用中空纤维膜选择性透过铵离子与膜外侧硫酸生产硫酸铵回用，脱除铵根离子的水体再排出。该技术可使每吨冶炼原矿增收 24kg 稀土氧化物，提高稀土回收率 2.6%，经济效益显著。

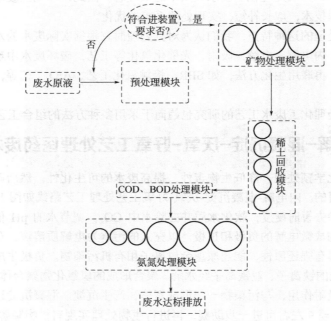

图 1-29　模块化的集成处理设备示意图

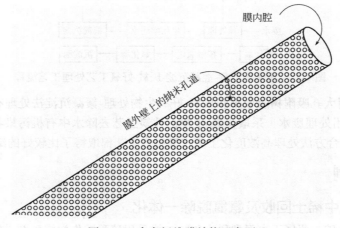

图 1-30　中空纤维膜结构示意图

（二）XX 焦化厂生化水处理 100m³/h 工程

××焦化厂生化水处理工程处理规模达到 100m³/h。生化系统主体工艺为针对焦化废水处理的 SDN（强化反硝化/硝化）工艺，深度处理工艺采用臭氧催化氧化技术+改进型曝气生物滤池技术（MBAF），最终出水水质达到《炼焦化学工业污染物排放标准》（GB 16171—2012）直接排放标准，COD、氨氮等指标优于该标准。

本工程污水处理系统主要由一级处理段（预处理）、二级生化处理段（SDN 工艺）、三级深度处理段（臭氧催化氧化+MBAF）组成，工艺流程如图 1-31 所示。

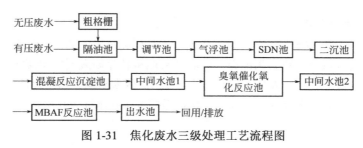

图 1-31　焦化废水三级处理工艺流程图

第八节　化工废水处理与资源化利用技术发展趋势

废水处理技术已经经过了 100 多年的发展，污水中的污染物种类、污水量随着社会经济发展、生活水平的提高而不断增加，污水处理技术也随着科学技术的发展发生了日新月异的变化。就目前而言，废水的处理仍然以末端无害化治理为主，努力开发更方便、简易的处理技术。同时，对于有回收价值的废水尽量采取资源化的利用技术。最终的发展趋势将以废水减量化为目标，发展绿色化工工艺，实现全过程的清洁化，践行化工行业生态文明理念。以下就近几年的技术发展趋势列举几个例子。

一、厌氧氨氧化技术

厌氧氨氧化技术的出现与发展得益于厌氧氨氧化菌的发现，可应用于含氮废水的处理。传统处理含氮废水的方法是使用硝化菌将氨转换成亚硝酸盐或硝酸盐，然后用反硝化菌再将其还原成氮气。硝化过程中微生物需要消耗巨量的氧气，这就要耗费大量的电能来进行曝气；反硝化过程还需要外碳源如甲醇，甲醇又会产生二氧化碳。因此这种工艺对环境并不友好且代价高昂。厌氧氨氧化菌能够利用氨作为它们的能源，不需要氧气，无需使用甲醇，而且还会消耗二氧化碳，与传统的工艺相比，厌氧氨氧化工艺会减少 90% 的运行费用并节省 50% 的空间面积。

一体化厌氧氨氧化的技术原理是将氨氧化细菌和厌氧氨氧化细菌存在同一反应器内，反应器在充氧的条件下，同时发生短程硝化和厌氧氨氧化反应，将进水中的氨氮直接转化为氮气。过程的反应方程式如下。

短程硝化

$$NH_3 + O_2 \longrightarrow NO_2^- + H^+ + H_2O \tag{1-29}$$

厌氧氨氧化

$$NH_3 + NO_2^- + H^+ \longrightarrow NO_3^- + N_2 + H_2O \tag{1-30}$$

整体反应

$$NH_3 + O_2 \longrightarrow N_2 + NO_3^- + H_2O + H^+ \tag{1-31}$$

我国的厌氧氨氧化技术在处理禽畜养殖废水、制药、光伏废水方面都有突出表现，目前已开发出了厌氧氨氧化反应器并成为城市污水处理厂的一部分。

二、新型环境功能材料及相应技术

（一）光热材料及空气-水界面光蒸汽技术

空气-水界面光蒸汽技术是近年来发展的新型光热转化技术，原理是借助微纳米结构材料设计及光学、热学有效调控，将太阳能充分吸收并将能量转化局限到气-液界面，从而使得光-蒸汽能量转化效率有效提高，被认为是一种极具前景的高效太阳能光热转化途径。要实现有效光-蒸汽转化，对吸收体有很多要求，如吸收体材料需要保持在水面上；吸收体需要有较高的太阳能吸收率；吸收能量需要有效加热与吸收体接触的水层，从而快速高效地实现水的蒸发。近年来各种光热材料应用于太阳能产生蒸汽已有了大量研究，有望成为高效的废水脱盐、海水淡化应用基础。此外，吸热材料可设计成多孔膜，通过界面水蒸发可以滤掉废水中的油珠和有机污染物分子，从而实现水中污染物的分离，完成对水的净化。

（二）水面有机物光降解吸附网技术

光降解吸附网使用的主要新材料由三维石墨烯管和黑色二氧化钛混合而成，其技术原理是"物理吸附+光化学催化降解"。三维石墨烯管负责牢牢"抓住"有毒有机物，黑色二氧化钛作为光催化剂，可吸收范围达全太阳光谱的95%，把有毒有机物降解为二氧化碳和水。将涂覆有新材料的光降解吸附网铺在水面，吸附网就能将有机物分解为二氧化碳和水，进而提高水体含氧量，增强水体自净化和生态修复能力。这种方法可用于降解印染废水、制革废水等工业污水。

（三）高氨氮废水聚四氟乙烯中空纤维膜接触器技术

聚四氟乙烯（PTFE）膜材料具有优异的疏水性和抗污染特性，目前PTFE中空纤维膜接触器技术已成功应用于提钒废水中高浓度氨氮的脱除，处理的废水可达到国家排放标准。该技术采用廉价的石灰代替液碱调节pH值，运营成本低廉，还具有能耗低、脱氨氮效率高、膜寿命长、装置紧凑、操作简单等优势。

三、基于微藻的化工废水处理技术进展

很多化工废水富含碳、氮、磷等营养物质，可用于培养有价值生物或转化为可直接利用的生物质，进而可实现污水处理过程中营养元素的"资源化"和"减排"。微藻可通过光合作用将CO_2转化成蛋白质、淀粉、维生素及脂质等物质，且具有光合速率高、繁殖快、环境适应性强、氮磷处理效率高、可调控及易与其他工程技术集成等优点。所以，将污水处理与微藻培养耦合，可同时实现CO_2减排及污水营养物质的综合利用，在污水处理方面具有很好的发展前景和工业化应用潜力。当前，将微藻培养、微藻生物柴油的生产与污水处理相结合是短期内最有可能实现商业化的应用。

（一）藻种的筛选

藻种的筛选与其应用场合、培养难易程度及微藻的后续利用等因素密切相关，其通常要求藻类具有如下特点：光利用率高；CO_2转化率高；比生长速率快；耐pH；生长温度范围宽；耐

高 CO_2 浓度；对烟道气中微量成分（如 SO_x、NO_x）和重金属具有高耐性；有多种副产物和协同产物如甘油三酸酯、蛋白质、多糖等。

在自然界中筛选出同时满足以上所有要求的藻种往往是困难的，如斜生栅藻生长快、固碳能力高，很适合 CO_2 固定，而油脂含量却不高。

（二）藻种诱变

藻种诱变是对天然藻种的改良，可采用物理、化学或生物手段促使细胞核染色体发生断裂、缺失、碱基置换、基因重组等生物学效应，从而使后代某些性状发生变异。

1. 物理诱变手段

（1）紫外线：紫外线可作为能量被物质吸收，并且具有设备简单、诱变效率高、操作安全简便等特点，所以广泛地用作微生物诱变剂。

（2）离子束：重离子束带电粒子，能直接引起电离。重离子束与其他辐射和生物材料相互作用中具有明显优势，重离子束具有高传能线密度，且在射程的末端还有尖锐的电离峰。

（3）射线辐照：可用于诱变育种的有 X 射线、γ 射线、中子束、电子束等。

（4）激光：具有能量密度高、靶点小、单色性和方向性好、诱变当代即可出现遗传性突变等特点，因此在工业微生物育种中得到广泛应用。激光辐射可以通过产生光、热、压力和电磁场效应的综合作用，直接或间接地影响生物有机体，引起细胞 DNA 或 RNA、质粒、染色体畸变效应、酶的激活或钝化以及细胞分裂和细胞代谢活动的改变。

2. 化学诱变

化学诱变通过有诱变作用的化学物质和碱基接触发生化学反应，通过 DNA 的复制使碱基发生改变、转换而起到诱变作用。化学诱变具有专一性，对基因的某部位发生作用，对其余部位则无影响。通常使用的化学诱变剂包括：烷化剂、碱基类似物、移码突变剂及其他种类。但化学诱变也有一定的不足：突变方向随机性较大；突变频率尚不够高；对后代突变体的鉴定所需工作量大；化学诱变剂毒性大，且具有残留效应。实践证明，大多数化学诱变对不同的生物体均能引起不利的遗传变异。

（三）废水藻类处理的反应器

设计适合于微藻生长、光能利用率高及固碳率高的光生物反应器是实现微藻高密度培养、微藻 CO_2 固定、污水资源化利用的关键技术，并对微藻生产成本及下游处理有十分重要的影响。

1. 开放式光生物反应器

开放式光生物反应器的应用始于 20 世纪 50 年代，是目前应用最多、技术上最成熟的微藻培养设施。其中，以椭圆形循环跑道池反应器最典型、最常用，其池深通常为 0.2～0.5m，藻液通过桨轮或者旋转臂转动进行混合、循环流动以提高光利用率和防止藻体沉淀。

开放池具有构建简单、能耗低、成本低廉、日常维护及清洗简易、不与农作物竞争土地等优点，是目前大规模商业应用的主要反应器。由于温度波动，光照限制，混合不充分，CO_2 供应不足，以及培养液易受细菌、浮游动物和灰尘污染等问题，开放池培养条件不稳定、光合效率低（2.22%～7.05%），藻体生产率低。

2. 封闭式光生物反应器

封闭式光生物反应器重点解决了开放池培养条件控制困难、光合效率低及碳源供应不足等问题，因此提高了藻细胞产率，同时适合更多藻种培养，并可全年生产。封闭式光生物反应器主要有管式、板式和发酵罐式等类型。

（1）管式光生物反应器。管式光生物反应器一般采用直径 0.1m 左右的透明硬质材料弯曲成不同形状并连接形成，反应器样式较多。管式光生物反应器系统通常带一个脱气区，用于 CO_2 及营养素加入，并释放回流液的 O_2，该区域分别与管道两端连接，通过泵或者空气提升器使得培养液在导管与管道之间循环，脱气区容积要尽量小。为防止藻体在管内沉降，流速一般控制在 $14\sim75cm/s$。管式光生物反应器具有采光表面积大、藻细胞生产率高等优点，培养螺旋藻时可达到 $25.0\sim27.8g/(m^2\cdot d)$，对应藻浓度 $3.5\sim10.6g/L$，是开放池的 7 倍左右，因此适合户外大规模高品质培养微藻。

管道光生物反应器的设计需考虑以下问题。

① 气体交换困难，溶氧水平易超过 200%，抑制光合作用，在高光强下甚至会产生破坏细胞的光氧化作用。因此，管道长度设置时需考虑管中 O_2 的及时吹脱，其设计需考虑藻细胞密度、光强、流速、O_2 浓度、CO_2 消耗及 pH 变化。

② 当采用机械泵来循环藻液时，剪切力大，易导致严重的细胞损伤。

③ 直管断面藻液混合差，影响反应器的放大。小管径、高流速或者螺旋盘绕管均可促进藻液混合，从而具有高细胞产率。

④ 管内易形成碱性环境，铁、钙、镁等金属离子化合物易在管内壁沉积结垢，影响光线入射，需定期清洗和消毒管壁，但管式光生物反应器清洗困难。

⑤ 温度控制。控温可用热交换器、温室、水喷或将管道浸泡在水池中来实现。

（2）板式光生物反应器。板式光生物反应器有板箱式、垂直嵌槽板式、多层平行排列板式、倾斜鼓泡板式等类型。

板式光生物反应器具有如下特点：①光照比表面积大；②采用鼓泡进行混合，确保光线、气体、营养物的高效传质，但混合能耗低于管式；③O_2 释放及时，DO 累积浓度要小于管式光生物处理器。因此，该反应器具有高的藻细胞产率。该类型反应器结构简单，清洗和维护相对简单，适合多种微藻的大规模培养。

（3）发酵罐式光生物反应器。在传统发酵罐内，微藻不需光源而利用有机碳源（如葡萄糖）进行异养培养，并通过搅拌和底部曝气实现供氧和混合传质，具有混合效果好、容积传质效率高及极好的条件可控性等优点，易实现自动化控制。发酵罐内微藻异养生长速度快、产率高，生物量大大提高，同时，由于不受光的限制，反应器便于放大。与自养培养相比，高密度培养微藻虽然可明显地降低收获成本，但其运行却会产生灭菌、搅拌、供氧和控温等能耗投入和大量葡萄糖等化工原料投入，微藻生产成本仍较高。目前利用发酵罐进行微藻异养培养仍限于少数几种微藻。

（四）不同废水的微藻处理技术

1. 电镀厂废水

安徽××电镀厂存在两处废水源，其主要组分及特征指标如表 1-7。

表 1-7 电镀厂废水组分浓度　　　　　　　　　　单位：mg/L

组分	1# 废水	2# 废水
pH 值	8.14	0.27
NO_3^--N	190.15±12.23	80518.0±0
Na	705.25±68.94	1698.5±45.40
K	12.88±2.65	12482.4±111.79

续表

组分	1[#] 废水	2[#] 废水
Mg	73.83±17.99	78.73±1.38
Ca	185.25±24.40	285.25+0.35
Mn	—	4000.25±29.35
Si	210.50±0.35	350.60±1.27
Zn	2.95±0.07	24.75±1.06
S	82.25±4.60	—
Pb	—	0.53±0.04

将 1[#]、2[#] 废水源按照 20:1、50:1、100:1、200:1（质量比）的比例混合后，不经过灭菌处理采用小球藻进行废水处理（图 1-32）。经 14 天处理后，废水中的 N 浓度降至 20mg/L，P 降至 5mg/L 以下，金属 Ca、Zn、Mn 离子的浓度从复配溶液的 200mg/L 以上降至 10mg/L 以下。同时 Si 含量从 200mg/L 降至 50mg/L 以下。

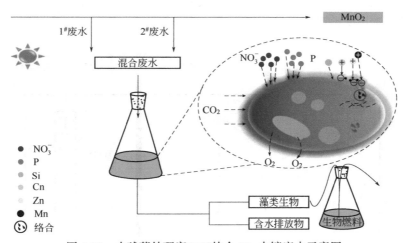

图 1-32　小球藻处理富 NO_3^- 的含 Mn 电镀废水示意图

2. 制药厂废水

常见微生物表面具有负电性而被用于正电金属离子的富集。医药废水中的铂常以负离子络合物的形式存在，从而限制了医药废水中铂的生物富集。现采用一种表面带正电的温泉红藻可实现去除 $PtCl_6^{2-}$，处理 10 天后，浓度为 10mg/L、20mg/L、30mg/L、45mg/L $PtCl_6^{2-}$ 的去除率分别为 94.58%、95.52%、95.92% 和 71.81%。

四、微生物燃料电池处理技术

微生物燃料电池技术是一种利用微生物氧化废水中的有机物和无机物，同时将化学能直接转换成电能的新型技术，如在厌氧条件以及一定外加电压和催化剂的作用下，可以在处理废水的同时高效产氢。该技术可应用于含硝基苯化工废水、啤酒厂废水、垃圾渗滤液及海洋石油烃等的处理中。

1. 技术原理

微生物燃料电池以微生物为生物催化剂，将废水中有机污染物化学键中储存的化学能转化为电能，通过呼吸作用产生的电子传递到电极上将能量输出，在常温、常压下完成能量转换。微生物燃料电池通常由阳极室和阴极室两个电极室组成。在阳极室内，厌氧产电菌将作为电子供体的有机污染物氧化并释放电子和质子，电子经过外电路转移到阴极并释放携带的能量，质子经过离子交换膜转移到阴极。在阴极室内，电子、质子和电子受体发生还原反应。以葡萄糖为电子供体，以氧气为电子受体的无介体微生物燃料电池氧化葡萄糖为例，其原理如图 1-33 所示。在阳极室内，葡萄糖在细菌的催化作用下被氧化，产生的电子通过位于细胞外膜的电子载体（例如细胞色素 c）或被称为纳米导线（nano-wire）的菌毛传递到阳极，再经外电路到达阴极，质子通过质子交换膜到达阴极。氧化剂氧气在阴极室得到电子被还原。微生物燃料电池的生化反应如下。

阳极反应：
$$C_6H_{12}O_6 + 6H_2O \xrightarrow{\text{产电菌}} 6CO_2 + 24e^- + 24H^+ \tag{1-32}$$

阴极反应：
$$6O_2 + 24e^- + 24H^+ \xrightarrow{\text{微生物/化学催化剂}} 12H_2O \tag{1-33}$$

电池反应：
$$C_6H_{12}O_6 + 6O_2 \xrightarrow{\text{MFC}} 6CO_2 + 6H_2O \tag{1-34}$$

与化学燃料电池使用的昂贵催化剂有别，反应在微生物催化作用下完成，且反应条件要求低，不受反应底物浓度影响。

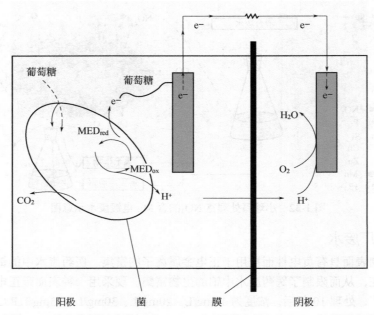

图 1-33　微生物燃料电池原理 MED_{red}-还原型介体和 MED_{ox}-氧化型介体

2. 废水处理应用

生物电化学系统可用的底物很多，包括乙酸钠、葡萄糖、生活废水和工业废水等有机污染物。因此，将废水有机污染物作为生物电化学系统的"燃料"，一方面可以处理废水；另一方面可以回收能源，同步实现治污和产能的目标。影响生物电化学系统处理废水的因素包括废水类型、外加电压的强度、有机负荷率、温度、pH 值等，对提高系统的 COD 去除率、库仑效率、产氢效率、甲烷效率等有重要的作用。近年来，将电化学与生物作用结合，利用生物电化学系统进行脱氮处理被广泛研究。生物电化学系统处理含氮废水，具有污泥产量少、能耗低的优点，并且能够在处理废水的同时产生能量，在脱氮净化领域展现出了良好的应用前景。

第二章　化工废气处理技术

针对工业废气的主要类型，本章将对化工废气的除尘技术，挥发性有机物（VOCs）处理技术，无机的氮、硫氧化物的处理技术以及相应的设备进行系统的阐述。对于二氧化碳的合理处置，实现碳达峰、碳中和是贯彻新发展理念、构建新发展格局、推动高质量发展的内在要求，也将是新发展阶段废气治理技术的重要内容，因此本章对于 CO_2 捕集、利用、封存技术也进行了相应介绍。化工废气的治理需要对燃烧前、燃烧中、燃烧后处理技术相结合的方式才能整体达到废气的排放减量化、降低环境污染的目的。

第一节　空气污染和空气污染物

一、污染物的种类

空气污染按其形成原因可分为自然污染和人为污染两大类。两者相比，人们对人为污染更为关注。空气污染物可分为一次污染物和二次污染物。直接从排放源进入大气中的各种气体、蒸气及尘粒叫作一次污染物。二次污染物是一次污染物在大气中相互作用或与空气中的原有成分发生反应生成的一系列新的大气污染物。

空气污染物的详细分类见表 2-1。

表 2-1　空气污染物的分类

分类	主要污染物
烟尘	飘尘（<10μm）、降尘（>10μm）
硫化物	二氧化硫、三氧化硫、二硫化碳、硫氧化碳、硫酸雾、硫化氢、硫酸盐、含硫卤化物
氮化物	一氧化氮、二氧化氮、氨、硝酸盐
卤化物	卤素气体、氯化氢、氟化氢
碳氧化物	一氧化碳、二氧化碳
烃/烃类衍生物	醛、酮、醚、苯、多环芳烃、含氰气体、氢氰酸、卤化氢、氯碳酸、二噁英、胺类
光化学烟雾	NO_x 与碳氢化合物因光反应生成的蓝色烟雾
氧化剂	臭氧、过氧乙酰硝酸酯
汞蒸气	汞
沥青烟	炭黑、碳氢化合物
气溶胶状态污染物	固体粒子、液体粒子在空气中的悬浮体
放射性物质	锶 89、锶 90、铯 137、碘 131、碳 14、钚 239、铈 140、钚 140

从上表可见，污染物种类非常多，但实际工作中经常遇到的主要有以下几类：含硫化合物、含氮化合物、碳氧化物、含卤素化合物以及碳氢化合物。

（一）含硫化合物

大气污染物中的含硫化合物包括硫化氢（H_2S）、二氧化硫（SO_2）、三氧化硫（SO_3）、硫酸（H_2SO_4）、亚硫酸盐（SO_3^{2-}）、硫酸盐（SO_4^{2-}）和有机硫气溶胶，其中最主要的污染物为 SO_2、H_2S、H_2SO_4 和硫酸盐，SO_2 和 SO_3 总称为硫的氧化物，以 SO_x 表示。

SO_2 的人为源主要是含硫的煤、石油等燃料燃烧及金属矿冶炼。煤、石油燃烧时硫的反应为氧化反应：

$$S + O_2 \longrightarrow SO_2 \tag{2-1}$$

燃烧产物主要是 SO_2，约占 98%，SO_3 只占 2%左右。

（二）含氮化合物

大气中以气态存在的含氮化合物主要有氨（NH_3）及氮的氧化物，包括氧化亚氮（N_2O）、一氧化氮（NO）、二氧化氮（NO_2）、四氧化二氮（N_2O_4）、三氧化二氮（N_2O_3）及五氧化二氮（N_2O_5）等。其中对环境有影响的污染物主要是 NO 和 NO_2，通常统称为氮氧化物（NO_x），其他还有亚硝酸盐、硝酸盐及铵盐。

NO 和 NO_2 是对流层中有很大危害的两种氮的氧化物。NO 的人为源主要为化石燃料的燃烧（如汽车、飞机及内燃机的燃烧过程）；也有来自硝酸和使用硝酸的如氮肥厂、炸药厂、有色及黑色金属冶炼厂的某些生产过程等。

氨不是重要的污染气体，主要来自天然源，它是有机废物中的氨基酸被细菌分解的产物。氨的人为源主要是在煤的燃烧和化工生产过程中产生的，在大气中的停留时间约为 1～2 周。在许多气体污染物的反应和转化中，氨起着重要的作用，它可以和硫酸、硝酸及盐酸作用生成铵盐，在大气气溶胶中占有一定比例。

（三）碳氧化物

一氧化碳（CO）是低层大气中重要的污染物。CO 的主要人为源是化石燃料的燃烧，以及炼铁厂、石灰窑、砖瓦厂、化肥厂的生产过程。在城市地区人为排放的 CO 大大超过天然源，而汽车尾气则是其主要来源。大气中 CO 的浓度直接和汽车的密度有关，在大城市工作日的早晨和傍晚交通最繁忙，CO 的峰值也在此时出现。汽车排放 CO 的数量还取决于车速，车速越高，CO 排放量越低。因此，在车辆繁忙的十字路口，CO 浓度常常更高。CO 在大气中的滞留时间平均为 2～3 年，它可以扩散到平流层。

二氧化碳（CO_2）是动植物生命循环的基本要素，通常它不被看作是大气的污染物。在自然界它主要来自海洋的释放、动物的呼吸、植物体的燃烧和生物体腐烂分解等。就整个大气而言，长期以来 CO_2 浓度是保持平衡的，但是近几十年，由于人类使用矿物燃料的数量激增、自然森林遭到大量破坏，全球 CO_2 浓度平均每年增高 0.2%，已超出自然界能"消化"的限度。

CO_2 对人没有明显的危害，但是它们却能强烈吸收从地面向大气再辐射的红外线能量，使能量不能向太空逸散，从而保持地球表面的温度，造成"温室效应"。温室效应使南北两极的冰加快融化，海平面升高，同时风、云层、降雨、海洋潮流的混合形式都可能发生变化。

（四）含卤素化合物

存在于大气中的含卤素化合物很多，在废气治理中接触较多的主要有氟化氢（HF）、氯化氢（HCl）等。

（五）碳氢化合物（CH）

碳氢化合物统称烃类，是指由碳和氢两种原子组成的各种化合物。碳氢化合物主要来自天然源，其中量最大的为甲烷（CH_4），其次为植物排出的萜烯类化合物，这些物质排放量虽大，但分散在广阔的大自然中，对环境并未构成直接的危害。不过随着大气中 CH_4 浓度增加，会强化温室效应。碳氢化合物的人为源主要来自燃料的不完全燃烧和溶剂的蒸发等过程，其中汽车尾气是产生碳氢化合物的主要污染源，浓度为 $2.5 \sim 1200 mL/m^3$。

在汽车发动机中，未完全燃烧的汽油在高温高压下经化学反应会产生百余种碳氢化合物，典型的汽车尾气成分主要有烷烃（甲烷为主）、烯烃（乙烯为主）、芳香烃（甲苯为主）和醛类（甲醛为主）。在大气污染中较重要的碳氢化合物有四类：烷烃、烯烃、芳香烃、含氧烃。

表面上在城市中烃类对人类健康未造成明显的直接危害，但是在污染的大气中它们是形成危害人类健康的光化学烟雾的主要成分。在有 NO、CO 污染的大气中，受太阳辐射作用可引起 NO 的氧化，并生成臭氧（O_3），当体系中存在碳氢化合物时，能加速氧化过程。碳氢化合物和氧化剂反应，除生成一系列有机产物，如烷烃、烯烃、醛、酮、醇、酸和水等外，还生成了重要的中间产物——各自的自由基，如烷基、酰基、烷氧基、过氧烷基、过氧酰基和羧基等，这些自由基和大气中的 O_2、NO 和 NO_2 反应并相互作用，促使 NO 转化为 NO_2，进而形成二次污染物 O_3、醛类和过氧乙酰硝酸酯等，这些是形成光化学烟雾的主要成分。

二、污染物的来源

大气中几种主要污染物的来源有三个方面：燃料燃烧；工业生产过程；交通运输。前两类污染源统称固定源，交通工具（机动车、火车、飞机等）则称为流动源。

我国对烟尘、SO_2、NO_x 和 CO 四种量大面广污染物的统计表明，燃料燃烧产生的大气污染物所占比例最大，为 70%，工业生产、机动车所占的比例分别是 20%、10%。在直接燃烧的燃料中，煤炭、液体燃料（包括汽油、柴油、燃料重油等）、气体燃料（天然气、煤气、液化石油气等）所占比例分别为 70.6%、17.2%、12.2%。因此，煤炭直接燃烧是造成我国大气污染的主要来源。我国的机动车发展迅速，汽车尾气已成为我国空气污染的重要来源。

从我国的国情出发，未来 10～20 年烟气污染治理的重点是燃料燃烧（主要是燃煤）废气、生产工艺废气以及汽车尾气。随着人们生活质量的提高，室内空气污染也将日益受到重视，室内空气污染防治也将成为污染治理热点。本部分主要论述化工相关过程所产生的废气及其所含污染物。

（一）石油工业源

石油原油是以烷烃、环烷烃、芳烃等有机化合物为主的成分复杂的混合物。除烃类外，还含有多种硫化物、氮化物等。石油炼制即从原油中分离出多种馏分的燃料油和润滑油的过程。处理 $1m^3$ 原油所产生废气中污染物的量见表 2-2。

表 2-2　处理 $1m^3$ 原油所产生废气中污染物的量

生产过程	排放量/kg				
	粉尘	二氧化硫	烃类	一氧化碳	二氧化氮
催化裂化	0.23	1.90	83	52.06	0.24
燃烧（油燃料）	3.04	0.24	0.43	0.01	11.02

（二）天然气处理工业源

从高压油井来的天然气通常经过井边的油气分离器去除烃凝结物和水。如果天然气所含 H_2S 量大于 $0.057kg/m^3$，必须去除 H_2S（"脱臭"）方能使用，H_2S 常用胺液吸收以脱除。天然气处理工业中主要的排放源是空压机的发动机和来自脱酸气装置的废酸气。

（三）化学工业

化工废气，按所含污染物性质可分为三大类：第一类为含无机污染物的废气，主要来自氮肥、磷肥（含硫酸）、无机盐等行业；第二类为含有机污染物的废气，主要来自有机原料及合成材料、农药、染料、涂料等行业；第三类为既含有机污染物，又含有无机污染物的废气，主要来自氯碱、炼焦等行业。化学工业废气特点为种类多、成分复杂；污染物浓度高；污染面广、危害大。

主要行业废气排放情况见表 2-3。

表 2-3 主要行业废气排放情况

行业	废气中的主要污染物	备注
氮肥	NO_x，尿素，粉尘	
磷肥	氟化物，粉尘，SO_2，酸雾	包括硫酸工业
无机盐	SO_2，P_2O_5	
氯碱	Cl_2，HCl，氯乙烯	
有机原料及合成材料	SO_2，Cl_2，HCl，H_2S，NH_3，NO_x，有机气体	
农药	Cl_2，HCl，氯乙烯，氯甲烷，有机气体	
染料	SO_2，H_2S，NO_x，有机气体	
涂料	芳烃	
炼焦	CO，SO_2，H_2S，NO_x，芳烃	

第二节 化工废气的一般处理技术

一、吸收净化法

吸收是净化气态污染物最常用的方法。吸收法被定义为：用适当的液体吸收剂处理废气，使废气中气态污染物溶解到吸收液中或与吸收液中某种活性组分发生化学反应而进入液相，这样使气态污染物从废气中分离出来的方法；或者说，利用吸收剂将混合气体中一种或数种组分（吸收质）有选择地吸收分离的过程称作吸收。

在物理吸收中，被溶解的分子没有发生化学反应，溶剂和溶质之间仅存在微弱的分子间吸引力，被吸收的溶质可通过吸收的逆过程加以回收。

化学吸收是被吸收的气体吸收质与吸收剂中的一种组分或多个组分发生化学反应的过程，由于化学吸收量大，因此得到广泛应用。化学吸收具有如下特点：被吸收的吸收质在吸收剂中发生反应，发生反应的各种组分在溶液中遵守化学反应平衡关系；吸收剂中各组分的游离浓度与气相中组分浓度间应遵守相平衡关系，与物理吸收一致。

化学吸收比物理吸收具有更快的吸收速率，这是由于化学反应降低了被吸收气体组分在液相中的游离浓度，相应地增大了传质推动力和传质系数，从而加快了吸收过程的速率。

无论是物理吸收还是化学吸收，都会遵循相平衡规律。

要想提高吸收速率，必须从改善传质系数、提高接触表面积和传质推动力等方面着手。加上制作和维护等原因，一个好的吸收设备必须满足：气液间接触面积大，并有一定接触时间；气液间扰动大，阻力小、效率高；操作稳定；结构简单，维修方便；具有防堵、防腐能力。吸收设备多为气液相接触吸收器——表面吸收器、鼓泡吸收器、喷洒吸收器、塔板式吸收器等。图 2-1 列出了一些常用的吸收装置。

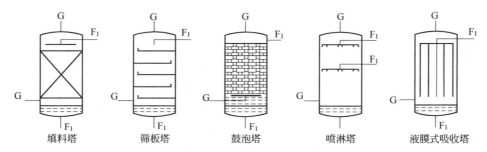

图 2-1　一些常用的吸收装置

二、吸附净化法

吸附是利用多孔性固体吸附剂处理流体混合物，使其中所含的一种或数种组分吸附于固体表面上，以达到分离的目的。

目前，吸附操作在有机化工、石油化工等生产部门已有较为广泛的应用。该方法在环境工程中的使用也很普遍，主要原因是吸附剂的选择性高，它能分离其他过程难以分离的混合物，有效地清除（回收）浓度很低的有害物质，设备简单，操作方便，净化效率高，且能实现自动控制。

图 2-2 是吸附-脱附示意图。吸附过程是一个动态过程，在这个过程中，吸附质从流体中扩散到吸附剂表面和微孔内表面上，释放热量并被吸附在吸附剂的内表面上。脱附过程是一个与吸附过程相反的过程。

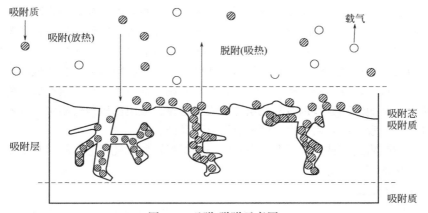

图 2-2　吸附-脱附示意图

被吸附分子与吸附剂表面分子存在着相互间的引力，即范德瓦耳斯力。范德瓦耳斯力普遍存在，吸附时的分子间作用力是无"饱和"的，但吸附剂周围由于分子间作用力随着吸附分子离吸附剂表面距离加大而减少，形成吸附作用"有效区域"。通常根据吸附剂和吸附质之间发生吸附作用的力的性质，将吸附分为物理吸附和化学吸附。物理吸附又称为范德瓦耳斯吸附，是由吸附剂与吸附质分子之间的范德瓦耳斯力产生的。化学吸附又称活性吸附，是由吸附剂与吸附质分子间的化学键力而导致的，它们的特征见表2-4。

表 2-4　物理吸附和化学吸附的特征

吸收类型	特征
物理吸附	放热 20kJ/mol，与汽化热接近，因此常被看成气体的凝聚
	无选择性
	低温下显著
	速度快
	单层或单原子层
化学吸附	放热，比物理吸附大，接近反应热，一般 84～417kJ/mol
	选择性强
	高温下显著
	单分子层或多分子层
	速度慢

一般吸附过程既有化学吸附，也包含物理吸附。同一吸附剂，低温下可能进行物理吸附，高温下进行化学吸附。化工和环保领域当前的一个研究热点就是关于有机气体在固体表面的吸附规律及其吸附工艺的研究。

（一）常用工业吸附剂

吸附剂表面积越大，越能有效地吸附气体，因此工业吸附剂一般都具有大量孔隙，但并不是只要有较大的比表面积就能较好地应用于工业中。

吸附剂要实现实用价值需要具备下列条件：吸附剂要有较好的化学稳定性、机械强度及热稳定性；吸附剂的吸附容量要大，吸附剂吸附容量越大，吸附剂用量越少，使得吸附装置越小，进而使投资成本降低；吸附剂应有良好的吸附动力学性质，吸附达到平衡越快，吸附区域越窄，所需要的吸附柱就越小，同时可以允许的空塔速度越大，相应的气体流量也可以越大；吸附剂要具有良好的选择性，不仅可使吸附效果更为明显，同时得到的产品纯度也就越高；需要有很大的比表面积，工业常用的吸附剂有活性炭、分子筛、硅胶等，它们都是具有许多细孔和巨大内表面积的固体，比表面积为 $600～700m^2/g$；吸附剂要具有良好的再生性能，可再生的吸附剂不仅可以重复使用，而且还解决了对废吸附剂的处理问题；吸附剂应具有较低的水蒸气吸附容量、较小的压力损失；受高沸点物质影响小，高沸点物质在吸附以后，很难被去除，它们会在吸附剂中集聚，从而影响吸附剂对其他组分的吸附容量；吸附剂应与气相中组分不发生化学反应，以保证吸附剂吸附能力和再生程度不会因此而降低。

工业上常用吸附剂的种类有很多，由于吸附剂材料不同，孔径分布和对吸附质的亲和性也互不相同。常见的工业吸附剂如下：

1. 活性氧化铝

活性氧化铝是将含水氧化铝在严格控制升温条件下加热到 $500℃$，使之脱水而制得。它为多孔结构物质并具有良好的机械强度，比表面积为 200～250m²/g。活性氧化铝对水分有很强的吸附能力，主要用于气体和液体的干燥、石油气的浓缩和脱硫，近年来又将它用于含氟废气的治理。

2. 白土

白土分为漂白土和酸性白土。漂白土的主要成分是硅铝酸盐，是一种天然黏土，经加热和干燥后成为多孔结构。将处理后的漂白土碾碎和筛分，取一定细度的颗粒就可以作为吸附剂使用。漂白土吸附剂可除去油中的臭味，并能有效地对各种油类进行脱色。漂白土可重复使用，只需要通过洗涤和灼烧除去吸附在表面和孔隙内的有机物即可。

SiO_2 与 Al_2O_3 比值较低的白土只有经过酸化处理才具有吸附活性。用硫酸处理的工艺条件是：温度 80～110℃；硫酸的浓度 20%～40%；时间 4～12h。酸性白土是白土经洗涤、干燥、碾碎处理后获得的，酸性白土的脱色效率比天然漂白土高。

3. 硅胶

硅胶分子式为 $SiO_2 \cdot H_2O$，是一种坚硬多孔的固体颗粒，粒径一般为 0.2～7mm。其制备方法是将水玻璃（硅酸钠）溶液用酸处理，再将硅凝胶经老化、水洗，在 95～130℃下，经干燥脱水制得。硅胶是工业上常用的一种吸附剂，实验室所用的是经干燥脱水并加入钴盐作指示剂的硅胶，在无水时呈蓝色，吸水后变为淡红色。硅胶从气体中吸附的水分量最高能达到自身重量的 50%，具有很大的吸水容量。吸水后的饱和硅胶可再生，方法是通过加热（300℃）将其吸附的水分脱附。硅胶属于亲水性吸附剂。

4. 活性炭

活性炭作为一种优良吸附剂，是应用最早、用途较广的。它由各种含碳物质炭化并经活化处理而得到。活化剂使用水蒸气或热空气，活化温度为 850～900℃，炭化温度一般低于 600℃。近年来，氯化锌、氯化镁、氯化钙及硫酸等化学药品有时也用来作为活化剂。活性炭原材料的来源非常广泛，各种木材、木屑、果壳、果核、泥煤、褐煤、烟煤、无烟煤以及各种含碳的工业废物都可制成活性炭。活性炭比表面积为 600～1400m²/g，是孔穴十分丰富的吸附剂，故其具有优异的吸附能力。

活性炭在工业领域的用途十分广泛，几乎遍及各个方面。通常用于空气或者其他气体的脱臭、溶剂蒸气的回收、动植物油的精制、水和其他溶剂的脱色等方面。近年来，在环境保护方面对活性炭吸附剂的应用也越来越广泛，常用来处理某些气态污染物及工业废水。在对活性炭吸附剂应用时，需要特别注意其易燃易爆的特性。

5. 沸石分子筛

沸石分子筛呈现多孔的硅酸铝骨架结构，是由人工合成的沸石，每一种分子筛的孔穴尺寸都是一致的。分子筛孔径的大小和分子（或离子）的大小相当，不同型号分子筛的有效孔径不同。

一定结构分子筛的孔穴直径也是一定的，如果气体分子的直径小于孔穴直径则能够进入孔穴内被吸附，若比孔穴直径大则不能被吸附，分子筛就是这样起到筛分分子的作用。很多物质都具有分子筛的作用，如微孔玻璃、有机高分子、沸石或某些无机物膜等，其中，应用最广的当属沸石分子筛。

沸石分为天然沸石以及人工合成沸石，化学通式为[M(Ⅰ)·M(Ⅱ)]O-Al₂O₃-nSiO₂·mH₂O，式中，M(Ⅰ)为 1 价金属；M(Ⅱ)为 2 价金属；n 为硅铝比（一般 n=2～10）；m 为结晶水分子数。

天然沸石的种类有很多，在工业方面使用价值较大的主要有毛沸石、镁沸石、钙十字沸石、片沸石和丝光沸石等。

沸石的人工合成方法主要包含水热合成法和碱处理法两类。其方法是将含硅、含铝、含碱的原料按一定比例配成溶液，在室温至60℃范围内加热搅拌制成硅铝凝胶，将硅铝凝胶置于反应器中，利用蒸汽加热至100℃左右，沸石即自凝胶中结晶出来。然后经过水洗，加入黏合剂制成一定形状，烘干后在400～600℃活化即得适用的合成沸石分子筛。

沸石分子筛由于自身具有许多优良性能，因而在生产上得到广泛应用。在环境保护方面，沸石分子筛常用来进行脱硫、脱氮、含汞蒸汽的净化及有害气体的治理。

前已述及，物理性质会影响吸附剂的吸附能力，吸附剂的吸附能力随着比表面积的增大而增强。此外，吸附能力的大小还受吸附剂的孔隙率、孔径大小及其分散度等因素的直接影响。为了更好地选用适宜的吸附剂，表2-5中详细列举了几种化工过程常用吸附剂的物理性质。

表 2-5　几种主要吸附剂的物理性质

项目	白土	活性氧化铝	硅胶	活性炭	沸石分子筛
真密度 ρ_e/(g/cm³)	2.4～2.6	3.0～3.3	2.1～2.3	1.9～2.2	2.0～2.5
表观密度 ρ_s/(g/cm³)	0.8～1.2	0.8～1.9	0.7～1.3	0.7～1	0.9～1.3
填充密度 γ/(g/cm³)	0.45～0.56	0.49～1.00	0.45～0.85	0.35～0.55	0.60～0.75
空隙率	0.4～0.55	0.40～0.50	0.40～0.50	0.33～0.55	0.30～0.40
比表面积/(m²/g)	100～350	95～350	300～830	600～1400	600～1000
微孔体积/(cm³/g)	0.6～0.8	0.3～0.8	0.3～1.2	0.5～1.4	0.4～0.6
平均微孔径/Å①	80～200	40～120	100～140	20～50	—
比热容/[cal/(g·K)]	0.20	0.21～0.24	0.22	0.20～0.25	0.19
热导率/[kcal/(m·h·K)]	0.085	0.12	0.12	0.12～0.17	0.042

① 1Å=10^{-10}m。

（二）吸附剂再生

为了能够重复使用已饱和吸附的吸附剂，必须对吸附剂进行脱附再生。以下对几种常用的脱附方法进行简单的介绍。

（1）吹扫脱附。吸附态吸附质在吹扫气与吸附态吸附质的浓度梯度的作用下由吸附剂表面向气相主体扩散。脱附是一个吸热过程，在此过程中床层温度下降，导致脱附曲线后移，脱附量减少。因此，常采取升温降压措施进行吹扫脱附。

（2）置换脱附。在恒温、恒压情况下，用一种与吸附剂亲和性更强的物质置换前面被吸附的吸附质，以获得这种吸附质的脱附。这种方法的缺点在于为了保证吸附剂循环使用，置换吸附质也必须设法脱附，这就会消耗更多的时间和能量。

（3）升温脱附。同一浓度下，吸附容量将随温度的升高而下降，使部分已吸附的吸附质将从吸附剂表面解吸出来，随后借助于吹扫气将吸附质从吸附床层中运送出来，完成脱附。这种方法因其实用、简单的特点成为目前应用最广泛的方法之一。

升温脱附方法的主要缺点是：要想再次应用必须将吸附床层重新冷却，这就增加了再生时间和能耗。升温脱附可分别采用热载气脱附、水蒸气脱附，也可以将这两种措施同时使用。

（4）降压脱附。吸附容量会随吸附压下降而下降，通过降低吸附总压，降低吸附质组分压，实现吸附质脱附。应用上述原理的脱附过程称为降压吸附（decompression desorption）。在降压脱附过程中，脱附后可通过小流量的吹扫气，将因降压而超出平衡吸附量的脱附物质运送出来。

在实际应用中，脱附方法应根据"吸附质-吸附剂"系统性质以及吸附平衡曲线的具体情况进行选择。

三、冷凝净化法

冷凝净化法即利用物质在不同温度下具有不同饱和蒸气压这一性质，采用降温、加压方法使处于蒸气状态的气体冷凝而与废气分离，以达到净化或回收的目的。冷凝净化对有害气体的去除程度，与冷却温度和有害成分的饱和蒸气压有关，冷却温度越低，有害成分越接近饱和，其去除程度越高。不同温度和压力下，物质的饱和蒸气压不同。

露点温度是指废气中有害物质在饱和蒸气压下的温度。某一系统压力下的露点温度是指当废气中污染物的蒸气分压等于该温度下的饱和蒸气压时，废气中的污染物开始冷凝出来的温度。因此，要想冷凝混合气体中的有害物质，就必须低于该物质的露点。泡点是指在恒压下加热液体，液体开始出现第一个气泡时的温度。冷凝温度一般在露点和泡点之间，冷却温度越接近泡点，则净化程度越高。

四、催化净化法

催化净化法是使气态污染物通过催化剂床层，在催化剂的作用下，经历催化反应，转化为无害物质或易于处理和回收利用物质的净化方法。催化净化法有催化氧化法和催化还原法两种。

催化氧化法，是使废气中的污染物在催化剂的作用下被氧化。如废气中的 SO_2 在催化剂（V_2O_5）作用下可氧化为 SO_3，用水吸收变成硫酸而得到回收。再如各种含烃类、恶臭物的有机化合物废气均可通过催化氧化过程分解为 H_2O 与 CO_2。

催化还原法，是使废气中的污染物在催化剂的作用下，与还原性气体发生反应的净化过程。如废气中的 NO_x 在催化剂（铜铬）作用下与 NH_3 反应生成无害气体 N_2。

催化净化法特点是避免了其他方法可能产生的二次污染，又使操作过程得到简化，对于不同浓度的污染物都具有很高的转化率。其主要应用在碳氢化合物转化为二氧化碳和水，氮氧化物转化成氮，二氧化硫转化成三氧化硫，有机废气和臭气的催化以及汽车尾气的催化净化等。其缺点是催化剂价格较高，废气预热要消耗一定的能量。

由于废气污染物含量低，过程热效应小，反应器结构简单，催化净化法多采用固定床催化反应器；要处理的废气量往往很大，因此要求催化剂能承受流体冲刷和压力降的影响；由于净化要求高，而废气的成分复杂，处理不同污染物时反应条件变化大，故要求催化剂有高的选择性和热稳定性。

（一）催化剂

催化剂有无选择性、有选择性两种。无选择性催化剂能最大限度地吸收汽车或者燃烧装置所产生废气中的各种有害物质。有选择性催化剂能吸收一种或少数几种有害物质。有选择性催化剂的废气净化方式中，催化剂可以是蜂窝状、球状或饼状的，它由同质的金属氧化物如 TiO_2、Al_2O_3、Fe_2O_3、SiO_2 组成，也掺杂有活性催化物如 V_2O_5、WoO_3 或其他金属添加物如 Mo、Cr、Cu、Co、Mn。此外，当使用贵金属如铂、铑、钯做活性物质时，还可以用异质的催化剂来净化废气，这些贵金属将涂抹在由铁片、陶器或者金属氧化物制成的惰性介质之上。催化剂的形状见图 2-3。

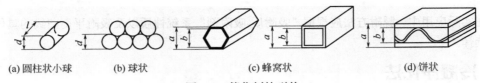

| (a) 圆柱状小球 | (b) 球状 | (c) 蜂窝状 | (d) 饼状 |

图 2-3   催化剂的形状

除了少数贵金属催化剂外，一般工业常用的催化剂为多组元催化剂，通常由活性组分、助催化剂和载体三部分组成。活性组分是催化剂的主体，是起催化作用的最主要组分，要求活性高且化学惰性大，如铂（Pt）、钯（Pd）、钒（V）、铬（Cr）、锰（Mn）、铁（Fe）、钴（Co）、镍（Ni）、铜（Cu）、锌（Zn）以及它们的氧化物等。助催化剂虽然本身无催化作用，但它与活性组分共存时却可以提高活性组分的活性、选择性、稳定性和寿命。载体是活性组分的惰性支承物，它具有较大的比表面积，有利于活性组分的催化反应，增强催化剂的机械强度和热稳定性等。常用的载体有氧化铝、硅藻土、铁矾土、氧化硅、分子筛、活性炭和金属丝等，其形状有粒状、片状、柱状、蜂窝状等。微孔结构的蜂窝状载体比表面积大、活性高、流动阻力小。通常活性物质被喷涂或浸渍于载体表面。

衡量催化剂催化性能的指标主要有活性和选择性。

1. 催化剂的活性和失活

在工业上，催化剂的活性常用单位体积（或质量）催化剂在一定条件（温度、压力、空速和反应物浓度）下，单位时间内所得的产品量来表示。催化剂使用一段时间后，由于各种物质及热的作用，催化剂的组成及结构渐起变化，导致活性下降及催化性能劣化，这种现象称为催化剂的失活。发生失活的原因主要有沾污、烧结、热失活与中毒。

2. 催化剂的选择性

催化剂的选择性是指当化学反应在热力学上有几个反应方向时，一种催化剂在一定条件下只对其中的一个反应起加速作用的特性，它用 B 表示，即

$$B=\frac{反应所得目标产物的物质的量}{通过催化剂床层后反应了的反应物的物质的量} \tag{2-2}$$

活性与选择性是催化剂本身最基本的性能指标，是选择和控制反应参数的基本依据，二者均可度量催化剂加速化学反应速度的效果，但反映问题的角度不同，活性指催化剂对产品产量的提高，而选择性则表示催化剂对原料利用率的提高。

（二）催化净化法的一般工艺

催化净化法治理废气的一般工艺过程包括废气预处理、废气预热、催化反应、废热和副产品的回收利用等。

1. 废气预处理

废气中含有的固体颗粒或液滴会覆盖在催化剂活性中心上而降低其活性，废气中的微量致毒物会使催化剂中毒，因此必须在废气接触催化剂前将这些组分除去。如烟气中 NO_x 的非选择性还原法治理流程，常需在反应器前设置除尘器、水洗塔、碱洗塔等，以除去其中的粉尘及 SO_2 等。

2. 废气预热

废气预热是为了使废气温度在催化剂活性温度范围以内，使催化反应有一定的速度，否则

废气温度低，反应速度缓慢，便达不到预期的去除效果。对于有机废气的催化燃烧，若废气中有机物浓度较高，反应热效应大，则只需较低的预热温度，过高的预热温度会产生大量的中间产物，给后面的催化燃烧带来困难。废气预热可利用净化后气体的废热，但在污染物浓度较低、反应热效应不足以将废气预热到反应温度时，需利用辅助燃料使废气升温。

3. 催化反应

温度是调节催化反应的一项重要工艺参数，它对催化脱除污染物的效果有很大影响。控制一个最佳的温度，在最少的催化剂用量下达到满意脱除效果是催化净化法的关键。

4. 废热和副产品的回收利用

废热和副产品的回收利用关系到治理方法的经济效益和二次污染，进而关系到治理方法有无生命力，因此必须予以重视。其中，回收废热常用于废气的预热。

五、生物净化法

1964 年，在 Genf-Villette（地名）第一次用生物净化装置净化废气。生物法处理废气技术在 20 世纪八九十年代得到了快速发展，荷兰和德国成为首批大规模应用生物技术处理废气的国家。随后，生物技术在废气处理中的应用越来越广泛。生物净化技术弥补了传统物化处理技术的不足，生物净化法属于清洁型的治理方法，目前已成为废气治理的前沿和热点。

生物净化法是多学科交叉的环保高新技术，是低浓度工业废气净化的热点技术，它建立在已成熟的采用微生物处理废水方法的基础上。国内外已有的研究表明，低浓度工业废气已无法通过常规技术进行经济、有效的净化处理，但使用生物净化法处理低浓度工业废气却行之有效，具有明显的技术和经济优势。

生物净化法在国外处理低浓度、高流量的有机废气和恶臭的工程中已经取得了广泛的应用，在操作条件较好的情况下，污染物能被较为完整地降解为 CO_2 和 H_2O，同时生成新的微生物，维持生物膜的新陈代谢。在处理 H_2S 还原态的硫化物或卤代烃时，还分别生成无害的硫酸盐或氯化物。

（一）原理和特点

生物净化法是利用驯化后微生物的新陈代谢过程对多种有机物和某些无机物进行生物降解，将其分解成 H_2O 和 CO_2，从而有效地去除工业废气中的污染物质。生物净化法处理气态污染物的基本原理是在过滤器中的多孔填料表面覆盖生物膜，废气流经填料床时，通过扩散过程将污染成分传递到生物膜中与膜内的微生物相接触而发生生物化学反应，使废气中的污染物得到降解。其过程一般可分为：污染物由气相到液相的传质过程；通过扩散和对流，污染物从液膜表面扩散到生物膜中；微生物将污染物转化为生物质，新陈代谢副产物，如二氧化碳和水。

生物净化法特别适合于处理气量大于 $17000m^3/h$，浓度小于 0.1% 的气体。其特点是操作条件易于满足（常温、常压），操作简单，低投资，高效率，有较强的抗冲击能力。一般控制适当的负荷和气液接触条件就可使净化率达到 90% 以上，尤其在处理低浓度（$10^4mg/m^3$ 以下）、生物降解性好的气态污染物时更显其经济性，不产生二次污染，可氧化分解含硫、氮的恶臭物和苯酚、氰等有害物。但是生物法仍存在某些缺点：氧化分解速率较慢，生物过滤占用的空间大，难控制过滤的 pH 值，对难氧化的恶臭气体净化效果不明显。

（二）处理工艺与设备

常见的处理工艺包括生物过滤法、生物滴滤法、生物洗涤法、生物膜反应器和转盘生物过滤反应器。

生物净化法净化废气主要有三种方式：生物过滤、生物滴滤、生物洗涤。不同组成及浓度的废气有各自合适的生物净化方式，这三种方式的工作原理见图 2-4。第一种是固体过滤方式，后两种是液体过滤方式。固体过滤方式只能用来去除废气中少量具有强刺激性气味的化合物，而液体过滤方式则可以用来去除废气中浓度更高但可被生物分解的物质。如果有害物质能够被迅速分解，便使用生物滴滤池；如果有害物质的分解需要较长时间，则使用传统的净化装置并外加一个以生物净化方式工作的可再生水槽（生物洗涤塔）。

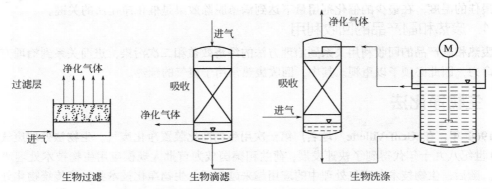

图 2-4　生物过滤、生物滴滤、生物洗涤的工作原理

利用生物净化法治理废气的过程中，以微生物存在的形式分为悬浮生长系统和附着生长系统。悬浮生长系统即微生物和营养物配料存在于液体中，气体污染物通过与悬浮液接触后转移到液体中被微生物所降解，典型形式有喷淋塔、鼓泡塔及穿孔板塔等生物洗涤器；附着生长系统中的微生物附着生长在固体介质上，废气通过由介质构成的固定床时被吸附、吸收，最终被微生物所降解，典型的形式有土壤、堆肥等材料构成的生物滤床。生物滴滤同时具有悬浮生长系统和附着生长系统的特性。

（1）生物洗涤塔是典型的悬浮生长系统，采用悬浮生长系统工艺的生物化学反应过程一般为慢反应化学吸收过程，并采用液相停留时间较长的反应器如鼓泡型反应器，也可采用喷淋筛板塔加上生化反应器的组合方式。一般流程为：废气从吸收塔底部通入，与水逆流接触，污染物被水吸收后由吸收塔顶部排出。吸收污染物的水从底部流出，进入生物反应塔经微生物反应再生后循环使用。

（2）生物滴滤池由生物滴滤池和贮水槽构成，生物滴滤池内充以粗碎石、塑料、陶瓷等不具吸附性的填料，填料表面是微生物体系形成的几毫米厚的生物膜。生物滴滤池比较适合对 pH 影响较敏感的生物反应，因为生物滴滤池中循环液体 pH 值易于监控。这种方式主要用于含易降解的卤化物废气的生物处理。

六、膜分离净化法

膜分离净化法的原理是混合气体在压力梯度作用下，透过特定薄膜时，不同气体具有不同的透过速度，从而使气体混合物中的不同组分达到分离的效果。膜分离技术是根据混合物中各组分选择渗透性能的差异来分离、提纯和浓缩混合物的新型分离技术。膜是以特定形式限制和传递流体物质的分隔两相或两部分的界面，可以是固态或者液态。压力差、浓度差以及电位差是推动膜分离系统运行的主要因素。

膜分离的主要特点是实现混合物以及物质分子尺寸的分离，它将选择透过性的膜作为分离的手段。对于同分异构体组分、性质相似组分、热敏性组分、生物物质组分等混合物的分离而言，膜分离方法十分适用，有时可代替蒸馏、萃取、蒸发、吸附等化工单元操作。膜科学和膜技术在近二三十年得到快速的发展，目前已成为工农业生产、国防、科技发展和人民日常生活中不可缺少的分离方法，被越来越广泛地应用于化工、环保、食品、医药、电子、电力、冶金、轻纺、海水淡化等领域。

（一）气体膜分离过程基本原理

气体膜分离是利用气体混合物中各组分在膜中渗透速率的差异，在膜两侧压力差的作用下进行分离的操作，其中渗透侧富集渗透快的组分，原料侧富集渗透慢的组分，气体分离流程如图 2-5 所示。

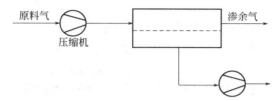

图 2-5　气体分离流程示意图

气体分离是以膜两侧气体的分压差为推动力，通过吸附溶解-扩散-脱附等步骤，产生组分间传递速率的差异来实现分离的。废气气流的高压以及渗透层的低压使得气流渗透进入薄膜层，隔离层用来过滤，而扩散特征是由基层物质决定的。通过薄膜分离气体的效率取决于气体和渗透层之间的压力差、薄膜的厚度和面积、被分离物渗透特性、温度以及废气浓度。气体通过膜渗透的机理可分为：气体在膜表面吸附；气体溶解于膜；气体在膜中扩散；溶解于膜内的气体从膜另一端表面释放；气体从膜表面脱附。

（二）气体分离膜特性

评价气体分离膜性能的主要参数是分离因数和渗透系数。

1. 分离因数

分离因数表示在气体分离和渗透气化过程中各组分透过的选择性。对于含有 A、B 两组分的混合物，分离因数 α_{AB} 定义为

$$\alpha_{AB} = \frac{y_A/y_B}{x_A/x_B} \tag{2-3}$$

式中，x_A，x_B 分别为原料中组分 A 与组分 B 的摩尔分数；y_A，y_B 分别为透过物中组分 A 与组分 B 的摩尔分数。

通常，用组分 A 表示透过速率快的组分，因此 α_{AB} 的数值大于 1。分离因数的大小反映该体系分离的难易程度，α_{AB} 越大，表明两组分的透过速率相差越大，膜的选择性越好，分离程度越高；α_{AB} 等于 1，则表明膜没有分离能力。

2. 渗透系数

渗透系数表示气体通过膜的难易程度，定义为

$$P = \frac{V\delta}{At\Delta p} \tag{2-4}$$

式中，V 为气体渗透量，m^3；δ 为膜厚，m；Δp 为膜两侧的压力差，Pa；A 为膜面积，m^2；t 为时间，s；P 为渗透系数，$m^2/Pa \cdot s$。

（三）膜材料及分类

空气净化中膜分离是一种高效的分离方法，装置的核心部分为膜元件。常用的膜元件有平板膜、中空纤维膜和卷式膜，又可分为气体分离和液体分离膜两种分离膜。按材料性质分，气体分离膜可分为无机材料分离膜、高分子材料分离膜以及金属材料分离膜。目前高分子聚合物膜是使用最多的分离膜，无机材料分离膜在近几年又被开发出来。高分子聚合物膜通常是用纤维素类、聚砜类、聚酰胺类、聚酯类、含氟高聚物等材料制成。无机材料分离膜包括玻璃膜、陶瓷膜、金属膜和分子筛碳膜等。气体分离膜材料应该同时具有高的透气性和较高的机械强度、化学稳定性以及良好的成膜加工性能。

膜的分类方法很多，按膜的形态结构分类可分为对称膜和非对称膜两类。

（四）气体膜分离设备和气体膜分离应用

常见的气体膜分离设备有如下两种。一是 Prism 气体分离器，主要用于合成氨厂释放气中氢的回收。它的结构类似于列管式换热器，主要由外壳、中空纤维膜和纤维两头的管板组成。使用时，原料气进入外壳，易渗透组分经过纤维膜渗入中心而流出，难渗组分则从外壳出口流出。二是平板旋卷式膜分离器。平板旋卷式膜分离器主要包括多孔渗管、膜和支撑物。高压原料气进入"高压道"，而经过膜渗出来的气体流经"渗透道"从渗透管中心流出，剩余气体则从管外流道流出。膜和支撑物组成膜叶，其三面封闭，使原料气与渗透气隔开。

气体膜分离的主要应用有：空气分离，利用膜分离技术可以得到富氧空气和富氮空气，富氧空气可用于高温燃烧节能、家用医疗保健等方面，富氮空气可用于食品保鲜、惰性气氛保护等方面；H_2 的分离回收，主要有合成氨尾气中 H_2 的回收、炼油工业尾气中 H_2 的回收等，是当前气体分离应用最广的领域；气体脱湿，如天然气脱湿、压缩空气脱湿、工业气体脱湿等。

七、燃烧净化法

用燃烧方法来销毁有毒气体、蒸气或烟尘，使之变成无毒、无害物质，称为燃烧净化。其化学作用主要是燃烧氧化，个别情况下是热分解。燃烧净化可以广泛地应用于有机溶剂蒸气及碳氢化合物的净化处理中，这些有毒物质在燃烧氧化过程中被氧化成二氧化碳和水蒸气。燃烧净化法适用于处理废气中浓度较高、发热量较大的可燃性有害气体（主要是含碳氢的气态物质），燃烧温度一般在 $600 \sim 800$℃。燃烧净化法简便易行，可回收热能，但不能回收有害气体，易造成二次污染。

（一）燃烧净化原理

1. 燃烧反应与火焰燃烧

燃烧反应是一种放热化学反应，可以用普通的化学方程式表示，例如：

$$CH_4 + 2O_2 \longrightarrow CO_2 + 2H_2O + Q \tag{2-5}$$

式中，Q 为反应时放出的热量，J。热化学反应方程式是进行物料衡算、热量衡算及设计燃烧装置的依据。

燃料完全燃烧的条件是适量的空气、足够的温度、必要的燃烧时间、燃料与空气的充分混合。①空气条件：按燃烧不同阶段供给相适应的空气量。②温度条件：只有达到着火温度，才能与氧化合而燃烧。③时间条件：影响燃烧完全程度的另一基本因素是燃料在燃烧室中的停留时间，燃料在高温区的停留时间应超过燃料燃烧所需时间。④燃烧与空气的混合条件：有效燃烧的基本条件是充分混合燃料与空气中的氧。

2. 燃烧与爆炸

当混合气体中含有的氧和可燃组分在一定的浓度范围内，某一点被燃着时产生的热量，可以继续引燃周围的混合气体，此浓度范围就是燃烧极限浓度范围。当燃烧在一有限空间内迅速蔓延，则形成爆炸。因此，对于混合气体的组成浓度而言，可燃的混合气体就是爆炸性混合气体，燃烧极限浓度范围也就是爆炸极限浓度范围。

（二）燃烧净化方法和装置

目前在实际中使用的燃烧净化方法有直接燃烧、热力燃烧和催化燃烧。

1. 直接燃烧

直接燃烧亦称为直接火焰燃烧，它是把废气中可燃的有害组分当作燃料燃烧，因此这种方法只适用于净化高浓度的气体或者热值较高的气体。要想保持燃烧区温度使燃烧持续进行，必须将散向环境中的热量用燃烧放热来补偿。若废气中的各可燃气体浓度值适宜则可直接燃烧；如果可燃组分的浓度高于燃烧上限，混入空气后可以燃烧；如果可燃组分的浓度低于燃烧下限，则可通过加入一定数量的辅助燃料的方法来维持燃烧。直接燃烧可以使用一般的炉、窑，也可用燃烧器。敞开式的特别是垂直位置的直接燃烧器叫作"火炬"，火炬多用于灰分很少的废燃料气。目前，各炼油厂、石油化工厂都设法将火炬气用于生产，回收其热值或返回生产系统做原料。例如将火炬气集中起来，输送到厂内各个燃烧炉或者动力设备，以代替部分燃料，回收热值，或者将某些火炬气送入裂解炉，生产合成氨原料。只有当废气流量大，影响生产平衡时，才会通过自动控制进入火炬烟囱燃烧后排空。

2. 热力燃烧

热力燃烧是将辅助燃料燃烧产生的高温燃气与有毒有害废气混合，使其温度达到可燃组分的自燃点以上，并使有毒有害废气在燃烧炉中驻留一段时间，以完成热化学转化过程。若有毒有害物质的废气中含有足够的氧，就可以用部分废气助燃以辅助燃料燃烧，这部分废气被称为助燃废气。辅助燃料燃烧后产生的高温燃气再与其余部分废气混合，进而使混合气体达到其中的有毒有害物质氧化分解的温度。如果有毒有害物质存在于惰性气体中，在燃烧净化时，则需专门提供空气或氧气助燃。热力燃烧的条件是在供氧充分的情况下，废气分子与氧气在反应温度下进行充分的接触，即反应温度（temperature）、驻留时间（time）、湍流混合（turbulence）三个要素，也称"三 T 条件"。

热力燃烧适用于可燃有机物质含量较低的废气净化处理，适于气量范围 2000~10000m³/h、浓度范围在 0.01%~0.2%的场合，温度在 800~1200℃。热力燃烧设备主要是热力燃烧炉，热力燃烧炉主要由两部分组成——燃烧器和燃烧室。按照燃烧器的不同形式，可将热力燃烧炉分为配焰燃烧器系统和离焰燃烧器系统。配焰燃烧器系统根据"火焰接触"的理论将燃烧分配成许多小火焰，布点成线，使冷空气分别围绕许多小火焰流过去，以达到迅速完全的湍流混合。在离焰燃烧器系统中，燃料与助燃空气先通过燃烧器燃烧，产生高温燃气，然后与冷废气在燃烧室内混合、氧化、燃烧。在该系统中，高温燃气的产生和混合是分开进行的。

3. 催化燃烧

催化燃烧目前重点致力于有机废气的净化处理所需低温催化剂及催化技术的开发和应用。一般说来，催化燃烧技术应用在废气净化过程中的反应温度一般为 400~700℃，比热焚烧的温度低很多，反应过程不产生 NO，具有工艺简单、高效率、低能耗、小压降、设备体积小等优点。催化燃烧技术可以在相对较大的体积流量下连续操作并且不需频繁更换催化剂而优于吸附或吸收技术。与热力燃烧不同，催化燃烧是无焰燃烧，作为目前处理低浓度有机废气的一种方法，催化燃烧可对易燃易爆的气体进行处理。

对于催化燃烧而言，不同的排放场合和不同的废气有不同的工艺流程，但都包括废气预处理和预热装置两个工艺流程。

第三节　二氧化硫废气处理技术

烟气脱硫技术是控制酸雨和二氧化硫污染最为有效的主要技术手段。目前，世界上各国对烟气脱硫都非常重视，已开发了数十种行之有效的脱硫技术。但基本原理都是以一种碱性物质作为 SO_2 的吸收剂，即脱硫剂。按脱硫剂的种类划分，烟气脱硫技术可分为如下几种方法：以 $CaCO_3$（CaO）为基础的钙法；以 Na_2SO_3 为基础的钠法；以 MgO 为基础的镁法；以有机碱为基础的有机碱法；以 NH_3 为基础的氨法。

世界上普遍使用的商业化技术是钙法，所占比例在 90%以上。钙法烟气脱硫装置相对使用率最高的国家是日本。日本的煤资源和石油资源都很缺乏，也没有石膏资源，而其石灰石资源却极为丰富。因此，可生产石膏产品的钙法在日本得到广泛的应用。

我国是一个粮食大国，也是化肥大国。每个电厂周围 100km 内，都能找到可以提供合成氨的氮肥厂，为 SO_2 氨法吸收提供足够的氨。更有意义的是，氨法的产品本身就是化肥，有很好的应用价值。因此，氨法脱硫在我国有很好的发展土壤。

依据烟气脱硫技术是否有水参与及脱硫产物的干湿状态，烟气脱硫技术可分为湿法、干法和半干（半湿）法。以脱硫产物的处理方式为根据，烟气脱硫技术可分为抛弃法和回收法。在我国，抛弃法多指钙法，回收法多指氨法。

一、湿法烟气脱硫技术

湿式钙法（简称湿法）烟气脱硫技术是三种脱硫方法中实际应用最多、技术最成熟、运行状况最稳定的脱硫工艺。湿法烟气脱硫技术的特点是：脱硫过程在溶液中进行，吸附剂和脱硫生成物均为湿态；整个脱硫系统位于烟道的末端，在除尘系统之后；脱硫过程的反应温度低于露点，脱硫后的烟气一般需经再加热才能从烟囱排出。

湿法烟气脱硫过程是气液反应、速率快、效率高、钙利用率高，适合大型燃煤电站锅炉的烟气脱硫。石灰石/石灰洗涤法是目前使用最广泛的湿法烟气脱硫技术，占整个湿法烟气脱硫技术的 36.7%。它是在洗涤塔内采用石灰或石灰石的浆液对烟气中的 SO_2 吸收并副产石膏的方法，原理是用石灰或石灰石浆液吸收和氧化 SO_2。第一阶段吸收生成亚硫酸钙，第二阶段将亚硫酸钙氧化成硫酸钙。湿法脱硫过程中，石膏可被 C（无烟煤或焦炭）还原为 SO_2 和 CaO。SO_2（以5%左右浓度的空气混合物形式存在）可进一步被转化为硫酸，CaO 则循环到脱硫吸收装置作为脱硫剂循环使用。

（一）湿法脱硫塔型

在烟气脱硫系统中，吸收塔是核心装置，国内外发展起来的主流脱硫反应塔有喷淋塔、格栅塔、鼓泡塔和液柱塔。下面介绍目前常见的几种脱硫塔的结构和工艺。

1. 喷淋塔

喷淋塔（图2-6）是湿法脱硫工艺的主流塔型，多采用逆流方式布置，烟气从喷淋区下部进入吸收塔，并向上运动。石灰石浆液通过循环泵送至塔中不同高度布置的喷淋层，从喷嘴喷出的浆液形成分散的小液滴向下运动，与烟气逆流接触，在此期间，气液充分接触并对烟气中 SO_2 进行洗涤。塔内一般设 3~6 个喷淋层，每个喷淋层装有多个雾化喷嘴，交叉布置，覆盖率可达到 200%~300%。喷嘴用耐磨材料（如 SiC）制成，工艺上要求喷嘴在满足雾化细度的条件下尽量降低压损，同时喷出的雾滴能覆盖整个脱硫塔截面，以保证吸收的稳定性和均匀性。在塔底一般布置氧化槽，用专门的氧化风机向塔内鼓空气。除雾器布置在吸收塔顶部烟气出口之前的位置。

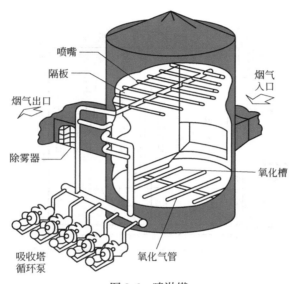

图 2-6　喷淋塔

2. 格栅塔

格栅塔是采用特殊的格栅作为填料的脱硫塔。格栅以类似规整填料的方式整齐地排放。塔顶喷淋装置将脱硫浆液均匀地喷洒在格栅顶部，然后逐渐下流并形成比较稳定的液膜。气体通过各填料之间的空隙下降，与液体作连续的顺流接触。气体中的二氧化硫不断地被溶解吸收，处理过的烟气从塔底氧化槽上经过，然后进入除雾器。

格栅塔要求脱硫浆液能够比较均匀地分布于填料之上，而且，在格栅表面上的降膜过程要求连续均匀；格栅必须具有较大的表面积，较高的空隙率，较强的耐腐性，较好的耐久强度以及良好的可湿润性；价格不能太昂贵。和喷淋塔一样，格栅塔也要求脱硫剂具有一定的颗粒度（250目左右）。在目前的应用中，填料塔中的结垢问题还未彻底解决，因此该系统需要较高的自控能力，保证整个系统在合适的状态下运行，以尽量降低结垢的风险。

3. 鼓泡塔

将 SO_2 吸收、氧化、中和、结晶及除尘等几个必不可少的工艺过程合到一个单独的气-液-固相反应器中进行，这个反应器即为鼓泡塔（图2-7）。吸收塔由上层板和下层板隔成几个空间，上层板以上为净烟气出口空间，两个层板之间为原烟气入口空间，下层板以下有一定高度的浆液层。喷射管和下层板连接，并插入石灰石浆液中 150～200mm，将原烟气导至出口空间。在吸收塔顶部安装有搅拌器、进浆液管、氧化空气母管等。脱硫剂循环浆液由布置在烟气入口下面的喷嘴向上喷射，液柱在达到最高点后散开并下落。在浆液喷上落下的过程中，整个反应区域内布满了脱硫剂循环浆液，脱硫剂循环浆液呈滴状或膜状，浆液之间不断碰撞，产生新的表面，形成高效率的气液接触。烟气经过此区域时与脱硫剂循环浆液充分接触，从而促进烟气中 SO_2 的去除。同时，由于液柱是根据烟气在脱硫反应塔内的流场而布置的，使得烟气能够最充分地和脱硫剂循环浆液发生反应，从而保证高脱硫效率。另一方面，烟气在反应塔内上升的过程中，与由上而下的脱硫剂循环浆液充分接触，可以洗去部分细颗粒灰尘；烟气在经过除雾器时不仅能除去雾滴，同时能除去部分细灰，可以进一步提高系统除尘效率。

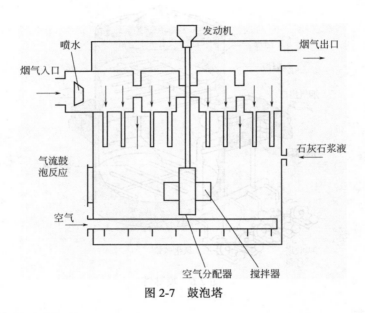

图 2-7 鼓泡塔

（二）湿法脱硫案例

1. 环栅喷淋泡沫塔烟气脱硫案例

编者研究开发了一种新型除尘脱硫一体化装置，它集旋流、喷淋、冲击、泡沫等功能于一身，大大强化了气液传质过程。因其能适合各种脱硫剂场合，目前已在各行业推广了数百套，得到广泛应用。环栅喷淋泡沫塔的除尘脱硫浆液由喷嘴向下喷出，形成分散的小液滴并往下掉落，同时，烟气沿塔壁从上部切向进入，液滴与烟气充分接触。受到塔壁的约束，烟气在塔内由直线运动转变为圆周运动，在塔内形成漩涡流。塔底部维持一定的液面，当旋流气体到达浆液表面时，进入格栅的气体与浆液接触，对烟尘和二氧化硫进行二级洗涤。之后气液两相在内塔底部鼓泡形成泡沫层，对烟尘和二氧化硫进行三级洗涤。脱硫除尘后的气体从内筒体向上流动，通过除雾器后由烟气出口排出。

2. 环栅喷淋泡沫塔氨法脱硫工艺

氨吸收 SO_2 是气-液反应或气-气反应，反应速度快，反应较完全，吸收利用率高，可以得到很高的脱硫效率。其主要原理可以分为以下两个步骤。

吸收：

$$SO_2+H_2O+2NH_3 \longrightarrow (NH_4)_2 SO_3（亚硫酸铵） \tag{2-6}$$

氧化：

$$(NH_4)_2 SO_3 + \frac{1}{2}O_2 \longrightarrow (NH_4)_2 SO_4（硫酸铵） \tag{2-7}$$

$$(NH_4)_2 SO_3 + SO_2 + H_2O + O_2 \longrightarrow 2(NH_4)HSO_4（硫酸氢铵） \tag{2-8}$$

$$(NH_4)_2 SO_3 + \frac{1}{2}O_2 \longrightarrow (NH_4)_2 SO_4（硫酸铵） \tag{2-9}$$

脱硫过程中，吸收液 pH 值、液气比、吸收液温度、氨硫比、进口 SO_2 浓度等因素均影响脱硫效果。

二、干法烟气脱硫技术

（一）干法烟气脱硫技术的特点

(1) 投资费用低，脱硫产物呈干态，并与飞灰相混。

(2) 无需安装除雾器及烟气再热器，设备不易腐蚀，不易发生结垢及阻塞。

炉内喷钙脱硫是目前最常用的干法烟气脱硫工艺。该系统工艺简单，脱硫费用低，Ca/S 在 2 以上时，用石灰石和消石灰作吸收剂，烟气脱硫效率可达 60%以上。

（二）干法烟气脱硫技术的分类

1. 高能电子活化氧化法

根据高能电子的产生方法，可分为电子束照射法（EBA）和脉冲电晕等离子法（PPCP）。

2. 荷电干吸收剂喷射脱硫法（CDSI）

常规的干式脱硫技术存在两个难题：①反应温度与烟气滞留时间；②吸收剂与 SO_2 接触不充分。CDSI 系统克服了这两个难题，使脱硫在常温下进行成为可能。

3. 超高压窄脉冲电晕分解有害气体技术（UPDD）

UPDD 可同时治理 SO_2、NO_x 和 CO_2 三种有害气体，技术较新，目前仍处于研究阶段。

4. 炉内喷钙循环流化床反应器脱硫技术

炉内喷钙循环流化床反应器脱硫技术的基本原理是：将石灰石喷入锅炉炉膛适当部位来固硫，将循环流化床反应器装到尾部烟道电除尘器前，随着飞灰将未反应的 CaO 输送到循环流化床反应器内，大颗粒 CaO 在循环流化床反应器中被湍流破碎，这样可使与 SO_2 反应的表面积增大，提高整个系统的脱硫效率。

5. 活性炭法

活性炭法作为一项干法脱硫技术，可以同时实现较高的脱硫率（95%）和脱硝率（40%），而且能够有效脱除二噁英，并具有良好的除尘效果，其工艺路径可分为移动床吸附和变压吸附。

(1) 移动床吸附脱硫。移动床吸附法脱硫工艺如图 2-8 所示。该方法的原理：经升压鼓风机把烟气送往移动床吸收塔，氨气从吸收塔入口处添加进入，并与吸收塔内 SO_x、NO_x 反应生成硫酸盐和铵盐。最后，活性炭将上述硫酸盐和铵盐吸附除去。将吸附后的活性炭送入脱附塔加热至 400℃后，SO_2 可以以很高的浓度被解吸出来，可用它生产高纯度硫黄（99.95%以上）或浓硫酸（98%以上）；活性炭因此得到再生，可经冷却、除杂后送回吸收塔进行循环使用。烟气温度在活性炭法处理烟气的过程中并没有下降，不用先加热烟气再排放，这与其他脱硫技术是不同的。

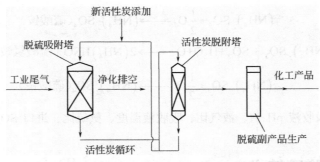

图 2-8　移动床吸附法脱硫工艺流程

吸附法脱硫的不足：

① 活性炭制备要求和价格高，系统投资、运行费用高。

② 能耗高，占地面积较大。如与 1 套 $450m^2$ 烧结机配套的脱硫设备需占地 $3455m^2$（长约 71.65m、宽约 48.22m）。

③ 操作要求高（烟气 SO_2 含量和温度要稳定）。

④ 活性炭再生能耗高，加热解吸易自燃爆炸。

（2）变压吸附浓缩 SO_2。活性炭变压吸附法在脱除烟气中的 SO_2 废气的同时，还可以浓缩 SO_2。浓缩后的 SO_2 可用于制酸，或者作其他用处，并且活性炭可以循环再生使用。

变压吸附浓缩 SO_2 实验装置主要由气体发生源、吸附柱、尾气处置系统和测试与控制系统组成。经典的变压吸附循环为两床四步式循环。通常包括充压、吸附、放空与吹扫，在工业实践中经常将前两步合称为加压吸附阶段，后两步合称为泄压吹扫阶段。为详细考察柱内气体压力、气速等参数以及不同脱附方式对循环过程的影响，往往将其设为两床五步式循环。该循环包括吸附（常压）、均压、吹扫脱附、真空脱附、均压五个阶段。

三、半干法烟气脱硫技术

半干法烟气脱硫工艺是在吸收塔内完成脱硫过程的。将生石灰粉（或小颗粒）经制浆系统掺水、搅拌、消化后制成具有很好反应活性的熟石灰[Ca(OH)$_2$]浆液，制成后的吸收剂浆液经泵送至吸收塔上部，由喷嘴或旋转喷雾器将石灰浆吸收液均匀地喷射成雾状微粒，这些雾状石灰浆吸收液与引入的含 SO_2 的烟气接触，发生强烈的物理化学反应，其结果是低湿状态的石灰浆吸收液吸收烟气中的热量，其中的大部分水分汽化蒸发，变成含有少量水分的微粒灰渣。在石灰浆吸收液吸热的同时，吸收烟气中 SO_2 的过程同时进行，吸收 SO_2 的化学反应过程如下：

$$SO_2+Ca(OH)_2+H_2O \longrightarrow CaSO_3 \cdot 0.5H_2O+1.5H_2O \qquad (2\text{-}10)$$

$$CaSO_3 \cdot 0.5H_2O+0.5O_2+1.5H_2O \longrightarrow CaSO_4 \cdot 2H_2O \qquad (2\text{-}11)$$

根据脱硫塔结构的不同，可分为以下几种，现加以介绍。

（一）炉内喷钙尾部增湿活化法

炉内喷钙尾部增湿活化法（limestone injection into the furnace and activation of calcium oxide，LIFAC）是在燃烧的锅炉内适当温度区喷射石灰石粉，并在锅炉空气预热器后增设活化反应器，用于脱除烟气中的 SO_2。因此，LIFAC 法可以分为两个主要阶段：炉内喷钙和炉后增湿活化。但存在一些问题：炉内喷钙需对锅炉进行改动，同时喷入的石灰石粉可能造成受热面的磨损，同时还可能影响锅炉的运行效率。

（二）旋转喷雾法

旋转喷雾法脱硫是利用喷雾干燥的原理，在对吸收剂进行喷雾干燥的过程中完成对烟气中二氧化硫的脱除。20 世纪 70 年代初，喷雾干燥技术在应用于电厂的烟气脱硫后得到迅速发展。80 年代开始，旋转喷雾法受到重视，在电厂烟气脱硫中得到广泛应用，目前市场占有率已超过 10%。

（三）气悬浮式半干法

气悬浮式半干法（GSA）吸收塔的结构相当于一个处于气流输送状态的流化床，烟气速度很大，可夹带出所有石灰浆液滴，先后经过旋风除尘器和电除尘器，煤灰和脱硫混合物大部分可被循环，再造浆循环喷入输送管。GSA 工艺非常适合焚烧厂和垃圾电站的脱硫需求。

（四）循环流化床法

循环流化床法（CFB-FGD）是以循环流化床原理为基础，多次循环吸收剂延长其与烟气的接触时间，提高吸收剂的利用率。吸收剂主要是石灰浆，锅炉烟气从循环流化床底部进入脱硫塔，在反应塔内与石灰浆进行脱硫反应。由于大量固体颗粒的存在，使浆液得以附着在固体颗粒表面。本设计主要是以锅炉飞灰作为循环物料，这样，石灰浆液喷入脱硫塔内，附在飞灰颗粒表面，形成一个个的微观反应区。这种反应机理对反应的速度和反应的完全程度有很大帮助，据有关文献介绍，飞灰具有一定的脱硫效果，同时对反应的进行还有一定的催化作用。

塔内主要的化学反应如下。

烟气中的 SO_2 向石灰浆扩散：

$$SO_2(g) \longrightarrow SO_2(l) \tag{2-12}$$

SO_2 溶解于浆液滴中：

$$SO_2 + H_2O \longrightarrow H_2SO_3 \tag{2-13}$$

形成的 H_2SO_3 在碱性介质中解离：

$$H_2SO_3 \cdot H^+ + HSO_3^- \longrightarrow 4H^+ + 2SO_3^{2-} \tag{2-14}$$

$$SO_2(l) + H_2O + SO_3^{2-} \longrightarrow 2HSO_3^- \tag{2-15}$$

脱硫剂溶解：

$$Ca(OH)_2 \longrightarrow Ca^{2+} + 2OH^- \tag{2-16}$$

形成脱硫产物：

$$2Ca^{2+} + 2SO_3^{2-} + H_2O \longrightarrow 2CaSO_3 \cdot H_2O \tag{2-17}$$

$$2CaSO_3 + O_2 + 4H_2O \longrightarrow 2CaSO_4 \cdot 4H_2O \tag{2-18}$$

湿式脱硫法造价比较昂贵，在发达国家应用最为普遍。目前，干式和半干式脱硫技术由于其投资低、占地小、工艺先进、运行费用低等特点备受国内外研究者青睐，尤其是对半干式脱硫技术的开发。虽然半干法的脱硫效率没有湿法高，而且脱硫产物为亚硫酸钙、硫酸钙、碳酸钙和煤灰的混合物，物化性质不稳定，不能产出高质量的石膏。但是，鉴于我国电力行业的中小型机组较多，同时硫石膏市场很小，所以半干法在我国还是很有市场前景的。

我国是一个硫资源相对缺乏的国家，硫资源主要来自天然硫铁矿、含硫金属矿、含硫石油、天然气和煤等。随着国民经济的快速发展和工农业对硫资源需求的不断增长，我国硫资源供应紧张、资源匮乏的状况日益明显。我国绝大多数进口硫黄用于生产硫酸，约 70% 的国产硫黄用于生产其他化学品。如果能将每年烟气排放的 2500 万吨 SO_2 回收，可以生产 4000 万吨硫酸，相当于我国 2007 年硫酸产量的 70%，可见价值巨大。所以削减 SO_2 排放量，降低 SO_2 排放浓度，防止 SO_2 大气污染，同时回收硫资源，开发可资源化硫的烟气脱硫技术已成为当今及未来相当长时期内的烟气脱硫发展方向。因此，开发具有自主知识产权的资源化烟气脱硫技术迫在眉睫。

第四节　氮氧化物废气处理技术

烟气脱硝技术按其作用的机理不同，可分为催化还原、生物法、等离子体、吸收和吸附等，按工作性质的不同可分为干法和湿法两类。

一、干法脱硝技术

目前，干法脱硝技术占主流地位。干法脱硝技术包括吸附法、催化还原法和等离子体法等。

（一）吸附法

吸附法的原理是利用多孔性的固体物质具有选择性吸附废气中一种或多种有害组分的特殊性质来处理废气。按作用力不同分为物理吸附、化学吸附。根据再生方式的不同，还可分为变温吸附和变压吸附。变温吸附脱硝研究较早，已有了一些工业应用。变压吸附是最近才研究开发的一种新的脱硝技术。

常用的吸附剂有以下几种：杂多酸、活性炭、分子筛、硅胶以及含 NH_3 的泥煤等。吸附法净化含 NO_x 废气的优点有：净化效率高；不消耗吸附剂；设备简单，操作方便；可回收利用。缺点是：吸附剂吸附容量小，所需吸附剂量大，设备庞大，并且需要再生处理；过程为间歇操作，投资的费用较高，能耗也较大。因此，吸附法一般用于处理 NO_x 平均浓度比较小的废气。该工艺一般会用两个或者三个以上的吸附器进行交替再生。

1. 活性炭吸附法

活性炭对低浓度的 NO_x 有很强的吸附能力，它的吸附容量比分子筛以及硅胶都高，并且脱附出来的 NO_x 可以再回收利用。此方法在 NO_x 的吸附过程中会伴有化学反应发生：NO_x 被吸附到活性炭的表面以后，活性炭会与 NO_x 发生还原反应，反应式如下：

$$C+2NO \longrightarrow N_2+CO_2 \tag{2-19}$$

$$2C+2NO_2 \longrightarrow N_2+2CO_2 \tag{2-20}$$

2. 分子筛吸附法

分子筛吸附剂有氢型丝光沸石、脱铝丝光沸石、氢型皂沸石、BX 型分子筛等。以氢型丝光沸石（$Na_2Al_2Si_{10}O_{24} \cdot 7H_2O$）为例，其作为笼型孔洞骨架晶体，脱水后会有十分丰富的微空间，具有很高的比表面积（一般情况下为 $500 \sim 1000m^2/g$），因此可容纳的吸附分子数量相当大，同时晶体内表面的极化程度很高，微孔的分布单一均匀，大小也与普通分子相近。

含 NO_x 的废气在通过分子筛床层时，由于水分子和 NO_2 的极性都较强，会被选择性地吸附到主孔道内表面上，二者在表面上会生成硝酸，并释放出 NO，连同废气中的 NO 和 O_2 在分子筛上被催化氧化，从而被分子筛吸附。反应方程式如下：

$$3NO_2+H_2O \longrightarrow 2HNO_3+NO \tag{2-21}$$

$$2NO+O_2 \longrightarrow 2NO_2 \tag{2-22}$$

3. 硅胶吸附法

以硅胶作为吸附剂，先将 NO 氧化为 NO_2 以后再加以吸附。此法经过加热可解吸附。当 NO_2 的浓度高于 0.1%，而 NO 的浓度介于 1%～1.5%时，效果比较良好，但是如果气体中含固体杂质就不适合用此方法，原因是固体杂质会堵塞吸附剂的空隙而使吸附剂失去作用。

（二）催化还原法

催化还原法可以分为选择性催化还原法（SCR）、选择性非催化还原法（SNCR）、非选择性催化还原法、催化分解法。目前，研究和应用比较多的是选择性催化还原法以及选择性非催化还原法两种。

1. 选择性催化还原法

选择性催化还原法的原理为：使用适当的催化剂，一定条件下，用氨作催化反应的还原剂，并使 NO_x 转化成无害的氮气和水蒸气。其中 NH_3 还原 NO_x 的主要反应如下：

主反应：

$$6NO+4NH_3 \longrightarrow 5N_2+6H_2O \tag{2-23}$$

$$6NO_2+8NH_3 \longrightarrow 7N_2+12H_2O \tag{2-24}$$

副反应：

$$8NO+2NH_3 \longrightarrow 5N_2O+3H_2O \tag{2-25}$$

$$8NO_2+6NH_3 \longrightarrow 7N_2O+9H_2O \tag{2-26}$$

$$4NH_3+3O_2 \longrightarrow 2N_2+6H_2O \tag{2-27}$$

$$2NH_3+2O_2 \longrightarrow N_2O+3H_2O \tag{2-28}$$

在 SCR 工艺中，还原剂在催化剂的催化下将 NO_x 还原为氮气和水，催化剂用来促进还原剂与 NO_x 之间的化学反应，还原剂主要用氨。根据使用不同催化剂的催化温度，可分成高温（>400℃）、中温（300～400℃）以及低温（<300℃）。活性炭是 SO_2 优良的吸附剂，也是 NH_3 还原 NO 的优良催化剂。由于活性炭在 110～150℃能催化还原 NO 生成氮气和水，此温度范围恰好处于工业锅炉烟气所排放的窗口温度内，因此不需要再加热。

选择性催化还原法也有一些缺点，如投资成本高、催化剂活性低、运行成本较高、价格较贵、寿命不够长等。

2. 选择性非催化还原法

选择性非催化还原法的原理是在没有催化剂的情况下，加入 NO_x 和还原剂发生还原反应。该方法的特点是不需要催化剂，投资比较小，但还原剂消耗量比较大。

氨作为还原剂时：

$$6NO+4NH_3 \longrightarrow 5N_2+6H_2O \tag{2-29}$$

该方法原理与 SCR 法相同，由于没有催化剂的作用，反应所需要的温度较高（900～1200℃），因此需要控制好反应温度，以避免氨被氧化成氮氧化合物。SNCR 脱除 NO_x 的技术是把含有 NH_x

基团的还原剂喷入炉膛（800～1100℃的区域），使还原剂受热分解成 NH_3，与烟气中的 NO_x 反应生成 N_2。但是，目前大部分的锅炉都不采用 SNCR 方法，其主要原因如下：①会增加反应剂和运载介质（空气）的消耗量；②氨的泄漏量大，不仅污染大气，而且在燃烧含硫燃料时，由于有硫酸氢铵形成，会使空气预热器堵塞；③效率不高（燃油锅炉的 NO 排放量仅能降低 30%～50%）。

（三）等离子体法

等离子法包括了电子束法和脉冲电晕法两种方法。电子束法的原理是利用电子加速器来获得高能电子，而脉冲电晕法则是利用脉冲电晕放电来获得活化电子。

电子束法（EBA）是依靠电子束加速器来产生高能电子（400～800keV），这就需要大功率并能长期连续和稳定工作的电子枪。电子束加速器的造价昂贵，电子枪的寿命短，X 射线则需要防辐射屏蔽，整个系统运行和维护的技术要求高。脉冲电晕法的原理是利用脉冲电晕放电来获得活化电子，使用脉冲高压电源替代加速器来产生等离子体，使用几万伏的高压脉冲电晕放电可以使电子加速到 5～20eV，并打断周围气体分子内的化学键从而生成氧化性极强的自由基和活性分子物质等，在有氨的注入下与 SO_x 以及 NO_x 反应生成农用化肥。该技术与电子束照射法相比较，避免了电子加速器的使用，无需辐射屏蔽，增强了技术的安全性和实用性。

（四）催化分解法

在热力学上，NO 可分解成 N_2 和 O_2，该反应的活化能为 364kJ/mol，需要合适的催化剂来降低活化能，这样才能发生分解反应。由于该方法简单且费用低，被认为是最有发展前景的脱氮方法，所以多年以来人们为了寻找合适的催化剂做了大量的工作。目前主要的催化剂类型有贵金属、钙钛矿型复合氧化物、金属氧化物及可进行金属离子交换的分子筛等。

Rh、Pt、Pd 等贵金属负载在 Pt/7-Al_2O_3 等载体上，可用于 NO 的催化分解。在同样条件下，Pt 类催化剂的活性最高。贵金属催化剂用于 NO 催化分解的研究已经比较广泛和深入，近年来，这方面的工作重点主要是利用一些碱金属以及过渡金属离子对单一的负载贵金属催化剂进行改性，来提高催化剂的活性和稳定性。

二、湿法脱硝技术

湿法脱硝技术工艺设备简单、耗能少、操作温度低、处理费用低，有很大的发展潜力。其中络合吸收法将成为我国湿法烟气脱硝的一个主要发展方向。尽管目前已经进行了很多研究，但大多还停留在实验室研究阶段，离工业应用还有一定距离。研究和开发投资及运行费用低、处理效果好、无二次污染等优点的湿法烟气脱硝技术已经迫在眉睫。

（一）溶液吸收法

溶液吸收法是利用气体混合物中不同的组分在吸收剂中不同的溶解度，或者可与吸收剂发生选择性的化学反应，将有害组分从混合气流中分离出来的过程。吸收过程的实质是物质由气相转移到液相的过程。该法的特点是设备简单、操作弹性大、一次性投资低、适应性强等，因此这个方法很受欢迎。但是其吸收效率一般，尤其是当 NO_x 中 NO 的浓度较高时，处理效果不理想。

碱液吸收法是一种目前最常用的方法，它的原理是利用碱性溶液中和 NO_x 溶于水后所生成的硝酸以及亚硝酸，使之变成硝酸盐和亚硝酸盐。

用 NaOH 溶液吸收 NO_2 和 NO，主要的反应式为：

$$2NO_2+2NaOH \longrightarrow NaNO_3+NaNO_2+H_2O \tag{2-30}$$

$$NO_2+NO+2NaOH \longrightarrow 2NaNO_2+H_2O \tag{2-31}$$

只要废气中 NO_x 的 NO_2/NO 物质的量之比大于或等于 1，NO_2 及 NO 就可以被有效吸收。

（二）氧化吸收法

NO 除了生成络合物外，无论是在水中还是在碱液中都几乎不会被吸收，加上低浓度下，NO 的氧化速率非常缓慢，所以 NO 的氧化速率决定了吸收法脱除氮氧化物的总速率。为了使 NO 的氧化加快，可以采用催化氧化法和氧化剂直接氧化法。氧化剂分气相氧化剂以及液相氧化剂两种。气相氧化剂有 O_3、O_2、ClO_2、Cl_2 等，液相氧化剂有 H_2O_2、HNO_3、$NaClO$、$KMnO_4$、$NaClO_2$ 等，此外利用紫外线氧化也是一种方式。加入氧化剂可以提高吸收效率，但是药剂较贵，运行使用的费用较高。

电化学氧化吸收法的处理过程是先把被处理气体导入到吸收塔内，气流中含有的 NO_2 会直接被吸收液吸收，吸收液电催化氧化反应所产生的氯气把 NO 氧化为 NO_2，然后用吸收液吸收，产物中的亚硝酸根离子在液相中进一步被转化为硝酸根离子，进而达到气体净化的目的。气相和液相的氧化剂可通过电催化氧化反应器进行再生，吸收液可循环使用。本方法采用了气液吸收与气液相同时氧化结合的方式除去气流中的 NO_x，此法大大提高了吸收效率，而且吸收产物中的亚硝酸根离子可以得到进一步氧化，转化为比较稳定的硝酸根离子，从而防止了可逆反应的发生。同时，氧化剂可通过电解过程再生，达到循环使用的目的，大大节省了药剂投加的费用。此法具有吸收效率高、运行费用低廉、药剂成本低等优点，并且装置的操作费用较低、处理量大、处理效率高，很适合推广使用。

吸收和氧化反应如下：

$$2NO+Cl_2+2H_2O \longrightarrow 2HNO_2+2HCl \tag{2-32}$$

$$Cl_2+H_2O \longrightarrow HClO+HCl \tag{2-33}$$

$$2NO_2+H_2O+HClO \longrightarrow 2HNO_3+HCl \tag{2-34}$$

电化学反应：

$$阳极：\ 2Cl^- -2e \longrightarrow Cl_2 \tag{2-35}$$

$$阴极：\ 2H^+ +2e \longrightarrow H_2 \tag{2-36}$$

（三）微生物净化法

微生物净化法是指在有外加碳源的情况下，适宜的脱氮菌利用 NO_x 作为氮源，把 NO_x 还原成无害的 N_2，而脱氮菌本身则获得生长繁殖所需的能量。

虽然烟气中 NO_x 的微生物法处理成本较低，设备投入较少，但实现工业应用还存在许多的问题：微生物的生长需要适宜的环境，如何在工业应用中营造合适的培养条件是必须克服的一个难题；微生物的生长会造成塔内填料的堵塞；微生物的生长速度相对较慢，要处理大流量的烟气还需要对菌种作进一步的筛选。

NO_x 的微生物处理主要有反硝化过程处理以及硝化过程处理两类。

1. 反硝化过程处理 NO_x

反硝化过程处理 NO_x 是利用厌氧性微生物，如铜绿假单胞菌、脱氮假单胞菌、脱氮硫杆菌、荧光假单胞菌等在厌氧条件下可以分解 NO_x 的一种处理方法，此法有以下两条处理途径。

（1）同化反硝化，其流程为 $NO_3^- \to NO_2^- \to NO \to N_2O \to N_2$。

(2) 异化反硝化，该途径可使 NO_3^- 最终转化为菌体的一部分。

2. 硝化过程处理 NO_x

硝化过程处理 NO_x 的原理是在硝化细菌的作用下，在有氧条件下将氨氮氧化成硝酸盐氮，然后再通过反硝化反应将硝酸盐氮转化成 N_2 的处理过程。硝化细菌为自养菌，它们的碳源是 CO_2，再通过氧化 NH_4^+ 来获得能量。硝化过程一般可分为两个阶段，分别由亚硝化细菌和硝化细菌完成。在第一阶段中，亚硝化细菌将氨氮转化成亚硝酸盐，亚硝化细菌包含亚硝酸盐球菌属和亚硝酸盐单胞菌属两类；在第二阶段，硝化细菌将亚硝酸盐转化成硝酸盐，硝化细菌包含硝酸盐杆菌属、球菌属和螺旋菌属。硝化处理 NO 的技术是在近几年才发展起来的，硝化路径为 $NO \rightarrow NO_2^- \rightarrow NO_3^-$。

（四）络合吸收法

络合吸收法是在 20 世纪 80 年代发展起来的，它能同时达到脱硫脱氮的目的。由于烟气中的 NO（NO_x 的主要成分，占 95%）在水中的溶解度很低，所以在很大程度上增加了气-液传质阻力。该方法是利用液相络合吸收剂来直接同 NO 反应，从而增大 NO 在水中的溶解性，使 NO 更容易从气相转入到液相。该方法适用于处理主要含有 NO 的燃煤烟气，实验条件下可以达到 90%或者更高的 NO 脱除率。亚铁络合吸收剂可作为添加剂直接加入到石灰石膏法脱硫的浆液中，只需要在原有的脱硫设备上稍加一些改造，就可以同时实现对 SO_2 和 NO_x 的脱除，节省高额的固定投资。

第五节　CO_2 捕集、利用、封存技术

人类活动排放的温室气体不断增加是引起全球气候变暖的主要原因。导致温室效应的温室气体主要包括二氧化碳（CO_2）、甲烷（CH_4）、氧化亚氮（N_2O）、氢氟碳化物（HFCs）、全氟化碳（PFCs）和六氟化硫（SF_6），其中 CO_2 所占比例最大。大气中 CO_2 浓度的大幅增加，主要源自人类生产和生活过程中大量燃烧的化石燃料，其已引起全球气候变暖，导致一些动植物灭绝和极端恶劣气象增多。CO_2 引起的气候变化问题已成为国际社会普遍关心的重大全球性问题，正在对人类的生存与发展产生深刻影响。因此，迫切需要采取有效措施，减少 CO_2 排放量，控制排放强度。CO_2 捕集、利用与封存技术（以下简称 CCUS 技术）是一项新兴的、具有较大潜力的 CO_2 减排技术，被认为是应对全球气候变化、控制温室气体排放的重要技术之一。

一、CO_2 捕集技术

CO_2 捕集是指将电力、钢铁、水泥等行业利用化石能源过程中产生的 CO_2 进行分离和富集的过程，是 CCUS 系统耗能和成本产生的主要环节。按照技术路线一般分为燃烧后 CO_2 捕集技术、燃烧前 CO_2 捕集技术、富氧燃烧 CO_2 捕集技术和化学链燃烧 CO_2 捕集技术。常见 CO_2 捕集技术成熟度与目标贡献度比较如图 2-9 所示。

燃烧后 CO_2 捕集技术相对成熟，可用于大部分的燃煤电厂、水泥厂和钢铁厂，应用潜力巨大。该领域应用最广泛的是化学吸收法，在部分化工行业已有多年的工业应用，目前中国已经开展了万吨级/年和十万吨级/年的工业示范。当前，制约该技术商业化的主要因素是能耗和成本较高。燃烧前 CO_2 捕集技术在降低能耗方面具有较大潜力，但该技术主要瓶颈是系统复杂，富氢燃气发电等关键技术还未成熟。富氧燃烧 CO_2 捕集技术可用于部分燃煤电厂的改造和新建燃

煤电厂。我国已对该技术进行了多年研究，正在进行中试研究。低能耗、大规模制氧技术是降低能耗的关键，也是现阶段该技术发展的瓶颈。

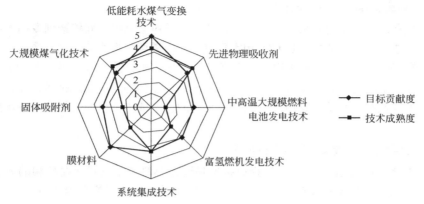

图 2-9 常见 CO_2 捕集技术成熟度与目标贡献度比较

（一）燃烧后 CO_2 捕集技术

燃烧后脱碳是指采用适当的方法在燃烧设备后，如电厂的锅炉或者燃气轮机，从排放的烟气中脱除 CO_2 的过程。在燃烧后 CO_2 捕集技术中，由于烟气中 CO_2 分压通常小于 15.2kPa，因此需要与 CO_2 结合力较强的化学吸收剂分离捕集 CO_2。目前在 CO_2 捕集方面研究和采用较多的是醇胺法（MEA 法），用于 CO_2 捕集的化学吸收剂主要是能与 CO_2 反应生成水溶性复合物的有机醇胺类物质。在燃烧后 CO_2 捕集技术中，吸收剂是最影响捕集能耗的部分，先进吸收剂具有大幅降低能耗的潜力，是当前国内外燃烧后 CO_2 捕集技术开发的热点；膜分离和固体吸附作为新型的 CO_2 捕集技术，技术还不成熟，但具有较大的降低能耗潜力，是未来可能的重要技术选择；热集成与耦合优化通过捕集系统与电厂系统进行集成耦合，能一定程度降低燃烧后 CO_2 捕集技术捕集能耗，是一种成熟的技术，这种技术的主要优点是适用范围广、系统原理简单、对现有电站继承性好。但就目前而言，捕集系统因烟气体积流量大、CO_2 的分压小，脱碳过程的能耗较大，设备的投资和运行成本较高，造成 CO_2 的捕集成本较高。

（二）燃烧前 CO_2 捕集技术

在燃烧前 CO_2 捕集技术中，水煤气变换在化工行业较为成熟，是燃烧前 CO_2 捕集能耗占比最大的部分，但目前低能耗的催化剂和工艺有待进一步开发；H_2 和 CO_2 分离是燃烧前 CO_2 捕集一个关键部分，其中物理吸收法较为成熟，膜分离和中高温固体吸收法也有一定幅度的能耗降低空间；大规模煤气化技术在国内处于示范阶段，提高气化效率能够降低捕集能耗；富氢燃机发电技术和中高温大规模燃料电池发电技术是燃烧前 CO_2 捕集的匹配技术，但近期较难实现大规模应用。系统集成技术目前的主要前沿热点为化工-动力多联产技术，具有降低捕集能耗和成本的潜力。燃烧前分离捕集 CO_2 实质上是 H_2 和 CO_2 的分离，由于合成气的压力一般在 2.7MPa以上（取决于气化工艺），CO_2 的分压远高于化石燃料在空气燃烧后烟气中的 CO_2 分压。典型的燃烧前 CO_2 捕集流程分三步实施。

（1）合成气的制取：将煤炭、石油焦、天然气等燃料与水蒸气、氧气进行不完全的燃烧反应，生成 CO 和 H_2 的合成气。

（2）水煤气变换：将合成气的 CO 进一步与水蒸气发生 CO 变换反应，生成 CO_2 和 H_2。

（3）H_2/CO_2 分离：将不含能量的 CO_2 同能量载体 H_2 分离，为后续的氢能量利用和 CO_2 封存等做准备。

燃烧前捕集技术的成本比燃烧后捕集技术的成本低，具有较大的发展潜力。

（三）富氧燃烧 CO_2 捕集技术

该技术是利用空分系统获得富氧或纯氧，然后将燃料与氧气一同输送到专门的纯氧燃烧炉进行燃烧，生成烟气的主要成分是 CO_2 和水蒸气。一般需要将燃烧后的烟气重新回注燃烧炉，一方面降低燃烧温度，另一方面也进一步提高了 CO_2 的体积分数。由于烟气中 CO_2 的体积分数高，可显著降低 CO_2 捕获过程所需的能耗。但此法采用专门的纯氧燃烧技术，需要专门材料的纯氧燃烧设备以及空分系统，这将大幅度提高系统的投资成本，目前大型的纯氧燃烧技术仍处于研究阶段。

（四）化学链燃烧 CO_2 捕集技术

化学链燃烧 CO_2 捕集技术的能量释放机理是通过燃料与空气不直接接触的无火焰化学反应。燃料与金属氧化物反应发生在专门的反应器中，从而避免了空气对 CO_2 的稀释。金属氧化物与燃料进行隔绝空气的反应，产生热能、金属单质、CO_2 和水，金属单质再输送到空气反应器中与氧气进行反应，再生为金属氧化物。反应生成的 CO_2 和水处于反应器中，所以 CO_2 的捕获非常容易。该法的经济性要依靠大量可以无数次循环再生的有活性的载氧体，控制载氧体的磨损和惰性是该技术的关键。由于其经济性好，作为烟气中捕集分离 CO_2 的方法前景看好。

二、CO_2 分离技术

无论采取何种捕集系统，其关键技术都是 CO_2 的分离，即将 CO_2 同其他物质相分离，以便于后续的工艺处理。根据分离的原理、动力和载体，CO_2 分离技术主要有吸收法、吸附法、膜分离法和深冷法等。

（一）吸收法

1. 化学吸收法

化学吸收法是利用 CO_2 和吸收液之间的化学反应将 CO_2 从排气中分离回收的方法。典型的化学吸收剂有乙醇氨（MEA）、二乙醇氨（DEA）和甲基二乙醇氨（MDEA）等。此法为湿式吸收法，可与湿式脱硫装置联合使用。其反应式为：

$$CO_2 + OH^- \rightleftharpoons HCO_3^- \tag{2-37}$$

此反应为可逆反应，温度对反应有很大的影响，反应一般在 38℃左右吸收 CO_2，反应向右进行，当温度在 100℃左右，反应向左进行，放出 CO_2。化学吸收法目前存在的主要问题是：①由于在吸收塔内有起泡、夹带等现象，使烟气净化系统复杂，能量消耗和投资都很大；②由于烟气中含有少量的 O_2、CO、SO_2 等气体，在再生塔的高温条件下，一方面会与吸收液反应，使吸收液浓度下降，吸收效率降低，另一方面会腐蚀再生塔，影响设备寿命；③处理高炉烟气时，由于反应的温度在 100℃以下，就要对高温气体换热，处理的设备增多，加大了投资。

2. 物理吸收法

物理吸收法主要是利用水、甲醇、碳酸丙烯酯等作为吸收剂，利用 CO_2 在这些溶液中的溶解度随压力而改变的原理来吸收 CO_2 气体。这种方法主要在低温高压下进行，吸收能力大，吸收利用量少，吸收剂再生不需要加热，溶剂不起泡，不腐蚀设备。但只能适用于 CO_2 气体分压较高的条件，CO_2 的去除率较低。

（二）吸附法

吸附法是利用天然存在的沸石等吸附剂对 CO_2 气体具有选择吸附的性质，对 CO_2 气体进行分离的方法。利用吸附量随压力变化而使某种气体分离回收的方法称为变压吸附法（PSA），工艺过程简单，能耗低，适应能力强，无腐蚀问题。但 CO_2 的回收率比较低，适用于 CO_2 浓度比较高的情况。利用吸附量随温度变化而分离回收某种气体的方法称为变温吸附法（TSA），将上述二者结合在一起的方法为 PTSA 法。

（三）膜分离法

高分子膜分离气体是基于混合气体中 CO_2 气体与其他组分透过膜材料的速率不同而实现的 CO_2 气体与其他组分的分离。目前主要有气体分离膜技术和气体吸附膜技术，这两种膜分离技术在火电厂分离回收 CO_2 过程中有较大的应用前景。此外，膜分离技术还可用于从天然气中分离 CO_2，从沼气中去除 CO_2。膜分离法具有装置简单、操作方便、能耗较低等优点，但是很难得到高纯度的 CO_2。

（四）深冷法

深冷法是通过低温冷凝分离 CO_2 的一种物理过程，一般是将烟气多次压缩和冷却后，引起 CO_2 的相变，从而达到从烟气中分离 CO_2 的目的。

三、CO$_2$ 的封存

目前降低大气中 CO_2 的方法包括用天然气代替煤做燃料；用风能、太阳能和核能代替化石能源；通过热带雨林、树木或农场等的陆地封存，海洋处置，矿物封存以及地质封存等。其中，利用自然界光合作用等方式来吸收并储存 CO_2 是最直接且副作用最小的方法。

（一）地质封存

地质封存是将 CO_2 加压灌注到合适的地层中，然后通过物理和化学俘获机理实现永久封存。为把 CO_2 储存到地底下，地质结构条件必须具有储存层、密封层和密封结构。储存层以多孔质、具有渗透性的岩石层为宜，这种岩石层相当于孔隙大的含水层。CO_2 在地底下的储存深度通常位于地下深部盐水层。密封层是指渗透率低的页岩和泥质岩等。密封结构是必须在储存层的上部具有密封层的结构，如岩穹结构等。因此，所谓的 CO_2 在地底下的储存，就是把超临界状态下的 CO_2 压入地底下 800m 深的含水层，利用冠岩层将 CO_2 长期、稳定地密封在地底下。地质封存的安全性和经济性对场地条件的依存度很高，场地评价与选址是安全和经济地实施封存工程的前提；安全监测、评价与风险控制、长寿命耐腐蚀井下材料设备、储层增渗与注气压力控制技术是封存工程安全性和经济性的重要支撑。

（二）海洋封存

海洋封存是指通过管道或船舶将 CO_2 运输到海洋封存的地点，将 CO_2 注入 3000m 以上深度的海里，由于 CO_2 的密度大于海水，因此会在海底形成固态的 CO_2 水化物或液态的 CO_2 "湖"，从而大大延缓了 CO_2 分解到环境中的过程。在海洋封存二氧化碳的研究中，海洋生态环境是一个必须要慎重考虑的环节。深海中的洋流运动以及密度差、温度差等引起的海水运动甚至包括还没有被我们发现的大型深海动物的出现都有可能影响到我们在海洋中封存 CO_2 的技术实施。这一方法存在许多问题，一是海洋处置费用昂贵；二是 CO_2 进入海洋会对海洋生态系统产生危害，研究表明，海水中如果溶解了过多的 CO_2，海水的 pH 值就会下降，这可能对海洋生物的生长产生重要的影响；三是海洋处置绝非一劳永逸之举，储藏在海洋中的 CO_2 会缓慢地逸出水面，回归大气。因此，CO_2 的海洋处置只能暂时缓解 CO_2 在大气中的积累。

（三）矿物封存

CO_2 的矿物封存主要是利用各种天然存在的矿石与 CO_2 进行反应，得到稳定的碳酸盐以储存 CO_2，与其他封存方式相比，具有许多优点：一是由于碳酸盐的热稳定性及其对环境无任何影响，因此 CO_2 矿物封存是一种最安全、最永恒的固定方式；二是用于 CO_2 矿物封存的原料来源丰富、储量巨大、价格低廉，因此具有大规模固定的潜力和经济价值。由于碳酸盐的自由能比 CO_2 的要低，因此，矿物碳酸化反应从理论上来讲是可行的。以含有钙镁硅酸盐的矿石为例，CO_2 与钙镁硅酸盐反应的一般形式为：

$$M_xSi_yO_{x+2y+z}H_{2z} + xCO_2 \longrightarrow xMCO_3 + ySiO_2 + zH_2O \qquad (2-38)$$

CO_2 碳化后不会释放到大气中，因此相关的风险很小。但在自然条件下，矿物质与 CO_2 的反应速率相当缓慢，因此需要对矿物作增强性预处理，但这是非常耗能的，据推测采用这种方式封存 CO_2 的发电厂要多消耗 60%～180% 的能源。尽管 CO_2 矿物封存的原料储量巨大、价格低廉，但是由于开采技术的限制、预处理过程的高能耗使矿石碳化封存 CO_2 的应用前景并不乐观。

四、CO_2 的综合利用

CO_2 在常温常压下是无色无臭气体，在常温下加压即可液化或固化，安全无毒，使用方便，加上其含量非常丰富，因此随着地球能源的日益紧张、现代工业的迅速发展，CO_2 的利用越来越受到人们的重视，许多国家都在研究把 CO_2 作为"潜在碳资源"加以综合利用。

（一）CO_2 在化工合成上的应用

CO_2 除了成熟的化工利用（例如合成尿素、生产碳酸盐、阿司匹林、制取脂肪酸和水杨酸及其衍生物等）以外，现在又研究成功了许多新的工艺方法。例如，合成甲酸及其衍生物，合成天然气、乙烯、丙烯等低级烃类，合成甲醇、壬醇、草酸及其衍生物、丙酯及进行芳烃的烷基化，合成高分子单体及进行一元或二元共聚，制成了一系列高分子材料等。另外，利用 CO_2 代替传统的农药作杀虫剂正处在研究之中。

1. 合成碳酸二甲酯

碳酸二甲酯（DMC）是一种无毒、环保性能优异、用途广泛的化工原料。DMC 是一种非常重要的有机合成中间体，可替代光气、硫酸二甲酯、氯甲烷及氯甲酸甲酯等剧毒或致癌物，广泛用于碳基化、甲氧基化、甲酯化及酯交换等反应中，被誉为当今有机合成的"新基石"。同时由于 DMC 相容性好，可作为燃油添加剂提高燃油的辛烷值。目前碳酸二甲酯的工业生产主要采用甲醇羰基化法和酯交换法。CO_2 与甲醇反应，生成 DMC：

$$CO_2 + 2CH_3OH \longrightarrow CH_3OCOOCH_3 + H_2O \qquad (2-39)$$

上述反应的催化剂分为均相催化剂和非均相催化剂。均相催化剂主要有烷氧基金属有机化合物（如有机锡、钛烷氧基化合物及甲氧基金属化合物）和乙酸盐、碳酸盐催化剂体系，非均相催化体系催化剂为酸碱双功能催化剂。

2. CO_2 加氢合成甲醇

CO_2 加氢制甲醇反应方程式如下：

$$CO_2 + 3H_2 \rightleftharpoons CH_3OH + H_2O \qquad (2-40)$$

该反应比 CO 和 H_2 合成甲醇反应要温和，升温现象不明显，催化剂表现比较稳定。如果未来利用核能电解水提供廉价的氢源，不但可以很好地解决 CO_2 带来的环境问题，而且可以实现碳源的循环利用。

3. CO_2 加氢合成二甲醚

由于 CO_2 加氢制甲醇反应是可逆反应，受热力学平衡的限制，CO_2 转化率难以达到较高值。为了使反应打破热力学平衡的限制，人们已开始关注 CO_2 加氢直接合成二甲醚。目前，合成二甲醚过程还处于探索阶段，我国很多高校及科研单位研究的催化剂都是复合催化剂，即具有脱氢脱水双功能，但是这种双功能催化剂活性组分的匹配和失活问题等仍需进一步研究。

4. 其他的有机合成

以 CO_2 为原料还可生产一系列其他有机化工产品，主要有双氰胺、碳酸丙烯酯、水杨酸、对甲基水杨酸、对羟基苯甲酸、2-羟基-3-萘甲酸等，此外还可利用 CO_2 来合成甲烷、乙醇、草酸、二甲胺、二甲基甲酰胺、乙酸、甲酸和丙酸等。

（二）CO_2 在一般工业上的应用

CO_2 是很好的制冷剂。它不仅冷却速度快，操作性能好，不浸湿产品，不会造成二次污染，而且投资少，省人力。利用 CO_2 保护电弧焊接，既可避免金属表面氧化，又可使焊接速度提高 9 倍。CO_2 在石油工业上的应用已较成熟。这首先体现在提高石油的采油率上。CO_2 作为油田注入剂，可有效地驱油。另外，将 CO_2 用作油田洗井用剂，效果也十分理想。

目前，地热资源是能源开发的重大课题。低温和较低温区的地下热水最多，而且没有得到充分利用，其最大难题是利用地下热水发电时的工作介质不理想。然而，用 CO_2 作为工作介质，成功实现了较低温地下热水资源发电。

同时 CO_2 还可以应用于微藻生物制油技术中。CO_2 微藻制油就是利用微藻光合作用，将 CO_2 转化为微藻自身的生物质从而固定了碳元素，再通过诱导反应使微藻自身的生物质转化为油脂，然后利用物理或化学方法把微藻细胞内的油脂转化到细胞外，再进行提炼加工，从而生产出生物柴油。目前，微藻制油的瓶颈主要是如何大规模获得微藻生物质和大幅度降低生产成本。

第六节 VOCs 的处理技术

挥发性有机物（volatile organic compounds，VOCs）是一类有机化合物的总称，在常温下它们的蒸发速率大，易挥发。VOCs 主要来自交通工具、电镀、喷漆以及有机溶剂的使用过程，部分来源于大型固定源（如化工厂等）排放的废气。有些 VOCs 是无毒无害的，有些则是有剧毒的。挥发性有机化合物的废气的处理一般可以采用冷凝、吸附、氧化、吸收、生物、电晕等方法，或者将上述方法进行组合，如大风量 VOCs 废气可采用吸附-催化燃烧法。

一、冷凝法

冷凝法是利用不同温度下物质饱和蒸气压不同的性质，通过降温、升压或者两种方法联合的手段冷凝分离废气中处于蒸气状态的污染物。若有机蒸气的废气体积分数大于 0.01，冷凝法较适用。理论上，运用冷凝法进行净化能达到很好的效果，但是如果有机蒸气的废气体积分数小于 10^{-6}，就需采用冷冻措施，这样便提高了运行成本。低浓度有机气体的处理不适合用冷凝法。在对高浓度废气进行处理时，冷凝法常用来进行预处理，以降低有机负荷，回收有机物。此外，如果废气的湿度较高，也可以采用冷凝法冷凝水蒸气，减少气体量。典型的冷凝系统工艺流程如图 2-10 所示。

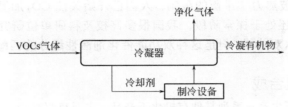

图 2-10　VOCs 冷凝系统工艺流程图

温度和压力不同，物质的饱和蒸气压也就不同。要想将混合气体中的有害物质冷凝下来，温度必须低于露点。冷凝温度一般在露点和泡点之间，越接近泡点，净化的程度越高。冷凝法在处理高浓度、单组分有机废气时具有一定的优势，可单独使用，但是对于低浓度有机气体，冷凝法一般需与其他方法联合使用。

二、吸附法

吸附技术应用于 VOCs 污染的控制具有明显的优点，设备简单、操作灵活，是有效和经济的回收技术之一。特别是对较低浓度 VOCs 的回收，吸附技术显示出其他处理技术难以媲美的效率和成本优势。

吸附剂的吸附能力决定了吸附效率的高低。吸附剂的常规特点是比表面积大、吸附容量高。常见的吸附剂包括无机吸附剂（活性碳纤维、活性炭、硅胶、分子筛、活性氧化铝、活性白土等），高聚物吸附树脂等。

从吸附装置来看，常用的吸附技术可分为吸附-微波脱附技术、固定床吸附和蜂窝转轮式吸附等。

三、燃烧法

燃烧法适用于净化可燃性有机废气或者在高温下可以分解的有害物质。处理高浓度 VOCs 与恶臭的化合物时，燃烧法非常有效，其原理是用过量的空气使这些有害物质燃烧，大多数会生成二氧化碳和水蒸气，可以直接排放到大气中。但处理含氯和含硫的有机化合物时，燃烧生成的产物中含有 HCl 和 SO_2，需要对燃烧后的气体做进一步的处理，以防止对大气造成污染。

燃烧法适合于处理浓度较高的 VOCs 废气，一般情况下去除率都在 95% 以上。直接燃烧法运行费用较低，但由于燃烧温度高，容易在燃烧过程中发生爆炸，浪费热能并产生二次污染，因此目前较少采用；热力燃烧法通过热交换器回收了热能，降低了燃烧温度，但是当 VOCs 的浓度较低时，需加入辅助燃料，以维持正常的燃烧温度，从而提高了运行费用；催化燃烧法燃烧温度低，燃烧费用较少，但由于催化剂容易中毒，因此对进气成分要求较为严格，不得含有重金属、尘粒等易引起催化剂中毒的物质，同时催化剂较为昂贵，使得该方法处理费用较高。燃烧法处理 VOCs 运行性能见表 2-6。

表 2-6　燃烧法处理 VOCs 运行性能指标

燃烧工艺	直接燃烧法	热力燃烧法	催化燃烧法
浓度范围/(g/m³)	>5000	>5000	>5000
处理效率/%	>95	>95	>95
最终产物	CO_2、H_2O	CO_2、H_2O	CO_2、H_2O
投资	较低	低	高
运行费用	低	高	较低
燃烧温度/℃	>1100	700~870	300~450
其他	易爆炸，浪费热能 且易产生二次污染	回收热能， 无二次污染	预处理要求严格， 无二次污染

四、溶剂吸收法

溶剂吸收法采用低挥发性或不挥发性溶剂对 VOCs 进行吸收，再利用 VOCs 分子和吸收剂物理性质的差异进行分离。吸收效果主要取决于吸收剂的吸收性能和吸收设备的结构特征。

用于 VOCs 净化的吸收设备，一般是气液相反应器，它要求气液相有效接触面积大，气液湍流程度高，设备的压力损失较小，易于操作和维修。目前，常用的 VOCs 吸收设备有填料塔、板式塔、喷淋塔、鼓泡塔等。由于 VOCs 废气的浓度一般较低，气量大，因而一般选用气相为连续相、湍流程度高、相界面大的填料塔、湍球塔较为合适。

五、生物法

生物技术相比于传统的有机废气处理方法有较为明显的优势，主要表现在低投入、高效率、安全、无二次污染等。生物技术在德国、荷兰、日本及北美等国家和地区已经得到广泛应用。

生物法净化有机废气的原理是将废气中的有机组分作为微生物生命活动的能源或其他养分，经代谢降解转化为简单的无机物（CO_2、H_2O 等）及细胞组成物质。与废水的生物处理过程不同之处是：废气中的有机物质要想被微生物吸附降解，先要经历由气相转移到液相（或固体表面液膜）中的传质过程，然后吸附降解在液相（或固体表面生物层）完成（图 2-11）。

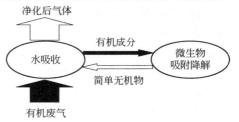

图 2-11　生物法净化有机废气原理

六、等离子体技术

等离子体就是处于电离状态的气体，其英文名称为 plasma。等离子体是被称作除固态、液态和气态之外的第四种物质存在形态。它是由大量带电粒子（离子、电子）、中性粒子（原子、激发态分子及光子）和自由基组成的导电性流体，因其总的正、负电荷数相等，故称为等离子体。

虽然对低温等离子体去除污染物的机理还不清楚，但一般都认为是粒子间非弹性碰撞的结果。其降解机理如下。

（1）高能电子直接作用于有机废气分子，污染物分子受碰撞激发或离解形成相应的基团和自由基。

（2）高能电子与气态污染物中所含的空气、水蒸气和其他分子作用产生新的自由基、激发态物质、活性粒子及氧化性极强的 O_3，将有机物彻底氧化。

（3）活性基团从高能激发态向下跃迁产生紫外光，紫外光直接与有害气体反应，使气体分子键断裂从而得以降解。

七、光催化氧化法降解 VOCs

光催化氧化技术应用于降解空气中的挥发性有机污染物的过程是理想的治理环境手段之一。光催化氧化反应的基本机理大致为以下过程：当半导体光催化剂受到光子能量高于半导体禁带宽度的入射光照射时，位于半导体催化剂价带的电子就会受到激发进入导带，同时会在价带上形成对应的空穴，即产生光生电子-空穴对。光生电子具有很强的氧化还原能力，它不仅可以将吸附在半导体颗粒表面的有机物活化氧化，还能使半导体表面的电子受体被还原。而受激发产生的光生空穴则是良好的氧化剂，一般会通过化学吸附或表面羟基反应生成具有很强氧化能力的羟基自由基。一般的光催化反应就是利用催化剂产生的极其活泼的羟基自由基、超氧离子自由基等活性物质将各种有机物污染物直接氧化为 CO_2、H_2O 等无机小分子。但是在气相条件下光催化反应可能并不一定是羟基自由基反应，有时主要起作用的可能是其他物质。

由于光催化剂吸收太阳光的波长范围太窄，量子效率又低，从而阻碍了其在环保方面的应用。通过对光催化剂如贵金属沉积、离子掺杂、表面光敏化等方式进行改性可提高其光催化活性。

第七节　除尘技术

在人类赖以生存的大气环境中，悬浮着各种各样的颗粒物质，常以液态、固态或黏附在其他颗粒上进入大气环境中，其中大多数悬浮颗粒物会危害人体健康。根据颗粒污染物产生形式可分为：自然性颗粒污染物、生活性颗粒污染物、生产性颗粒污染物。其中工业生产过程中，电站锅炉、工业与民用锅炉、冶金工业、建材工业等会产生大量的生产性颗粒污染物。颗粒污染控制技术是我国大气污染控制的重点。在我国《环境空气质量标准》（GB 3095—2012）中，明确规定总悬浮颗粒污染物（TSP）、可吸入颗粒物（PM_{10}）的浓度阈值。因而，产生生产性颗粒物的化工行业必须增加除尘工序，以达到排放标准。

一、除尘器分类

根据除尘机理不同，除尘器可分为机械除尘器（机械力）和电除尘器（电力）两大类。在机械力中有重力、惯性力、离心力、冲击、粉尘与水滴的碰撞等。过滤也是机械力作用的一种形式。根据在除尘过程中是否采用液体进行除尘或清灰，又可分为干式除尘器、湿式除尘器。除上述分类方法外，习惯上将除尘器分为机械除尘器、过滤式除尘器、湿式除尘器与电除尘器四大类。

一是机械除尘器，包括重力沉降室、惯性除尘器和旋风除尘器等，这类除尘器的特点是结构简单、造价低、维护方便，但除尘效率不很高，往往用作多级除尘系统中的前级预除尘。

二是过滤式除尘器，包括袋式除尘器和颗粒层除尘器等，其特点是以过滤机理作为除尘的主要机理。根据选用的滤料和设计参数不同，袋式除尘器的效率可以很高（99.9%以上）。

三是湿式除尘器，包括低能湿式除尘器和高能文氏管除尘器。这类除尘器的特点是主要用水作为除尘的介质。一般来说，湿式除尘器的除尘效率高。当采用文氏管除尘器时，对微细粉尘去除效率虽可达 99.9%以上，但所消耗的能量较高。湿式除尘器的主要缺点是会产生污水，需要进行处理，以消除二次污染。

四是电除尘器，即用电力作为捕尘的机理。有干式电除尘器（干法清灰）和湿式电除尘器（湿法清灰）。这类除尘器的特点是除尘效率高（特别是湿式电除尘器），消耗动力少；主要缺点是消耗钢材多，投资高。

二、机械除尘法

（一）重力除尘法

重力除尘器依据气流方向不同分成以下两类：上升气流式重力除尘器、下降气流式重力除尘器（图 2-12）。

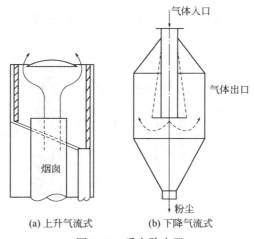

(a) 上升气流式   (b) 下降气流式

图 2-12   重力除尘器

重力除尘器依据内部有无挡板分类，有挡板式重力除尘器和无挡板式重力除尘器。

重力除尘器依据按有无隔板分类，有隔板重力除尘器和无隔板重力除尘器（图 2-13）。

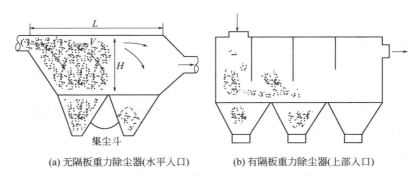

(a) 无隔板重力除尘器(水平入口)   (b) 有隔板重力除尘器(上部入口)

图 2-13   有隔板重力除尘器和无隔板重力除尘器

（二）惯性力除尘法

利用粉尘与气体在运动中的惯性力不同，使粉尘从气流中分离出来。在实际应用中实现惯性分离的一般方法是使含尘气流冲击在挡板上，使气流方向发生急剧改变，气流中的尘粒惯性较大，不能随气流急剧转弯，便从气流中分离出来。在惯性除尘方法中，除利用了粒子在运动中的惯性较大外，还利用了粒子所受的重力和离心力。

（三）离心力除尘法

利用含尘气体的流动速度，使气流在除尘装置内沿某一定方向作连续的旋转运动，粒子在随气流的旋转中获得离心力，导致粒子从气流中分离出来。

三、过滤式除尘法

过滤式除尘法是使含尘气体通过多孔滤料，把气体中的尘粒截留下来，使气体得到净化。滤料对含尘气体的过滤，按滤尘方式有内部过滤与外部过滤之分。内部过滤是把松散多孔的滤料填充在设备的框架内作为过滤层，尘粒在滤层内部被捕集；外部过滤则是用纤维织物、滤纸等作为滤料，废气穿过织物等时，尘粒在滤料的表面被捕集。

过滤式除尘器（图 2-14）通过滤料孔隙对粒子的筛分作用、粒子随气流运动中的惯性碰撞作用、细小粒子的扩散作用，以及静电引力和重力沉降等机制的综合作用，达到除尘的目的。

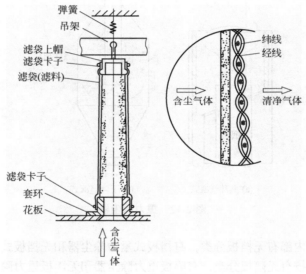

图 2-14　过滤式除尘器

四、湿式除尘法

湿式除尘法也称为洗涤除尘法，该除尘方法是用液体（一般为水）洗涤含尘气体，利用形成的液膜、液滴或气泡捕获气体中的尘粒，尘粒随液体排出，气体得到净化。液膜、液滴或气泡主要是通过惯性碰撞，细小尘粒的扩散作用，液滴、液膜使尘粒增湿后的凝聚作用及对尘粒的黏附作用达到捕获废气中尘粒的目的。

五、电除尘法

电除尘法是利用高压电场产生的静电力（库仑力）的作用实现固体粒子或液体粒子与气流分离。这种电场应是高压直流不均匀电场，构成电场的放电极是表面曲率很大的线状电极，集尘极则是面积较大的板状电极或管状电极。

在放电极与集尘极之间施以很高的直流电压时，两极间所形成的不均匀电场使放电极附近电场强度很大，当电压加到一定值时，放电极产生电晕放电，生成的大量电子及阴离子在电场力作用下，向集尘极迁移。在迁移过程中，中性气体分子很容易捕获这些电子或阴离子形成负离子。当这些带负电荷的粒子与气流中的尘粒相撞并附着其上时，就使尘粒带上了负电荷。荷电粉尘在电场中受库仑力的作用被驱往集尘极，在集尘极表面尘粒放出电荷后沉积其上，当粉尘沉积到一定厚度时，用机械振打等方法将其清除。静电除尘包括以下几个步骤（图 2-15）：

（1）除尘器供电，电场产生；

（2）电子电荷的产生，气体电离；

（3）电子电荷传递给粉尘微粒，尘粒荷电；

（4）电场中带电粉尘微粒移向集尘极，尘粒驱进；

（5）带电粉尘微粒黏附于集尘极的表面，尘粒黏附；

（6）从集尘极清除粉尘层，振打清灰；

（7）清除的粉尘层降落在灰斗中；

（8）从灰斗中清除粉尘，用输排装置运出。

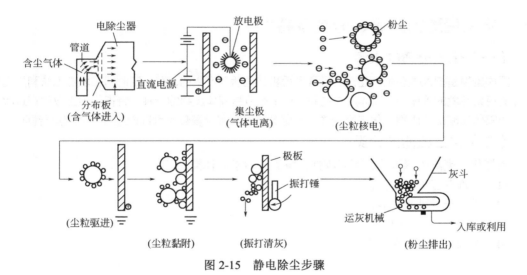

图 2-15　静电除尘步骤

第三章 化工废渣处理技术

固体废物的处置路线包括"无害化""减量化"和"资源化"。传统的方式是对产生的废弃物进行"无害化"处理以减轻对环境的危害。化工废渣潜在再利用价值大,开发资源化利用路线是今后发展的方向。从源头上改革工艺,可以加强原料的利用率,也是实现固废"减量化"的重要策略。化工废渣也具有危害性大的特点,需对化工废渣的产生到最终处置实行全程监管,对当前技术无法再利用的化工废渣要做到科学妥善处置。

第一节 化工废渣的来源、特点和处理原则

一、化工废渣的来源、分类及特点

(一)化工废渣的来源

固体废物是指人类在生产建设、日常生活和其他活动产生的,在一定时间和地点无法利用而被丢弃的污染环境的固体、半固体废弃物质。化工废渣是固体废物的一种,特指化学工业生产过程中产生的固体和泥浆状废物。化工废渣并不一定是有毒有害,多数也可以通过合理处理进行回收。

(二)化工废渣的分类

根据化工废渣的毒害性、可回收性,将其分为不同种类:
(1) 有毒有害可回收类;
(2) 无毒无害可回收类;
(3) 有毒有害不可回收类;
(4) 无毒无害不可回收类。

对第(1)、(2)类可回收再利用,对第(3)类一般进行无毒处理,比如高温焚烧等,对第(4)类可直接进行废弃处理。

化工废渣可分为化工生产性废渣和非生产性固废,前者指化学工业生产过程中产生的不合格产品、副产品、废催化剂、废溶剂、蒸馏残液以及废水处理产生的污泥等;后者指非生产过程中产生的固体废物,如使用过程中的废弃塑料等。

按化学性质可分为有机废渣和无机废渣;按形状有固体废渣和泥状废渣;按危害程度分为危险废渣和一般工业废渣;按来源有矿业废渣、工业固体废渣等。

(三)化工废渣的特点

化工废渣的污染主要有如下特点。
(1) 产生量大。
(2) 危险废物的种类多,有毒物质含量高,危害大。如铬渣致癌,氰渣直接中毒等。
(3) 再资源化潜力大,化工废渣一般为未反应的原料或者反应过程中产生的副产品。

（4）污染作用范围广。

① 直接污染土壤。存放废渣占用场地，在风化作用下到处流散既会使土壤受到污染，又会导致农作物受到影响。土壤受到污染很难得到恢复，甚至变为不毛之地。

② 间接污染水域。废渣通过人为投入、被风吹入、雨水带入等途径进入地面水或渗入地下水，从而对水域产生污染，破坏水质。

③ 间接污染大气。在一定温度下，由于水分的作用会使废渣中某些有机物发生分解，产生有害气体扩散到大气中，造成大气污染。如重油渣及沥青块，在自然条件下产生的多环芳香烃气体是致癌物质。

二、工业固体废弃物的管理和化工废渣的处理原则

（一）化工废渣治理的"三化"原则

"三化"原则是指对化工废渣的污染防治采用"减量化""无害化""资源化"的指导思想和基本战略。

1. 减量化

（1）从源头上，减量化意味采取措施，减少化工废渣的产生量，尽可能合理地开发资源和能源，这是治理固体废物污染环境的首先要求和措施。就我国而言，应当改变粗放经营的发展模式，鼓励和支持开展清洁生产，开发和推广先进的技术和设备。

（2）就产生和排放化工废渣的单位和个人而言，法律要求其合理地选择和利用原材料、能源和其他资源，采用可使化工废渣产生量最少的生产工艺和设备。

2. 无害化

无害化是指对已产生但又无法或暂时无法进行综合利用的化工废渣进行使其对环境无害或降低危害的安全处理、处置，还包括尽可能地减少其种类、降低危险废物的有害浓度，减轻和消除其危险特征等，以此防止、减少或减轻化工废渣的危害。

3. 资源化

资源化是指对已产生的化工废渣进行回收加工、循环利用或其他再利用等，即通常所称的废物综合利用，使废物经过综合利用后直接变成为产品或转化为可供再利用的二次原料。实现资源化不但能够减轻化工废渣的危害，还可以减少浪费，获得经济效益。

对于已形成的化工废渣，今后将从"无害化""减量化"处理路线向"资源化"利用过渡。

（二）全过程的管理原则

2020 年 9 月 1 日起施行修订后的《中华人民共和国固体废物污染环境防治法》（下称《固废法》）第十六条规定："国务院生态环境主管部门应当会同国务院有关部门建立全国危险废物等固体废物污染环境防治信息平台，推进固体废物收集、转移、处置等全过程监控和信息化追溯。"第三十六条规定："产生工业固体废物的单位应当建立健全工业固体废物产生、收集、贮存、运输、利用、处置全过程的污染环境防治责任制度，建立工业固体废物管理台账，如实记录产生工业固体废物的种类、数量、流向、贮存、利用、处置等信息，实现工业固体废物可追溯、可查询，并采取防治工业固体废物污染环境的措施。"固废环境管理责任并不局限于某一主体，《固废法》第五条规定："固体废物污染环境防治坚持污染担责的原则。产生、收集、贮存、运输、利用、处置固体废物的单位和个人，应当采取措施，防止或者减少固体废物对环境的污染，对所造成的环境污染依法承担责任。"废物产生者、承运者、贮存者、处置者和有关过程中的其

他操作者都要分担责任。

（三）固废分类，优先管理危险废物的原则

固体废物种类繁多，危害特性与方式各有不同。因此，应根据不同废物的危害程度与特性区别对待，实行分类管理。《固废法》明确了对工业固体废物、生活垃圾、建筑垃圾、农业固体废物、危险废物等监督、管理及防治措施。

（四）鼓励集中处置的原则

根据国内外化工废渣污染防治的经验，对化工废渣的处置，采取社会化区域性控制的形式，不但可以从整体上改善环境质量，又可以用较少地投入获得尽可能大的效益，还利于监督管理。国家鼓励、支持有利于保护环境的集中处置固体废弃物的措施。集中处置的形式较为多样，其中主要是建设区域专业性集中处置设施，如医疗垃圾集中焚烧炉及危险废弃物区域性专业处置设施、场所等。

第二节　化工废渣的一般处理技术

化工废渣的处置，是指将废渣焚烧和用其他改变其物理、化学、生物特性的方法，达到减少已产生的废物数量、缩小固体废渣体积、减少或者消除其危险成分，或者将废渣最终置于符合环境保护规定要求的场所或者设施并不再回取的活动。对于化工废渣的处理方法主要有卫生填埋法、焚烧法、热解法、微生物分解法和转化利用法等。根据特定的需要，还可以选择进行适当的预处理。

一、预处理技术

对于化工废渣，常见的预处理有三种：压实、破碎、分选。

（一）压实

用物理的手段提高化工废渣的聚集程度，减少其容积，以便于运输和后续处理，主要设备为压实器。

化工废渣的压实设备称为压实器，压实器的种类很多，但原理基本相同，一般都由一个供料单元和一个压实单元组成，供料单元容纳化工废渣原料并将其转入压实单元。压实单元的压头通过液压或气压提供动力，通过高压将化工废渣压实。化工废渣压实器可以分为固定式压实器和移动式压实器两类，这两类压实器的工作原理大体相同。固定式压实器主要在工厂内部使用，一般设在中转站、高层住宅垃圾滑道底部以及需要压实废物的场合。移动式压实器一般安装在垃圾收集车上，接受废物后即进行压缩，随后送往处置场地。压实器由于所压物品的差异又分为水平式压实器、三向联合式压实器及回转式压实器。下面介绍几种常见的压实设备。

1. 水平式压实器

水平式压实器是靠做水平往复运动的压头将化工废渣压到矩形或方形的钢制容器中，随着容器中废物的增多，压头的行程逐渐变短，装满后压头呈完全收缩状。此时，可将铰接的容器更换，将另一空容器装好再进行下一次的压实操作。

2. 三向联合式压实器

该压实器装有 3 个相互垂直的压头，化工废渣置于料斗后，三向压头依次实施压缩，将化

工废渣压实成密实的块体。该装置多用于松散金属类废物的压实。

3. 回转式压实器

回转式压实器的平板型压头连接于容器一端，并借助液压驱动。这种压实器适于压实体积小、质量轻的化工废渣。

压实器的选择原则是为了最大限度减容，获得较高的压缩比，应尽可能选择适宜的压实器。

（二）破碎

用机械方法破坏化工废渣内部的聚合力，减少废物的尺寸，为后续处理提供合适的固相粒度。具体作用如下。

（1）使化工废渣均匀化，增加比表面积，可提高焚烧、热解、熔烧、压缩等作业的稳定性和处理效率。

（2）减少化工废渣的容积，以便于装卸、运输、压缩、高密度填埋和节约土地。

（3）便于成分的分离回收，为后续加工和资源化利用做准备，有利于从中分选、拣选、回收有价值的物质和材料。

（4）防止粗大、锋利的化工废渣损坏分选、焚烧、热解等处置设备。

破碎的方法及适用范围：按破碎化工废渣所用的外力，可分为机械能破碎和非机械能破碎两类方法。

机械能破碎是使用工具对化工废渣施力从而将其破碎，根据对破碎物料的施力特点，可将物料的破碎方式分为压碎、劈碎、折翻、磨碎、冲击破碎等（图3-1）。

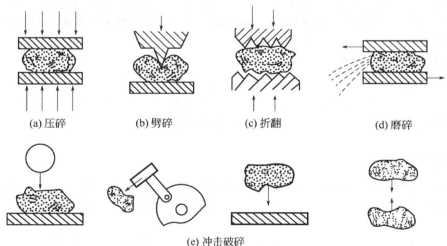

图 3-1　破碎方法

在工业上实现机械破碎需要采用破碎机，基于以上的破碎原理，破碎机的类型也较多，可根据具体需要进行选择，图3-2给出了几种常见的破碎机类型。

非机械能破碎是利用电能、热能等对化工废渣进行破碎的新方法，如低温破碎、热力破碎及超声波破碎等。

选择破碎方法时，需视化工废渣的机械强度和硬度而定。对于脆硬性废物，如各种废石和废渣等，多采用压碎、劈碎、折翻、磨碎和冲击破碎；对于柔硬性废物，如废钢铁、废器材和废塑料等，多采用冲击破碎和剪切破碎。对于一般的粗大化工废渣，往往不是直接将它们送进破碎机，而是先剪切，压缩成型，再送入破碎机。

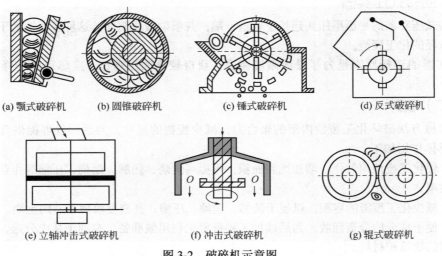

(a) 颚式破碎机　　(b) 圆锥破碎机　　　(c) 锤式破碎机　　　(d) 反式破碎机

(e) 立轴冲击式破碎机　　　(f) 冲击式破碎机　　　(g) 辊式破碎机

图 3-2　破碎机示意图

（三）分选

根据化工废渣不同的物质性质，在进行最终处理之前，分离出有价值的和有害的成分，实现"废物利用"。

分选基本原理是利用物料的某些性质方面的差异，将其分选开。例如，利用化工废渣中的磁性和非磁性差别进行分离，利用粒径尺寸差别进行分离，利用比重差别进行分离等。根据不同的性质，可以设计制造各种机械对化工废渣进行分选。分选包括手工拣选、筛分、重力分选、浮选、磁力分选、涡电流分选、光学分选等。

下面介绍几种分选技术。

1. 筛分

原理：筛分是依据化工废渣的粒径不同，利用筛子将物料中小于筛孔的细粒物料透过筛面，而大于筛孔的粗粒物料留在筛面上，完成粗细物料分离的过程。

两个过程：物料分层、细粒透筛。

2. 重力分选

重力分选简称重选，是根据化工废渣中不同物质颗粒间的密度差异，在运动介质中受到重力、介质动力和机械力的作用，使颗粒群产生松散分层和迁移分离，从而得到不同密度产品的分选过程。

按介质不同，化工废渣的重选可分为重介质分选、风力分选和摇床分选等。

废物进行重力分选的条件：化工废渣中颗粒间必须存在密度的差异；分选过程都是在运动介质中进行的；在重力、介质动力及机械力的综合作用下，使颗粒群松散并按密度分层；分好层的物料在运动介质流的推动下互相迁移，彼此分离，并获得不同密度的最终产品。

3. 风力分选

风力分选是重力分选的一种，是以空气为分选介质，在气流作用下使化工废渣颗粒按密度和粒度得到分选的方法。其基本原理是气流能将较轻的废渣向上带走或水平带向较远的地方，而重废渣则由于上升气流不能支持它们而沉降，或由于惯性在水平方向抛出较近的距离。这就是我们通常所说的"竖向气流分选"和"水平气流分选"。

4. 浮选

原理：浮选是依据化工废渣表面性质的差异，在浮选剂的作用下，借助于气泡的浮力，从废渣的悬浮液中分选物料的过程。

浮选法分离与废渣的密度无关，而取决于废渣的表面性质，能浮出液面的废渣对空气的表面亲和力比对水的表面亲和力大。因此，在浮选法中可以加入合适的浮选剂，增加废渣的可浮性能。

5. 磁流体分选

磁流体分选是一种特殊的磁力分选方法。所谓磁流体是指某种能够在磁场或者磁场与电场联合作用下磁化，呈现似加重现象，对颗粒具有磁浮力作用的稳定分散液。磁流体通常采用强电解质溶液、顺磁性溶液和磁性胶体悬浮液。似加重后的磁流体密度称为表观密度。表观密度大幅高于介质真密度，介质真密度一般为 $1400 \sim 1600 kg/m^3$，表观密度可高达 $21500 kg/m^3$。流体的表观密度可以通过改变外磁场强度、磁场梯度或电场强度任意调节，因而能对任意比重组合的废渣进行有效分选。

磁流体分选是一种重力分选和磁力分选原理联合作用的分选过程。物料在似加重介质中按密度差异分离，与重力分选相似；在磁场中按废渣磁性差异分离，与磁力分选相似，因此既可以将磁性和非磁性废渣分离，亦可以将非磁性废渣按密度差异分离。

磁流体分选法在固体废物的处理和利用中占有特殊的地位，它不仅可分选各种工业废液，而且可从城市垃圾中分选铝、铜、锌、铅等金属。

二、填埋技术

地质处置至今仍是世界各国最常采用的一种固体废物处置方法。填埋法是最具代表性也应用最多的地质处置法。处置对象为无法进一步回收利用或再循环利用的固体污染物，为了减少其可能对环境造成的危害，需要将其放置在某些安全可靠的场所，以最大限度地与生物圈隔离。

土地填埋是最终处置化工废渣的一种方法，即永久储存和正常情况下不再回取或不再进一步处置。此方法的重点包括场地选择、填埋场设计、施工填埋操作、环境保护及监测、场地利用等几方面。其实质是将危险化工废渣铺成一定厚度的薄层，加以压实，并覆盖土壤。这种处理技术在国内外得到普遍应用。土地填埋法通常分为卫生土地填埋和安全土地填埋。

（一）卫生土地填埋

卫生土地填埋是处置一般固体废物，而不会对公众健康及环境安全造成危害的一种方法，主要用来处置城市垃圾，如图 3-3。卫生土地填埋的工作原理是将废物限制在尽可能小的区域内，并进行压缩和分层处置，每层废弃物的表面均用土料覆盖，共同构成一个填筑单元。通常在填埋场地每铺设 $40 \sim 75 cm$ 厚废物，即采取压实处理，压实后再覆以 $15 \sim 30 cm$ 土层，如此继续下去，当达到最终设计标高后，在填埋层上覆盖 $90 \sim 120 cm$ 厚的土壤，压实后封场。

场地的设计要注意地下水的保护和气体的产生与控制。埋土后固废在封闭的无氧环境中腐烂，在未来的时间里，会产生大量的沼气和渗滤液，因此必须采取一定的措施。

1. 地下水保护措施

（1）设置防渗衬里。衬里分人造衬里和天然衬里两类，人造衬里有沥青、橡胶和塑料等，天然衬里主要是黏土，图 3-4 是一种双衬里防渗系统示意图。

（2）设置导流渠或导流坝，减少地表径流进入场地。

（3）选择合适的覆盖材料，防止雨水渗入。

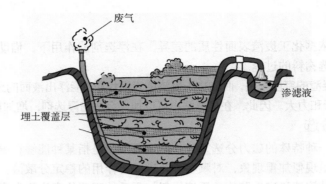

图 3-3　卫生土地填埋剖面图

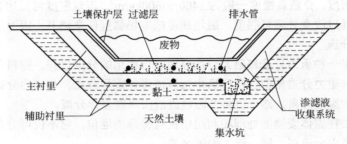

图 3-4　双衬里防渗系统示意图

（4）底部埋管，引出渗滤液做进一步处理。

2.气体的产生及控制

有机物厌氧分解生成的气体中含有甲烷、二氧化碳、氨和水，典型的方法是在填埋场内利用比周围土壤容易透气的砂石等物质作为填料，建造排气孔道。

（二）安全土地填埋

安全土地填埋是一种改进的卫生填埋方法，也称为安全化学土地填埋，主要用来处置危险化工废渣，把危险化工废渣放置或贮存在环境中，但使其与环境隔绝的处置方法，是一种在对危险化工废渣经过各种方式的处理之后所采取的最终处置措施，目的是阻断化工废渣与环境的联系，使其不再对环境和人体健康造成危害。所以，是否能阻断废渣和环境的联系便是填埋处置成功与否的关键，也是安全填埋的潜在风险所在。因此，对场地的建造技术要求更为严格。如衬里的渗透系数要小于 10^{-8}cm/s，浸出液要加以收集和处理，地面径流要加以控制，还要考虑对产生的气体的控制和处理等，同时要设置监测井监测污染物渗出和地下水污染情况，剖面结构如图 3-5 所示。

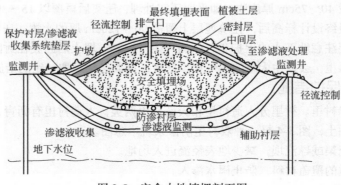

图 3-5　安全土地填埋剖面图

此外，还有一种土地填埋处理方法，即浅地层埋藏法。这种方法主要用来处置低放射性废物。

土地填埋法与其他处置方法相比，其主要优点是：此法为一种完全的、最终的处置方法，若有合适的土地可供利用，此法最为经济；它不受废物的种类限制，且适合于处理大量的废物；填埋后的土地可重新用作停车场、游乐场、高尔夫球场等。缺点是：填埋场必须远离居民区；恢复的填埋场将因沉降而需要不断地维修；填埋在地下的危险废物，通过分解可能会产生易燃、易爆或毒性气体，需加以控制和处理等。

三、焚烧技术

焚烧技术是一种高温热处理技术，即以一定的过剩空气量与被处理的有机化工废渣在焚烧炉内进行氧化分解反应，废物中的有毒有害物质在高温中氧化、热解而被破坏。焚烧处置的特点是可以实现无害化、减量化、资源化，但是容易产生二噁英、呋喃、重金属、酸性气体、烟尘等有害二次污染物。

焚烧法的优点在于能迅速而大幅度地减少可燃性化工废渣的容积。如在一些新设计的焚烧装置中，焚烧后的废物容积只有原容积的 5%或更少。一些有害废物通过焚烧处理，可以破坏其组成结构或杀灭病原菌，达到解毒、除害的目的。此外，通过焚烧处理还可以提供热能。

焚烧法的缺点：一是化工废渣的焚烧会产生大量的酸性气体和未完全燃烧的有机组分及炉渣，如将其直接排入环境中，必然会导致二次污染；二是此法的投资及运行管理费用高，同时为了减少二次污染，要求焚烧过程必须设有控制污染设施和复杂的测试仪表，这又进一步提高了处理费用。

四、热解处理技术

固体废物热解是指在无氧或缺氧条件下，使可燃性固体废物在高温下分解，最终成为可燃气体、油、固形碳的化学分解过程，是将含有有机可燃物的固体废物置于完全无氧的环境中加热，使固体废物中有机物的化合键断裂，产生小分子物质以及固态残渣的过程。

化工废渣热解利用了有机物的热不稳定性，在无氧或缺氧条件下使得化工废渣受热分解。热解法与焚烧法是完全不同的两个过程，焚烧是放热的，热解是吸热的；焚烧的产物主要是二氧化碳和水，而热解的产物主要是可燃的低分子化合物；如果焚烧产生的热量多，热量可用于发电，如果焚烧产生的热量少，热量可供加热水或产生蒸汽，适合就近利用，而热解产物是燃料油及燃料气，可供贮藏及远距离输送。

热分解过程由于供热方式、产品状态、热解炉结构等方面的不同，热解方式各异。

① 按供热方式可分成内部加热和外部加热。外部加热效率低，不及内部加热好，故采用内部加热的方式较多。

② 按热分解与燃烧反应是否在同一设备中进行，可分成单塔式和双塔式。

③ 按热解过程是否生成炉渣可分成造渣型和非造渣型。

④ 按热解产物的状态可分成气化方式、液化方式和碳化方式。

⑤ 按热解炉的结构可分成固定层式、移动层式或回转式。

由于选择方式的不同，构成了诸多不同的热解流程及热解产物。

综合而言，热解方法适用于高有机质含量的化工废渣。其产生的废气量较少，能处理不适于焚烧和填埋的难处理物，能转换成有价值的能源，减少焚烧造成的二次污染和需要填埋处置的废物量。但技术复杂，投资巨大。

热解技术里比较先进的有微波裂解技术。微波裂解技术是在无氧或缺氧条件下，利用电磁场与物质分子之间的相互作用引发分子内部的摩擦而产生的热能将大分子量的有机物裂解为分子量相对较小的易于处理的化合物或燃烧气体、油和炭黑等有机物。微波裂解的优越性如下。

（1）加热速度快。微波加热属于内部加热，电磁能直接作用于介质分子，分子运动由原来杂乱无章的状态变成有序的高频振动，分子动能转变成热能，且透射使介质内外同时受热，不需要热传导，故可在短时间内达到均匀加热。

（2）穿透能力强，能量利用效率高。被加热物料一般放在用金属制成的加热室内，加热源与加热材料无需直接接触，微波可以直接穿透进入物料内部，对物料内外均衡加热。电磁波不能外泄，只能被加热物体吸收，加热室内的空气与相应的容器都不会被加热，所以能量利用效率很高，物质升温非常快。

（3）选择性加热。由于物质吸收微波能的能力取决于自身的介电特性，因此可对混合物料中的各个组分进行选择性加热。

（4）催化性。固废的裂解是一种由高分子裂解成小分子的裂解反应，微波对高分子裂解有明显的催化作用，所以微波很适用于化工固废的裂解。

（5）清洁卫生环保。微波加热设备占地面积小，避免了环境高温。微波本身不产生任何污染物，有利于环境保护。

（6）易于控制。微波功率的控制是由开关、旋钮调节，即开即用，热惯性极小，可以实现温度升降的快速控制，控制精度高，有利于连续生产、自动化控制。

综上所述，微波加热技术具有加热速度快、有选择性、有催化性、加热源与加热材料不直接接触、易于自动控制、能量利用效率高等特点。

五、固化法

固化法是将水泥、塑料、水玻璃、沥青等凝结剂同危险化工废渣加以混合进行固化，使得污泥（危险化工废渣和水的混合物）中所含的有害物质封闭在固化体内，从而达到稳定化、无害化的目的。

（一）水泥固化法

水泥固化法是以水泥为固化剂将危险废物进行固化的一种处理方法。水泥中加入适当比例的水混合会发生水化反应，产生凝结后失去流动性则逐渐硬化。水泥固化法是用有害污泥（危险化工废渣和水的混合物）代替水加入水泥中，水泥与污泥中的水分发生水化反应生成凝胶，将有害污泥微粒包容，并逐步硬化形成水泥固化体。可以认为，这种固化体的结构主要是水泥的水化反应物。这种方法使有害物质被封闭在固化体内，达到稳定化、无害化的目的。

水泥固化法的原材料比较便宜，并且操作设备简单，固化体强度高、长期稳定性好，对受热和风化有一定的抵抗力，因而利用价值较高。

水泥固化法的缺点：水泥固化体的浸出率较高，通常为 $10^{-5} \sim 10^{-4} \mathrm{g/(cm^2 \cdot d)}$，因此需作涂覆处理；由于油类、有机酸类、金属氧化物等会妨碍水泥水化反应，为保证固化质量，必须加大水泥的配比量，因此固化体的增容比较高；有的废物需进行预处理和投加添加剂，使处理费用增高。

（二）塑料固化法

将塑料作为凝结剂，使含有重金属的污泥固化而将重金属封闭起来，同时又可将固化体作为农业或建筑材料加以利用。

塑料固化技术按所用塑料（树脂）不同，可分为热塑性塑料固化和热固性塑料固化两类。热塑性塑料有聚乙烯、聚氯乙烯等，在常温下呈固态，高温时可变为熔融胶黏液体，将有害废物包容其中，冷却后形成塑料固化体。热固性塑料有脲醛树脂和不饱和聚酯树脂等。脲醛树脂具有使用方便、固化速度快、常温或加热固化均佳的特点，与有害废物所形成的固化体具有较好的耐水性、耐热性及耐腐蚀性。不饱和聚酯树脂在常温下有适宜的黏度，可在常温、常压下固化成型，容易保证质量，适用于对有害废物和放射性废物的固化处理。

塑料固化法的优点是：一般均可在常温下操作；为使混合物聚合凝结，仅需加入少量的催化剂；增容比较小；既能处理干废渣，也能处理污泥浆；塑性固体不可燃等。其主要缺点是塑料固化体耐老化性能差，固化体一旦破裂，污染物浸出会污染环境，因此，处置前都应有容器包装，因而增加了处理费用；此外，在混合过程中释放的有害烟雾会污染周围环境。

（三）水玻璃固化法

水玻璃固化法是以水玻璃为固化剂，无机酸类（如硫酸、硝酸、盐酸等）作为辅助剂，与有害污泥按一定的配料比进行中和与脱水缩合反应，形成凝胶体，将有害污泥包容，经凝结硬化逐步形成水玻璃固化体。用水玻璃进行污泥的固化，其基础就是利用水玻璃的硬化、结合、包容及其吸附的性能。

水玻璃固化法具有工艺操作简便、原料价廉易得、处理费用低、固化体耐酸性强、抗透水性好、重金属浸出率低等特点。但目前此法尚处于试验阶段。

（四）沥青固化法

沥青固化法是以沥青为固化剂与危险化工废渣在一定的温度、配料比、碱度和搅拌作用下产生皂化反应，使危险化工废渣均匀地包容在沥青中，形成固化体。

经沥青固化处理所生成的固化体空隙小、致密度高，难以被水渗透，同水泥固化体相比较，有害物质的浸出率更低。无论污泥的种类和性质如何，采用沥青固化法均可得到性能稳定的固化体。此外，沥青固化处理后很快就能硬化，不像水泥需要经过 20～30d 的养护。但是，由于沥青的导热性不好，加热蒸发的效率不高，倘若污泥中所含水分较多，蒸发时会有起泡现象和雾沫夹带现象，容易排出废气发生污染。对于水分含量高的污泥，在进行沥青固化之前，要通过分离脱水的方法使水分降到 50%～80%。再有，沥青具有可燃性，必须考虑到加热蒸发时，沥青过热容易引起大的危险。

六、化学处理技术

为了充分实现化工废渣的资源化、减量化、无害化，有必要对化工废渣进行中间处理。化工废渣的化学处理是通过化学变化改变废物的结构和性质，达到减量化、资源化和无害化的目的。化工废渣的化学处理技术主要包括中和法、氧化还原法、化学浸出法和水解法等。

（一）中和法

1. 定义

采用适当的中和剂与废渣中的碱性或酸性物质发生中和反应，使之接近中性，以减轻它们对环境的危害。

2. 机理

发生中和反应。

$$H^+ + OH^- \Longrightarrow H_2O \tag{3-1}$$

3. 适用范围

中和法主要用于处理化工、冶金、电镀等行业所排出的酸性或碱性废渣。

4. 中和剂的选择

距离较近的不同企业如果同时有碱性和酸性废渣排出，则可根据所排废渣的性质，将两者按一定的比例直接混合来达到中和的目的（以废治废），这是最经济有效的处理方法。

5. 搅拌方式

池式人工搅拌用于间歇小规模的处理。

（二）氧化还原法

1. 定义

氧化还原法是通过氧化或还原反应，使化工废渣中可发生价态变化的有毒有害成分转化为无害或低毒且化学稳定性更高的成分，以便进一步处理。

2. 实例

铬渣中有毒成分主要是六价的铬酸盐，可以采用加入还原剂将六价铬还原为三价铬以降低毒性，再进行排放。方法主要有以下两种。

（1）煤粉焙烧还原法。将铬渣与适量的煤粉或废活性炭、锯末、稻壳等含碳物质均匀混合，加入回转窑中，在缺氧的条件下进行高温焙烧（500～800℃），利用焙烧过程中产生的 CO 将六价铬还原为三价铬。反应式为：

$$4Na_2CrO_4 + 3C \Longrightarrow 4Na_2O + 2Cr_2O_3 + 3CO_2 \tag{3-2}$$

$$2Na_2CrO_4 + 3CO \Longrightarrow 2Na_2O + Cr_2O_3 + 3CO_2 \tag{3-3}$$

（2）药剂还原法。在酸洗介质中，以 $FeSO_4$、Na_2SO_3、$Na_2S_2O_3$ 等为还原剂，将六价铬还原为三价铬，如：

$$CrO_4^{2-} + 3Fe^{2+} + 8H^+ \longrightarrow Cr^{3+} + 3Fe^{3+} + 4H_2O \tag{3-4}$$

在碱性介质中，以 Na_2S、K_2S、$NaHS$、KHS 等为还原剂进行还原反应：

$$2Cr^{6+} + 3S^{2-} + 6OH^- \longrightarrow 2Cr(OH)_3 + 3S \tag{3-5}$$

经过上述无害化处理的铬渣，可用于建材工业、冶金工业等部门。

（三）化学浸出法

1. 定义

通过选择合适的化学溶剂（如酸、碱、盐水溶液等）与化工废渣发生作用，使其中有用组分发生选择性溶解，然后进一步回收的处理方法。

2. 适用范围

可用于含重金属化工废渣和石油化工中废催化剂的处理。

3. 实例

（1）废催化剂中银的回收。用乙烯直接氧化法制环氧乙烷，用银作催化剂，催化剂使用一段时期，成为废催化剂。

回收的过程为三个步骤：以浓 HNO_3 为浸出剂与废催化剂反应。

$$Ag + 2HNO_3 \Longrightarrow AgNO_3 + NO_2 + H_2O \tag{3-6}$$

将上述反应液过滤得 $AgNO_3$ 溶液，然后加入 NaCl 溶液生成 AgCl 沉淀。

$$AgNO_3 + NaCl \Longrightarrow AgCl\downarrow + NaNO_3 \tag{3-7}$$

由 AgCl 沉淀制得产品银。

$$6AgCl + Fe_2O_3 \Longrightarrow 3Ag_2O + 2FeCl_3 \tag{3-8}$$

$$2Ag_2O \Longrightarrow 4Ag + O_2\uparrow \tag{3-9}$$

该法可使废催化剂中银的回收率达到 95%。

（2）废电池中有价金属的回收。

焙烧浸出法：将废电池焙烧，产物用酸浸出，从浸出液中回收有价金属。

直接浸出法：将废电池预处理后，直接用酸浸出废电池中的有价金属，从浸出液中回收有价金属。

反应如下：

$$Me + 2H^+ \Longrightarrow Me^{2+} + H_2\uparrow \tag{3-10}$$

（四）水解法

1. 定义

利用某些化学物质的水解作用将化工废渣转化为低毒或无毒，且化学成分稳定的物质的处理方法。

2. 适用范围

农药、含氰废物的处理。

3. 实例

处理有机磷农药在土壤中降解的主要途径，有机磷农药水解反应如下：

$$(RO_2)PS(OR)\xrightarrow{+H_2O+H^+或OH^-}(RO_2)PS(OH) + R(OH) \tag{3-11}$$

七、微生物分解技术

微生物分解技术通过利用微生物对有机化工废渣的分解作用使其无害化，此法可以使有机废渣转化为能源、食品、饲料和肥料，还可以用来从废品和废渣中提取金属，是有机废渣资源化的有效的技术方法。目前应用比较广泛的有：堆肥、厌氧发酵法制沼气、废纤维素制糖、废纤维生产饲料、生物浸出提取贵金属等。该方法对废渣中有机物成分含量有较高要求，一般用来处理有机物比例较大的化工废渣。

八、危险废物的处理方案

化工工业排放的废物具有危险废物多的特点。由于危险废物带来的严重污染和潜在的严重影响，公众对危险废物问题十分敏感，反对在自己居住的地区设立危险废物处置场，加上危险废物的处置费用高昂，一些公司极力试图向工业不发达国家和地区转移危险废物。

（一）危险废物的危害

危险废物具有毒性、易燃性、爆炸性、腐蚀性、化学反应性或传染性，会对生态环境和人类健康构成严重危害。危险固体废物的污染不像废水、废气那样敏感直观，因此人们对危险固废的危害认识不足，且对其治理水平也远远落后于对废水、废气的治理。控制危险固废对环境和人类健康的危害，已成为当今世界各国共同面临的一个重大环境问题。

（二）危险废物的处置

危险废物在处理方面比普通固废更加严格，处理方法常见的有热处理、填埋和固化。

危险废物的焚烧过程比较复杂。由于危险废物的物理性质和化学性质比较复杂，对于同一批危险废物，其组成、热值、形状和燃烧状态都会随着时间与燃烧区域的不同而有较大的变化，同时燃烧后所产生的废气组成和废渣性质也会随之改变。因此，危险废物的焚烧设备必须适应性强，操作弹性大，并有在一定程度上自动调节操作参数的能力。一般来说，绝大多数有机危险废物都可用焚烧法处理，而且最好使用焚烧法处理。而对于某些特殊的有机危险废物，只适合用焚烧法处理，如石化工业生产中某些含毒性中间副产物等。表 3-1 比较了化工危险废物的处置方法。

表 3-1　化工危险废物处置方法对比

项目	微波热解法	高温焚烧法	安全填埋法
基本原理	在无氧、还原剂条件下，微波能使废物中的有机组分产生裂解生成可燃的低分子化合物，再进行二次高温分解	利用高温使有机废物在焚烧炉内进行氧化分解反应，废物中的有毒有害物质在高温中氧化、热解	把危险废物放置或贮存在环境中，割断废物与环境的联系，使其不再对环境和人体健康造成危害
适用范围	适合处理各种高热值化工危险废物及化工污泥	可以处理各种性质不同的危险废物	可以处理包括《国家危险废物名录》中除医疗废物和衬层以外的所有危险废物
处理能力	强	较强	强
处理效果	能实现无害化、减量化、资源化，避免二次污染	能实现无害化、减量化、资源化	存在很大后患，有害物质容易泄漏造成环境污染
减容量	高	高	低
前处理	需分类处理	需破碎、搅拌处理	需稳定化/固化处理
二次污染控制	易	易	难
占地面积	非常小	小	大
一次投资	高	较高	低
运行成本	较小	较大	小
技术难度	较高	较高	较低
能耗	低	较高	

从几种危险废物处置方法来看，安全填埋法投资低、操作简单、填埋费用低，但存在很大后患，虽预先进行固化处理但有害物质仍然存在泄漏风险，造成环境污染，一旦衬层系统失效，就会对周围环境和公众造成长期持续的威胁，并且填埋场占用大量土地，带来土地资源浪费。微波热解法符合危险废物污染防治技术政策要求的危险废物的减量化、资源化和无害化的总原则，经处置的危险废物残渣体积可减少 90% 以上，重量可减少 80% 以上。通过改善工况，可以抑制二次污染物的产生，经过严格尾气净化措施，可确保二噁英、呋喃、重金属、酸性气体、烟尘等有害二次污染物得到高效净化，同时具有占地少、废物可资源化（供电、供热、供气）

的优点，但前期投入费用较高，运行成本和运行技术难度较高。

第三节　化工废渣处置新技术

一、减量化技术

全世界每年消费超过 3 亿吨塑料，这其中包括 5000 万吨的聚对苯二甲酸乙二醇酯（PET），PET 主要用于塑料瓶及各式各样的塑料包装，但是 PET 几乎不可生物降解。人们发现塑料废弃物在自然界中经过几十年，并没有发生降解，而是变成塑料微粒，被鱼类、鸟类等生物误食，一部分甚至进入人类的食物链。

在全球各地，PET 在生态系统中的积累问题正变得日益严重。到目前为止，能分解 PET 的真菌种类十分稀少。通过对 PET 碎片样本上的菌群筛检，人们寻找到了以 PET 膜作为主要碳来源从而得以生长的候选细菌。这种细菌在 30℃时几乎能在 42d 后完全降解 PET 薄膜，相对于焚烧或热解，该方法具有减少毒性副产物生成的特点。

二、资源化技术

依托××矿区"高铝、富镓、富锂、富稀土"煤炭资源，开发"一步酸溶法"工艺技术体系，年处理粉煤灰 30 万吨年，可得到 12.5 万吨冶金级一级品氧化铝（中间产品，全部用于电解）、3.25 万吨普铝（≥99.7%）、2.25 万吨精铝（≥99.95%）、1 万吨高纯铝（≥99.995%）、5000t 氧化铁红颜料、12.5t 4N 级金属镓、2.6 万吨净水剂、311t 碳酸锂。该路线实现了煤炭资源一次开采多级利用、由"燃料"向"燃料+原料"转型升级，符合绿色矿山、绿色化工建设方向。

第四节　典型化工废渣处理实例

一、含砷固体废物的处理

处理含砷固体废物的方法大体可分为两种。一种是用氧化焙烧、还原焙烧和真空焙烧等火法进行处理，砷直接以白砷形式回收。另一种是采用酸浸、碱浸或盐浸等湿法流程，先把砷从废渣中分离出来，然后再进一步采用硫化法处理或进行其他无害化处理。湿法脱砷包括物理脱砷法和化学脱砷法。火法提砷成本较低，处理量大，但若生产过程控制不好极易造成环境的二次污染；湿法提砷能满足环保要求，具有低能耗、少污染、效率高等优点，但流程较为复杂，处理成本相对较高。常见的一些除砷技术如下。

（一）传统固砷法

固砷法是防止砷污染简便而有效的方法，但各种砷渣的利用率较低，深埋和堆放会造成资源的极大浪费，而且砷渣在某些条件下会被细菌氧化而溶于水体，产生砷的二次污染。20 世纪 80 年代的一些研究结果和固体废物浸出毒性试验表明：砷酸钙渣的稳定性较差，具有较高的溶解度，但经高温煅烧，砷酸钙和亚砷酸钙的溶解度降低，且煅烧温度越高，其溶解度越小。石灰沉砷法处理含砷废水搭配砷酸钙煅烧技术已有了一定的应用实践，并取得了较好的结果。砷铁共沉淀形成含砷水铁矿，是一种目前世界广泛应用的固砷方法。

（二）火法炼砷法

火法炼砷法是一种传统的提砷工艺。该法将高砷废物通过氧化焙烧制取粗白砷，或将粗白砷进行还原精炼以制取单质砷。含砷渣在 600～850℃下氧化焙烧可使其中 40%～70%的砷得以挥发，加入硫化剂（黄铁矿）可挥发 90%～95%的砷，在适度真空中对磨碎后的砷渣进行焙烧，脱砷率可达 98%。火法工艺的含砷物料处理量大，适用于含砷大于 10%的含砷废物，但该法存在环境污染严重、投资较大等不足。

（三）硫酸浸出法

湿法提砷是消除生产过程中砷对环境污染的根本途径。在传统的湿法提砷 [As(Ⅲ)→As(Ⅴ)→As(Ⅲ)→As]基础上，一种技术途径更短[As(As$_2$S$_3$,Ⅲ)→As(As$_2$O$_3$,Ⅲ)→As]的硫酸浸出新方法被提出，大幅降低了消耗并提高了经济效益。该法将硫化沉淀得到的含砷废渣（As$_2$S$_3$）在密闭反应器内用硫酸（≥80%）处理，反应温度为 140～210℃，反应时间 2～3h。As$_2$S$_3$ 经分解、氧化、转化，形成单质硫黄和 As$_2$O$_3$。在一定温度下，As$_2$O$_3$ 溶解在硫酸溶液中形成母液，固液分离出硫黄后，将母液冷却结晶析出固体 As$_2$O$_3$，砷的总回收率达 95.3%。

（四）碱浸法

向 NaOH 溶液中通入空气对含砷废物进行碱性氧化浸出，将砷转化成砷酸钠，然后经苛化、酸分解、还原结晶过程，制得粗产品 As$_2$O$_3$。

（五）盐浸法

硫酸铜置换法是处理硫化砷渣比较成熟的方法。采用非氧化浸出法，硫化砷滤饼中的砷经硫酸铜中的 Cu^{2+} 置换后，用 6%以上的 SO$_2$ 还原制得 As$_2$O$_3$，实现与其他重金属离子的分离，得到高纯度的 As$_2$O$_3$。整个生产过程在常温常压下进行，安全可靠，可同时回收砷、铜和硫。

（六）其他方法

含砷固体废物的处理除以上主要方法外，还有细菌浸出法、硝酸浸出法、有机溶剂萃取法和三氧化二砷饱和溶解度法等。这些方法的缺点是浸出率低、工业化生产不易实现，故推广价值不高。

（七）含砷固体废物的综合利用

解决我国的砷污染问题，在积极开发含砷废物的处理新技术的同时，开展含砷废物的综合利用，也为砷污染的治理开辟了新的途径。含砷固体废物的处理逐渐从"固砷"到被砷的开发利用。目前很多厂家开始简化含砷废物的回收工艺，提高综合回收率，如 As$_2$O$_3$ 含量较高的高砷烟尘可直接出售给木材防腐工业，而含砷低的烟尘可返回冶炼工艺的配料系统；含砷烟尘还可直接出售给玻璃制品厂作为玻璃澄清剂。利用有效的除砷技术，探索适宜的处理新工艺，对含砷废物进行综合治理与利用。目前已有不少报道，如选择性硫化沉淀法处理含砷废酸，砷、锑、铋等在一定条件下单独沉淀，简化了含砷滤饼的处理方法，得到的硫化铜等沉淀可送至各车间进行再熔炼，降砷成本较低；加压氧化浸出法处理硫化砷渣，工艺流程简单、设备规模小，有价金属回收率高。这些新工艺已经完成实验室研究，有待在工业生产中推广应用。

二、电石渣的综合利用

电石渣是电石水解获取乙炔气后的以氢氧化钙为主要成分的废渣。乙炔（C_2H_2）是基本有机合成工业的重要原料之一，以电石（CaC_2）为原料，加水（湿法）生产乙炔的工艺简单成熟。乙炔生产中，每消耗 1t 电石约产生 1.2t 电石渣，电石渣的治理是解决电石渣对环境污染的一项重要工作。

（一）生产环氧丙烷

环氧丙烷是一种重要的化工原料，以丙烯、氧气和熟石灰为原料的氯醇化法生产环氧丙烷过程中需要大量的熟石灰。

例如，某电化公司是电石乙炔法生产 PVC 的大型企业，将其产生的电石渣送往某氯碱工业公司代替熟石灰生产环氧丙烷。

丙烯气、氯气和水在管式反应器和塔式反应器中发生反应生成氯丙醇，氯丙醇与经过处理后的电石渣中的 $Ca(OH)_2$ 在环氧丙烷皂化塔中发生皂化反应，生成环氧丙烷。

由于电石渣中 $Ca(OH)_2$ 的质量分数高达 90% 以上，而国内熟石灰中 $Ca(OH)_2$ 的平均质量分数仅为 65%，因此，采用电石渣不仅可使环氧丙烷的生产成本下降约 130 元/t，而且其中未反应的固体杂质处理量比用熟石灰要少得多。利用电石渣生产环氧丙烷，不仅充分利用电石渣资源，实现了变废为宝，化害为利，而且生产的环氧丙烷质量稳定，符合标准。

（二）生产氯酸钾

其生产过程是：先将电石渣浆中的杂质除去后再进入沉淀池，得到浓度为 12% 的乳液，用泵将电石渣乳液送至氯化塔并通入氯气、氧气。在氯化塔内，$Ca(OH)_2$ 与 Cl_2、O_2 发生皂化反应生成 $Ca(ClO_3)_2$；去除游离氯后，再用板框压滤机除去固体物，将所得溶液与 KCl 进行复分解反应生成 $KClO_3$ 溶液，经蒸发、结晶、脱水、干燥、粉碎、包装等工序制得产品氯酸钾（$KClO_3$）。其反应式是：

$$2Ca(OH)_2 + 2Cl_2 + 5O_2 \longrightarrow 2Ca(ClO_3)_2 + 2H_2O \tag{3-12}$$

$$Ca(ClO_3)_2 + 2KCl \longrightarrow 2KClO_3 + CaCl_2 \tag{3-13}$$

每生产 1t 氯酸钾，利用电石渣 10t，可节省石灰 4t，每吨产品可节省原料费 420 元。

用电石渣代替石灰生产氯酸钾（$KClO_3$），技术可行，实现了综合利用电石渣的目的，不仅减少了电石渣对环境造成的危害，同时也减少了石灰在储运过程中可能产生的污染，而且改善了劳动条件。

（三）生产轻质砖

某水泥制品厂成功利用电石渣生产轻质煤渣砖。以浓缩的电石渣（含水 39.6%）为主要原料，掺入少量的水泥，与经过破碎的煤渣（粒径<20mm）、碎石料按电石渣:水泥:碎石:煤渣 = 3.2:1.1:3.2:2.5 的比例搅拌均匀，经砌块成型机加压成型，自然养护 28 天左右，可出厂销售。

轻质电石-煤渣砖强度达到普通红砖强度，符合小型空心砌块国家标准，投资省、成本低、产品自重轻，可以在常温、常压下进行生产养护，节约能源，其成本是普通黏土砖的 60%，是混凝土砌块的 50%。使用电石渣生产的轻质砖应用广，既做到了电石渣的综合利用，提高了经济效益，变废为宝，也保护了环境，一举两得。

第四章　化工清洁生产与可持续发展

化工清洁生产旨在构建一种化工生产整体预防的环境战略，实现原料和能源使用的清洁、生产过程的清洁以及产品在服务和使用过程以及废弃后的清洁，以提高生态效益，减轻或者消除对人类健康和环境的危害。化工清洁生产是工业污染防治的最佳模式，是实现化工可持续发展的必由之路，也是我国走新型工业化道路的必然选择。化工行业通过清洁生产审核，实施一些无/低废方案，可以有效减少和防止污染物的产生，保证排放达标。

第一节　清洁生产的概述

一、清洁生产的由来与意义

（一）清洁生产的由来

工业革命以来，特别是 20 世纪以来，人类创造了前所未有的物质财富，极大地推进了人类文明的进程，但采用的却是过度消耗资源、能源来推动经济增长的发展模式；造成严重的资源短缺和环境污染问题。第二次世界大战后，经济高速发展造成严重的环境污染，20 世纪 60 年代发生了一系列震惊世界的环境公害，威胁着人类的健康和经济的进一步发展。1972 年，在瑞典召开的联合国人类环境会议通过《人类环境宣言》，开始了"先污染后治理"的末端治理的模式，虽然取得了一定的环境效益，但治理成本高，企业缺乏治理污染的主动性和积极性；治理难度大，并存在污染转移的风险；无助于减少过程中的浪费。20 世纪 70 年代中后期，逐步形成了废物最小化、源头削减、无废和少废工艺、污染预防等新的污染防治战略。1989 年，联合国环境规划署首次提出清洁生产的概念，并制定了推行清洁生产的行动计划。1990 年，第一次国际清洁生产高级研讨会正式提出了清洁生产的定义。1992 年，清洁生产正式写入《21 世纪议程》，并成为通过预防来实现工业化可持续发展的专用术语。从此，清洁生产在全球范围内逐步推行。

我国的清洁生产的形成与发展过程可概括为三个阶段。第一阶段，从 1983 年到 1992 年，为清洁生产的形成阶段；显著特点是清洁生产从萌芽状态逐渐发展到理念形成，并作为环境与发展的对策。第二阶段，从 1983 年到 2002 年，为清洁生产的推行阶段。第三阶段，从 2003 年开始进入依法全面推行清洁生产的阶段。《中华人民共和国清洁生产促进法》于 2003 年 1 月 1 日得到实施，这标志着我国推行清洁生产从此进入新阶段，预示着我国推行清洁生产的步伐将大大加快。

（二）清洁生产的重要意义

清洁生产是促进经济增长方式转变，提高经济增长质量和效益的有效途径和客观要求。实施清洁生产，可以在大幅度减少污染产生量的同时，降低成本，提高企业的竞争力，实现经济效益和环境效益的统一，是实施可持续发展战略的必然选择和有力保障。当前，多数企业尚未从根本上摆脱粗放经营方式，技术装备落后，能源原材料消耗高、浪费大，资源利用率低，造成企业成本上升、经济效益低下；同时，又是大量排放污染物，造成环境污染问题的根源。要有效地解决这些问题，必须实行新的生产模式。实施清洁生产，为企业和工业发展提出了全新的目标。要实现这一目标，企业就必须加强调整结构、科学管理、革新生产工艺、优化生产过程、推进技术进步、提高人员素质，实现"节能、降耗、减污、增效"，走内涵发展的道路，使企业真正走上合理、高效配置资源的集约型方式。

清洁生产从宏观上是政府行为，即政府要鼓励、引导企业实现环境保护战略从简单的末端治理到全面预防的转变，从而减少污染、提高效益；从微观上说，清洁生产又是一项企业行为、市场行为，因为清洁生产最终落实会在技术的优化、过程的良好控制以及材料的环境友好选择等方面，直接关系到企业的经济效益和企业形象。实施清洁生产可为企业带来诸多优势和效益：促进企业整体素质的提高；增加企业的经济效益；提高企业竞争力（生产成本降低，产品质量改进，用户增加等）；为企业生产发展营造环境空间（增产不增污甚至减污）；减免或减少企业的环境风险；改善职工的生产和生活环境；提高市场占有率，拓宽国际市场。

二、化工清洁生产的内容与目标

（一）清洁生产定义

清洁生产是一种新的创造性思想，该思想将整体预防的环境战略持续应用于生产过程、服务和产品使用中，以增加生态效率，减轻或者消除对人类健康和环境的危害。清洁生产是指不断采取改进设计、使用清洁的能源和原料、采用先进的工艺技术与设备、改善管理、综合利用等措施，从源头消减污染，提高资源利用效率，减少或者避免生产、服务和产品使用过程中污染物的产生和排放，以减轻或者消除对人类健康和环境的危害。

（二）清洁生产的内涵

根据上述定义，推行清洁生产的实质是预防污染。清洁生产主要包括以下四层意思：

（1）清洁生产的目标：节省能源、降低原材料的消耗、减少污染物的产生量和排放量、降低生产成本、增加企业的经济效益（节能、降耗、减污、增效）。

（2）清洁生产的基本手段：改进设备和技术工艺、强化企业科学管理、最大限度地提高资源、能源的利用水平。

（3）清洁生产的主要方法：排污审核（清洁生产审核），即根据生产现状实测建立物料平衡、能量平衡和水平衡，通过审核发现排污部位、排污原因，研制并筛选消除或减少污染物的措施。

（4）清洁生产的终极目的是保护人类与环境，提高企业的经济效益。

清洁生产主要强调 3 个重点内容：

（1）原料和能源。采用无毒、无害或低毒、低害原料替代毒性大、危害严重的原料；合理利用常规能源，减少和替代高污染燃料的使用；尽量利用可再生能源，开发各种节能技术，开发新能源等。

（2）清洁生产过程。限期淘汰落后生产能力、工艺和产品，采用资源利用率高、污染物产生量少的先进工艺技术与设备，如采用提高原子经济性的工艺；替换或革新落后工艺，减少或避免使用有毒原辅材料；提高员工素质，改善生产管理，减少或避免产生过程中污染因素的加入，如跑、冒、滴、漏、扬尘、噪声、无组织排放等；采用废物回收再利用措施；从源头开始削减污染，实施生产全过程控制。

原子经济性（atom economy）是由美国化学家 Barry M Trost 于 1991 年提出，是指在化学反应中反应物中的原子应尽可能多地转化为产物中的原子；也就是要在提高化学反应转化率的同时，尽量减少副产物。某一化学反应原子经济性的高低可由原子利用率来衡量。

原子利用率=（预期产物的分子量/全部生成物的分子量总和）×100%。如制备氯苯反应：

$$\text{（苯）} + Cl_2 \longrightarrow \text{（氯苯）Cl} + HCl \tag{4-1}$$

分子量   78   70   112   36

以氯苯为目标产物，原子经济性为 75.7%；如果能利用到氯化氢，使其也作为产物时，原子经济性为 100%。

（3）清洁的产品。对产品和包装物的设计应优先选择节约资源、无毒、无害、易于降解、易于回收利用的方案；在产品的生产、服务和使用过程中以减少或避免污染物产生和排放，减轻或消除对人体健康和生态环境的危害为主要考虑因素；减少不必要的功能，强调使用寿命等。以上基本上概括产品从生产到消费的全过程中为减少污染风险，所应采取的具体措施。但它比较侧重于工业企业层面上。

三、化工清洁生产的实施途径

根据清洁生产的概念和近几年各国的实践，清洁生产的途径可归纳为：

（一）资源综合利用

资源综合利用是实施清洁生产的首要方向，原料中的所有组分都能变为产品，这是清洁生产的主要目标。资源综合利用首先是最大限度减少废料的产生；其次是废料的综合利用，也包含节约资源的含义。实现资源综合利用需要跨区域、跨行业和跨部门之间的协作，也有人称之为建立"生态工业"。综合利用也是从相对简单的利用到逐渐向高附加值的利用转化。

（二）改进管理和操作

减少原料和产品由于泄漏、溢出、不合格等造成的损失；改进生产过程中对各层面操作与维护的监控；特别设计生产程序以减少清洗设备的机会；重视对员工清洁生产观念的训练；改进产品及原料库存的管理。

（三）改进工艺和设备

简化流程是削减污染物排放的有效措施；变间隙操作为连续操作可使生产过程的状态稳定，提高成品率，减少废物率；提高单套设备的生产能力，使之达到"经济规模"，强化生产过程，降低物耗和能耗；适当改进工艺技术。有些工艺条件的微小改革可以收到事半功倍的效果，例如：过滤与冲洗，使用逆流式清洗，回收、循环使用清洁剂；零件清洗，使用环保型高效清洗剂，使用机械清洁装置，清洁前后改进排水系统，使用塑胶粒喷砂；表面敷层，使用静电喷雾敷层系统，使用粉末敷层系统，使用无风的空气辅助式喷枪。

（四）改进产品设计

改进产品设计旨在将环境因素纳入产品开发的所有阶段，使其在使用过程中效率高、污染少，同时使用后便于回收，即便废弃，对环境产生的危害也相对较少。近来出现的"生态设计""绿色设计"等术语，即是将环境因素纳入设计中，从产品的整个生命周期减少对环境的影响，最终产生一个更具有可持续性的生产和消费体系。改进产品设计的例子有：电池可以使用低毒性物质代替重金属（Cd、Pb、Ni、Hg）；制冷剂可以使用氨或其他对环境安全物质替代氟氯碳化物等。像这样的例子有很多。

（五）选择对环境最友好的原料

选择对环境最友好的原料，是实施清洁生产的重要内容。包括：

（1）清洁的原料，旨在避免在使用过程中或产品报废后的处置过程中能产生有害物质排放的原材料；

（2）选择可再生的原材料，旨在避免使用不可再生或需要很长时间才能再生的原料；

（3）选择可循环利用的原材料，再次使用原料体现出对资源的节约，减少废物的产生；

（4）减少原料的使用量，旨在不影响产品技术性能和寿命的前提下，使用的原料越少，说明产生的废物越少，同时运输过程中的环境影响越小。

（六）组织内部物料循环

企业进行物料再循环有助于实现废料排放量最小化。比如：将流失的物料回收后作为原料返回原工序中；将生产过程中产生的废料经过适当的处理后作为原料返回原生产流程中；将生产过程中产生的废料经过适当的处理后作为原料供给其他相关车间。另外，在物料循环使用中特别强调生产过程中气和水的再循环利用，以减少废气和废水的排放。总之，实施清洁生产要坚持与经济结构相结合，与企业技术进步相结合，与加强企业管理相结合，与环境监督管理相结合。

第二节　清洁生产审核和化工实例

一、清洁生产审核

（一）清洁生产审核简介

1. 清洁生产审核概念

清洁生产审核是指按照一定程序，对生产和服务过程进行调查和诊断，找出能耗高、物耗高、污染重的原因，提出减少有毒有害物料的使用、产生，降低能耗以及废物产生的方法，进而选定技术经济及环境可行的清洁生产方案的过程。

2. 清洁生产审核的范围和分类

审核范围：凡是从事生产和服务活动的企业及从事相关管理活动的部门和单位，应以企业为主体，遵循企业自愿审核与政府强制性审核相结合、企业自主审核与外部审核相结合的原则，因地制宜、注重实效、有序地开展。审核分类：清洁生产审核分为自愿审核和强制性审核。其中，对污染物排放超标和污染物排放总量控制指标超标的污染严重的企业，以及使用有毒、有害原料进行生产或在生产中排放有毒、有害物质的企业，实施强制性审核。

3. 清洁生产审核的目的

（1）判定出企业生产过程中不符合清洁生产的地方和做法。

（2）提出方案解决这些问题，从而实现清洁生产。

（3）通过清洁生产审核，对企业生产全过程的重点（或优先）环节、工序产生的污染进行定量监测，找出高物耗、高能耗、高污染的原因，然后有的放矢地提出对策、制定方案，减少和防止污染物的产生。

清洁生产审核是一种全新的环境保护战略，是在全世界范围内从单纯依靠末端治理逐步转向过程控制的一种转变。清洁生产审核是以节能、降耗、减污、增效为核心，它通过一整套系统而科学的程序，从污染预防的角度对工业生产过程中物料的走向和转换进行环境诊断，从而发现问题、制定方案，从污染源头消除或减少废物的产生，以实现提高经济、社会和环境效益的目的。

4. 清洁生产审核的思路

清洁生产审核的思路即：判定废物产生的部位，分析废物产生的原因，提出方案以减少或消除废物。

5. 企业进行清洁生产审核的效果

(1) 核对有关单元操作、原材料、产品、用水、能源和废物的资料。

(2) 确定废物的来源、数量以及类型，确定废物削减的目标，制定经济有效地削减废物产生量的对策。

(3) 提高企业对由削减废物获得效益的认识。

(4) 确定企业效率低的"瓶颈"部位和管理不善的地方。

(5) 提高企业经济效益和产品质量。

6. 从8个方面分析污染物产生的原因

清洁生产审核通过现场调查和物料平衡找出浪费产生部位，并从8个方面分析浪费产生原因。

(1) 原辅材料和能源。原材料和辅助材料本身所具有的特性，例如毒性、难降解性等，在一定程度上决定了产品及其生产过程对环境的危害程度，因而选择对环境无害的原辅材料是清洁生产所要考虑的重要方面。同样，作为动力基础的能源，也是每个企业所必需的，有些能源（例如煤、油等）在使用过程中直接产生废物，而有些则间接产生废物（例如一般电的使用本身不产生废物，生产电的原料会产生废物）。

(2) 技术工艺（转化率、设备布置、转化步骤、稳定性、需使用对环境有害的物料等）。

(3) 设备（破、漏、自动化水平、设备间配置、维护保养、设备功能与工艺匹配等）。

(4) 过程控制（计量检测分析仪表、工艺参数、控制水平）。

(5) 产品（储运破漏、转化率、包装）。

(6) 废物（废物循环与再利用、物化性状与处理等）。

(7) 管理（管理制度与执行、满足清洁生产需要）。

(8) 员工（素质与生产需求、缺乏激励机制）。

（二）开展清洁生产审核工作的必要性与紧迫性

实施清洁生产可以对企业的环境保护工作起到事半功倍的效果，可有效减轻企业的环境负荷。以往的经验和教训表明，我们再也不能走先污染再治理、"亡羊补牢"的老路，必须通过对传统的技术装备实施清洁生产技术改造来减少污染。实践已经证明，用清洁生产的方法预防污染比仅仅采用末端治理的方法治理污染更有效，不仅节省大量投资（基建投资、能源费、材料费、人工费等），而且不会使一些可以回收的资源（包含未反应的原料）得不到有效的回收利用而流失，导致原材料消耗增加、生产成本提高、造成资源的浪费。企业用清洁生产的方法预防污染可以节约资源、能源，降低产品成本，提高企业经济效益，从而提高了企业治理污染的积极性和主动性。通过实施清洁生产审核，可全方位、全过程地将产品的生产和环境污染预防、环境减负融为一体，节约和合理利用自然资源，减缓资源的消耗，减少污染物的产生和排放，节能、降耗、减污、增效，实现环境与经济双赢。

（三）主管部门对企业开展清洁生产审核工作的要求

《中华人民共和国清洁生产促进法》第二十七条规定企业应当对生产和服务过程中的资源

消耗以及废物的产生情况进行监测，并根据需要对生产和服务实施清洁生产审核。有下列情形之一的企业，应当实施强制性清洁生产审核：

① 污染物排放超过国家或者地方规定的排放标准，或者虽未超过国家或者地方规定的排放标准，但超过重点污染物排放总量控制指标的；

② 超过单位产品能源消耗限额标准构成高耗能的；

③ 使用有毒、有害原料进行生产或者在生产中排放有毒、有害物质的。

按照《中华人民共和国清洁生产促进法》《清洁生产审核办法》《关于深入推进重点行业清洁生产审核工作的通知》（环办科财〔2020〕27号）及《清洁生产审核评估与验收指南》（环办科技〔2018〕5号），开展重点企业清洁生产审核工作。

二、实现化工清洁生产的技术

我国于2001年首次将清洁生产技术列入国家高技术研究与发展计划，在化工、冶金和轻工行业共启动了10余项清洁生产技术研究课题。清洁生产技术专题的各个课题已经在铬化工、制革、造纸、制糖、石油化工、磷化工、印染、发酵工业以及稀土冶金工业等行业取得了重要突破，形成了化工、冶金和轻工行业清洁生产的若干平台技术和一系列关键技术，许多技术已经产业化。

例如，铬化工清洁生产技术方面的原创性成果已经形成了真正拥有完全自主知识产权的清洁生产技术平台，并建成了1万吨规模的示范工程，该示范工程与周边产业互动，形成了高效的物质链和能量链，一个生态工业园的雏形正在项目示范区出现。皮革清洁生产技术研究已经完成无铬制革技术、高吸收铬鞣技术、高吸收皮革染色加脂技术、准备工段的生化处理技术等4项制革清洁生产关键技术的研究和开发，开发了4类（7种）支撑清洁生产技术实施的新型化工/生化助剂，在11个不同生产规模和产品结构的制革企业进行了清洁生产新技术的中试和工业性实验。此外，依托磷酸二铵尾气净化，联产磷酸-铬清洁生产技术成果的年产20万吨MAP（磷酸二氢铵）工程已经在贵州完成了试车投产；依托酒精清洁生产技术成果的万吨级自絮凝颗粒酵母酒精连续发酵装置已经在安徽建成，并正在推动32万吨级装置的建设。

清洁生产在不同的层次、不同的界面需要共性技术平台或普适性技术平台，我国目前正在探讨的平台技术包括：亚融盐技术、超临界技术、生物技术、膜技术、绿色化工中间体应用技术、器件和流程的微型化技术、反应条件的温和化技术等。今后清洁生产技术的重要研究方向是：能够解决量大面广的环境污染问题的清洁生产技术，重要资源（尤其是中国特有资源）以及不可再生资源的循环利用、节约和替代技术，对于国家在制定法规、政策、标准等方面提供支撑的技术。重点支持的行业仍然是化工、冶金和轻工行业，尤其应该关注传统产业的技术和设备革新或改造，应该把应用创新科技成果的技术和设备的革新放在首位；同时也应该兼顾工业以外的行业，如建筑业、农业、交通业等。

由于清洁生产涉及各个行业，每个行业面临的问题不尽相同，因而在技术上具有多样性和复杂性。目前国际上共同的发展趋势如下。

（1）重视产品生命周期的评估，实施绿色设计。

（2）重视有毒、有害原料的替代，尽量利用绿色化学品。

（3）重视减物质化技术的应用，尽量减少生产过程中的物耗。

（4）重视生产过程的原子经济性，尽量实现物料的全组分应用。

（5）重视节水节能，尽量提高能量效率以及水的循环利用率。

(6) 重视生产过程的安全性，尽量采用温和的反应条件。

三、化工清洁生产实例

（一）清洁生产过程——催化丙烯环氧化制环氧丙烷

环氧丙烷（PO）是用量仅次于聚丙烯的第二大丙烯衍生物，其结构中具有张力很大的含氧三元环，化学性质十分活泼。环氧丙烷是重要的基本化工原料和有机合成中间体，在化工、轻工、医药、食品和纺织等领域都有广泛的应用。2005 年以前，世界上大多数厂家均采用氯醇法，主要反应式为式（4-2）～式（4-4）。该法具有技术成熟、流程短、选择性和效率高及对丙烯原料纯度要求不高的优点，但需耗用大量氯气，设备腐蚀严重，生产中产生大量含氯化钙的废水，对环境污染严重。

传统工艺——氯醇法：

$$Cl_2 + H_2O \longrightarrow HCl + HClO \tag{4-2}$$

$$2CH_3-CH=CH_2 + 2HClO \longrightarrow CH_3-\underset{OH}{\underset{|}{CH}}-\underset{Cl}{\underset{|}{CH_2}} + CH_3-\underset{Cl}{\underset{|}{CH}}-\underset{OH}{\underset{|}{CH_2}} \tag{4-3}$$

$$CH_3-\underset{OH}{\underset{|}{CH}}-\underset{Cl}{\underset{|}{CH_2}} + CH_3-\underset{Cl}{\underset{|}{CH}}-\underset{OH}{\underset{|}{CH_2}} + Ca(OH)_2 \longrightarrow 2CH_3-\overset{O}{\overset{\frown}{CH}}-CH_2 + CaCl_2 + 2H_2O \tag{4-4}$$

针对氯醇法的不足，人们一直努力寻找一种制取环氧丙烷的绿色合成工艺。如采用双氧水（H_2O_2）作为氧化剂直接氧化丙烯合成环氧丙烷的 HPPO 技术，其具有高选择性及经济性、反应条件温和、工艺简单、环境友好且不受联产品制约等特点。如式（4-5），在环氧丙烷反应器中，丙烯和过氧化氢在钛硅沸石（TS-1）固定床催化剂催化下反应生成环氧丙烷和水。

$$CH_3-CH=CH_2 + H_2O_2 \xrightarrow{TS-1} CH_3-\overset{O}{\overset{\frown}{CH}}-CH_2 + H_2O \tag{4-5}$$

通过绿色工艺改进，大幅提高了原子经济性，减少了污染物的排放。丙烯直接环氧化制环氧丙烷工业试验连续平稳运行超过 4000h，期间环氧化反应的双氧水转化率达到 90%～96%，环氧丙烷选择性达到 90%～92%；经过精馏纯化，产品的各项性质指标均达到了优级品的要求，实现了环氧丙烷的清洁生产。

（二）避免有毒、有害原辅材料使用

1. 非光气法制备碳酸二甲酯

碳酸二甲酯是一种新兴的无毒或微毒化工产品，可替代光气、硫酸二甲酯、氯甲烷、氯甲酸甲酯、苯、甲苯、二甲苯、氟利昂、三氯乙烷、三氯乙烯、氯仿等剧毒或致癌物，用于有机合成或作为溶剂，被誉为"有机合成新基石"和"集清洁性及安全性于一身的绿色溶剂"。同时，碳酸二甲酯也是高效的汽/柴油添加剂和抗爆剂，更是新能源锂离子电池电解液中不可或缺的高效组分。

目前，国内从事碳酸二甲酯生产的企业有 10 余家，碳酸二甲酯的生产能力已超过 10 万吨/年。工业合成碳酸二甲酯的工艺有光气法、酯交换法和氧化羰化法。光气法虽能大规模生产碳酸二甲酯，但存在工艺复杂、原料剧毒、副产物盐酸腐蚀性强、环境污染严重等问题，生产成本较高，已被淘汰。酯交换法原料来源依赖石油，生产成本较高，不宜大规模发展。氧化羰基化法以天然气、煤或生物质为原料，是一种生产碳酸二甲酯的非石油路线，适合大规模生产碳酸二甲酯，是一条很有竞争力的技术路线。我国已完成液相甲醇氧化羰化合成碳酸二甲酯催化剂工业生产技术开发，对用非光气、非石油路线生产碳酸二甲酯提供了技术保证。

此外，尿素与甲醇间接制备碳酸二甲酯的路线以尿素和甲醇为原料，先使尿素与1,2-丙二醇反应制备碳酸丙烯酯和液氨，再用碳酸丙烯酯与甲醇反应制备碳酸二甲酯产品，副产的1,2-丙二醇可循环用于碳酸丙烯酯的合成。该方法具有原料价廉易得、反应条件温和、清洁环保和成本低等优点，是我国尿素和甲醇产能大户——煤化工行业多年来一直关注的转型升级选项之一。其工业实验结果表明，经过100h连续稳定运转，实现了尿素转化率100%，碳酸丙烯酯单程收率>90%，碳酸丙烯酯纯度≥99.95%，液氨纯度≥99.9%，标志着尿素与甲醇间接制备碳酸二甲酯具备了大规模推广应用的可行性。

2. 碳酸二甲酯替代光气合成二苯基甲烷二异氰酸酯研究

二苯基甲烷二异氰酸酯（MDI）是一种重要的有机异氰酸酯，主要用于生产聚氨酯（PU）、农药、塑料、人造皮革、催化剂、黏合剂以及除草剂，市场需求量很大。传统的MDI生产工艺是液相光气化法，然而该方法存在光气剧毒、副产物盐酸腐蚀设备、产品中含氯化合物不易分离、过程复杂、副反应多等弊端。由4,4′-二苯甲烷二胺与碳酸二甲酯经甲氧羰基化反应合成4,4′-二苯甲烷二氨基甲酸甲酯随后热分解制备MDI的路线被认为是一条颇具工业化潜力的非光气路线。

第三节　循环经济

一、循环经济的内涵

循环经济在我国有着深厚的文化基础与实践基础。我国广大劳动人民崇尚节俭、希望尽量做到物尽其用，就是发展循环经济的文化基础。发展循环经济在我国有一个内涵不断扩大、思路逐步清晰、重点不断调整的过程：如国家通过法律法规、政策激励等措施，鼓励企业开展资源节约与综合利用，将工业"三废""吃干榨尽"；从1994年开始倡导清洁生产，到今天的推进循环经济的发展。可以说，这些都是我国寻求社会经济可持续发展实现途径的具体实践。

（一）循环经济的含义

所谓循环经济，即在经济发展中，实现废物减量化、资源化和无害化，使经济系统和自然生态系统的物质和谐循环，维护自然生态平衡，是以资源的高效利用和循环利用为核心，以"减量化、再利用、资源化"为原则，符合可持续发展理念的经济增长模式，是属于资源节约型和环境友好型的经济形态。它按照自然生态系统物质循环和能量流动规律重构经济系统，使经济系统和谐地纳入到自然生态系统的物质循环的过程中，建立起一种新形态的经济。循环经济是在可持续发展的思想指导下，按照清洁生产的方式，对能源及其废物实行综合利用的生产活动过程。它要求把经济活动组成一个"资源-产品-再生资源"的反馈式流程；其特征是低开采，高利用，低排放，通过最大限度地利用进入系统的物质和能量提高资源利用率，最大限度地减少污染物的排放，提升经济运行的质量和效益。

资源利用的减量化与废旧物资的回收利用，一直就是我国资源节约的主要手段，也是循环经济的重要组成部分。

　　减少污染物排放是循环经济的另一个题中之义。工业污染防治的最初措施就是"末端治理"。这就是一种只投入不产生经济效益的措施，即使在发达国家也已改变了这种费而不惠的技术路线。清洁生产强调生产的全过程控制，从源头削减污染物的产生与排放。实际上，这也就是企业循环经济的主要内容。如果说清洁生产主要在企业内部施行的话，循环经济则可以在更大的空间范围内配置资源：通过延长产业链以及能源的梯级利用，将上游的废物变成下游的原料，变废为宝，化害为利。比如，火电厂的粉煤灰就是固体废物，但可以用来生产多种建材，变成具有市场价值的商品，从而实现经济效益与环境效益的有机统一。生态工业园就是这种模式的代表，它通过两个或两个以上的生产体系或环节之间的系统耦合，使物质和能量得到多级利用，形成高效率的产出和持续利用，比如零排放式生态工业园。

　　从以上内容可以归纳出清洁生产强调的优先顺序：首先，应避免废物或污染的产生，废物产生后应在生产内部循环回用；其次，在不同生产系统间寻求综合利用；最后是废物的末端处理处置。

（二）循环经济的"3R"原则

　　（1）减量化原则。减量化（reduce）原则针对的是"输入端"，用较少的原料和能源，特别是无害于环境的资源投入来达到既定的生产目标和消费目标。这一原则追求的是资源生产率（相对于劳动生产率而言），即我们不仅要提高劳动生产率，而且要提高资源生产率，包括水资源生产率、土地生产率、能源生产率等。

　　（2）再利用原则。再利用（reuse）原则针对的是"中间过程"，延长产品和服务的时间长度，要求产品和包装容器能够以初始的形式被反复利用，要求制造商尽量延长产品的寿命。这一原则追求的是资源的重复利用率。重复利用率高，既提高了资源生产率，又降低了单位成本或产品的污染排放率。

　　（3）再循环原则。再循环（recycle）原则针对的是"输出端"，要求使用后报废的产品可通过加工处理变为再生资源，如再生原材料或能源，重新进入生产领域。这一原则追求的废物回用率。废物回用率高，既可以减轻资源压力，又可以减轻环境压力。

二、化工循环经济中的物料平衡

　　传统经济往往会因为资源的短缺而危及物质基础，使经济活动难以为继。而循环经济则不同，循环经济系统不断从外界输入能量补充内部消耗，经过能量的转化，其中一部分能量在系统内部被吸收，还有的能量和物质被损耗，另外一些能量和物质则被反馈到输入过程，与外界的物质和能量相结合，形成一个物质和能量不断转化的循环回路。因此，循环经济的内部物质和能量的转化可以持续不断地进行。实施循环经济战略从本质上要求恢复和重建"自然-经济-社会"的合理规则和运行路线，它以绿色技术为支撑，在企业内部、企业之间和企业与环境之间通过建立稳定、健康的物质流、能量流和信息流，实现了经济效益、生态效益和社会效益的"三赢"。循环经济的运行方式通过完整的物流分析，不仅延长了线性经济，而且实现了闭合循环，在资源利用、绿色工业、资源再生各个环节实施了"减量化""再利用"和"资源化"原则，真正体现了可持续发展的经济含义。循环经济本质是一种"仿生态"经济，表现出生态系统"高效、和谐、循环、再生"的基础并获取了整体效益的最大化，从而使得系统的物质流、能量流达到了合理运行、衔接流畅和功能互补的目标，构成了一个等级有序的、具有自组织功效的、有较强抗干扰能力的和取得物质、能量损耗最小而系统内部达到整体优化的运行模式。

第四节　可持续发展

一、可持续发展概念的形成与意义

（一）可持续发展概念的形成

人们之所以对自己的发展产生疑虑，主要是因为传统的发展模式给我们人类造成了各种困境和危机，它们已开始危及人类的生存。

（1）资源危机。工业文明依赖的主要是不可再生资源（如金属矿、煤、石油、天然气等）。据估计，地球上（已探明的）矿物资源储量，长则还可使用一二百年，少则几十年。水资源匮乏也已十分严重。地球上 97.5%的水是咸水，只有 2.5%的水是可直接利用的淡水。而且这些水的分布极不均匀。发展中国家大多是缺水国家。我国 70%以上城市日缺水 1000 多万吨，约有三亿亩耕地遭受干旱威胁。由于常年使用地下水，造成地下水位每年下降 2m。

（2）土地沙化日益严重。"沙"字结构即"少水"之意。水是生命存在的条件。人体 70%由水构成。沙漠即意味着死亡。现在，由于森林被大量砍伐，草场遭到严重破坏，世界沙漠和沙漠化面积占陆地面积近三成。

（3）环境污染日益严重。环境污染包括大气污染、水污染、噪声污染、固体污染、农药污染、核污染等。由于工业化大量燃烧煤、石油，再加上森林大量减少，CO_2 大量增加，因而造成了温室效应。其后果就是气候反常，影响工农业生产和人类生活。由世界气象组织牵头，英国气象局制作的《全球一年期至十年期气候最新通报》指出，预计 2022～2026 年，全球年平均气温将比工业化前高 1.1～1.7℃。

（4）物种灭绝和森林面积大量减少。由于大量采伐和燃烧森林，全球的热带雨林正以惊人的速度不断减少。根据世界环境保护机构的统计，每年有大约 $1.1×10^5 km^2$ 的雨林遭到毁灭。如果这种趋势不能制止，用不了多少年就将消失殆尽。由于丛林持续减少，近 30 年间，世界上的物种减少了 5%～15%。平均下来也就是每天减少 5～150 个物种。

当代发生的各种危机，都是人类自己造成的。传统的西方工业文明的发展道路，是一种以摧毁人类的基本生存条件为代价获得经济增长的道路。人类已走到十字路口，面临着生存还是死亡的选择。正是在这种背景下，人类选择了可持续发展（sustainable development）的道路。

1980 年 3 月，联合国大会首次使用了"可持续发展"概念。1987 年，世界环境与发展委员会发布了题为《我们共同的未来》的报告。报告提出了可持续发展的战略，标志着一种新发展观的诞生。报告把可持续发展定义为"可持续发展是在满足当代人需要的同时，不损害人类后代满足其自身需要的能力"。它明确提出了可持续发展战略的根本目的在于确保人类的持续存在和持续发展。1992 年 6 月，在巴西的里约热内卢召开了联合国环境与发展大会，183 个国家和 70 多个国际组织的代表出席了大会，其中有 102 位国家元首或政府首脑。大会通过了《21 世纪议程》，阐述了可持续发展在 40 个领域中的问题，提出了 120 个实施项目。这是可持续发展理论走向实践的一个转折点。1993 年，中国政府为落实联合国大会决议，制定了《中国 21 世纪议程》，指出"走可持续发展之路，是中国在未来和下世纪发展的自身需要和必然选择"。1996 年 3 月，第八届全国人大四次会议通过的《中华人民共和国国民经济和社会发展"九五"计划和 2010 年远景目标纲要》，明确把"实施可持续发展，推进社会主义事业全面发展"作为我们的战略目标。

可持续发展战略的目的，是要使社会具有可持续发展能力，使人类在地球上世世代代能够生活下去。人与环境的和谐共存，是可持续发展的基本模式。自然系统是一个生命支持系统，如果它失去稳定，一切生物（包括人类）都不能生存。自然资源的可持续利用，是实现可持续发展的基本条件。因此，对资源的节约成为可持续发展的一个基本要求。它要求在生产和经济活动中对不可再生资源的开发和使用要有节制，对可再生资源的开发速度也应保持在它的再生速率限度以内，应通过提高资源的利用效率来满足经济增长的需求。

（二）可持续发展的含义

可持续发展是指既满足当代人需要，又不对后代人满足需要的能力构成威胁的发展。它们是一个密不可分的系统，既要达到发展经济的目的，又要保护好人类赖以生存的大气、淡水、海洋、土地和森林等自然资源和环境，使子孙后代能够永续发展和安居乐业。可持续发展与环境保护既有联系，又不等同。可持续发展的核心是发展，但要求在严格控制人口、提高人口素质和保护环境、资源永续利用的前提下进行经济和社会的发展。发展是可持续发展的前提；人是可持续发展的中心体；可持续长久的发展才是真正的发展。

根据中国的具体国情，中国对可持续发展的认识和理解，主要强调以下几方面：

（1）可持续发展的核心是发展。从历史的经验和教训出发，中国把发展经济放在了首位。无论是社会生产力的提高、综合国力的增强，还是对资源的有效利用、对环境和生态的保护，都依赖经济发展和物质基础。

（2）环境保护作为一项战略任务和基本国策。可持续发展的重要标志是资源的永续利用和良好的生态环境，因此，中国把环境保护作为一项战略任务和基本国策。

（3）可持续发展是一种新的发展模式。可持续发展要求既要考虑当前发展的需要，又要考虑未来发展的需要，不能以牺牲后代人的利益为代价。中国现阶段实施可持续发展战略是寻求依靠科技进步，变资源消耗型发展模式为技术导向型发展模式，使经济和社会逐步走上高质量发展的道路。

（4）可持续发展可从整体上转变人们的观念和行为规范。实施可持续发展战略必须转变思想观念和行为规范，要正确认识和对待人与自然的关系，用可持续发展的新思想、新观点、新知识，改变人们传统的、不可持续的生产方式、消费方式、思维方式，从整体上转变人们的观念和行为规范。

（三）可持续发展的意义

（1）实施可持续发展战略，有利于促进生态效益、经济效益和社会效益的统一。

（2）有利于促进经济增长方式由粗放型向集约型转变，使经济发展与人口、资源、环境相协调。

（3）有利于国民经济持续、稳定、健康发展，提高人民的生活水平。

（4）从注重眼前利益、局部利益的发展转向注重长期利益、整体利益的发展，从物质资源推动型的发展转向非物质资源或信息资源（科技与知识）推动型的发展。

（5）我国人口多、自然资源短缺、经济基础和科技水平落后，只有控制人口、节约资源、保护环境，才能实现社会和经济的良性循环，使各方面的发展能够持续有后劲。

二、化工清洁生产与可持续发展

清洁生产是人类总结工业发展历史经验教训的产物，20多年来全球的研究和实践充分证明了清洁生产是有效利用资源、减少工业污染、保护环境的根本措施。它作为预防性的环境管理策略，已被世界各国公认为是实现可持续发展的技术手段和工具，是可持续发展的一项基本途径，是可持续发展战略引导下的一场新的工业革命，是 21 世纪工业生产发展的主要方向，是现代工业发展的基本模式和现代工业文明的重要标志。联合国环境规划署将清洁生产从四个层次上形象地概括为技术改造的推动者、改善企业管理的催化剂、工业运行模式的革新者、连接工业化和可持续发展的桥梁。

《中国 21 世纪议程》明确指出，推行清洁生产是中国实施可持续发展战略优先考虑的重点领域之一。

中国政府已认识到这种预防性战略必须贯穿于重大经济和技术政策、社会发展规划以及重大经济开发计划的制定过程中。通过实施清洁生产，可以把工业污染尽可能消灭在生产过程中，使工业生产废物量最小化，变被动治理污染为积极预防污染。同时，开展清洁生产工作有助于企业节能降耗，减少生产成本，提高经济效益。中国工业的特点决定了中国必须大力推行清洁生产，摒弃高消耗、高投入的粗放型发展模式，走技术进步、高效益、节约资源的集约化发展模式。因此，从科学观点看，化工行业通过推行清洁生产使化学学科基础内容得到更新，能从本质上提高资源的利用率、生产过程中的安全性；从环境观点看，它从源头上减少污染；从经济观点看，它能合理利用资源和能源、降低生产成本，符合经济可持续发展的要求；此外还能督促企业进行科学管理改革，强化安全和环保生产监控，从而保障化工行业可以健康、可持续地发展下去。

第五章 环境质量评价

环境质量是因人对环境的具体要求而形成的评价环境的一种概念，包括综合环境质量和各要素的环境质量，如大气环境质量、水环境质量、土壤环境质量等。环境质量评价是确定环境质量的手段、方法，环境质量则是环境质量评价的结果。环境质量评价是强化环境管理的有效手段，帮助人们正确认识社会经济发展和环境发展之间的关系。

第一节　环境质量评价概述

一、环境质量评价的基本概念

环境质量是环境优劣的程度，指一个具体的环境中，环境总体或某些要素对人群健康、生存和繁衍以及社会经济发展适宜程度的量化表达。各种环境要素的优劣是根据人类要求进行评价的，所以环境质量又同环境质量评价联系在一起，即确定具体的环境质量时要进行环境质量评价，用评价的结果表征环境质量。环境质量评价是按照一定的评价方法定量评估某一区域范围的环境质量的优劣，评述人类活动对人体健康和生态环境的影响程度，预测环境质量的发展趋势。环境质量评价包括环境的整体质量（或综合质量）评价如城市环境质量评价，以及各环境要素的质量评价，如大气环境质量评价、水环境质量评价、土壤环境质量评价、生态环境质量评价。

为了保护人体健康和生物的生存环境，要对污染物（或有害因素）的含量做出限制性规定，或者根据不同的用途和适宜性，要将环境质量分为不同的等级，并规定其污染物含量限值或某些环境参数的要求值，这就构成了环境质量标准。如空气质量，其定量指标为 SO_2、NO_2、CO、CO_2、O_3 和总悬浮颗粒物等污染物的浓度，其定性指标为优、良、轻度污染、中度污染。这些标准成为衡量环境质量的尺度。

我国自 20 世纪 70 年代中期开始探索建立环境质量评价制度，至 2002 年 10 月 28 日颁布《中华人民共和国环境影响评价法》，环境质量评价工作真正走上了法制化之路，环境质量评价的内涵、技术方法和程序也在发展中得到完善。环境质量评价不仅仅是解决环境污染的技术方法、强化环境管理的有效手段，更是正确认识经济社会发展与环境发展之间相互关系的科学方法，其重要性表现为：①保证建设项目选址和布局的合理性；②指导环保设计和强化环境管理；③为区域社会经济发展提供导向；④促进环境科学技术的发展。为了防止在社会经济发展中造成重大环境损失和生态破坏，对政策、规划及在建项目进行环境质量评价是十分重要的。当前节能环保、清洁生产已成为我国化工产业的发展方向，环境质量评价工作及其制度是推动化工产业高质量和谐发展的重要手段和法律保障。

二、环境质量评价的任务和目的

环境质量评价是人们认识和研究环境的一种科学方法，其任务是在大量测量数据和调查分析资料的基础上，按照一定的评价标准和方法来说明、确定和预测一定区域范围内，人类活动对人体健康、环境和生态系统的影响程度。

环境质量评价的基本目的是保证建设或规划项目选址和布局合理，从而为区域社会经济发展的方向、规模、结构等提供科学决策，也为环境管理和环境规划提供依据；通过环境质量评价可以比较各地区受污染的程度，达到保护、控制、利用和改善环境质量，使之与人类的生存和发展相适应。

三、环境质量评价的分类

因受环境的时空差异、人类活动多样性等影响，为方便起见，环境质量评价通常从时间域、空间域、环境要素、评价内容等不同角度进行分类。例如，从时间域上可分为环境质量回顾评价、环境质量现状评价和环境质量影响评价，其中现状评价和影响评价是目前进行最多的两项环境质量评价；从空间域上可分为单项工程环境质量评价、城市环境质量评价、区域（流域）环境质量评价等；从环境要素上可分为大气环境质量评价、水环境质量评价、土壤环境质量评价、噪声环境质量评价等；从评价内容上可分为健康环境质量评价、经济影响评价、生态影响评价、美学景观评价等。

四、环境质量标准体系

进行环境质量评价和编制环境质量报告书的依据是相关环境标准。环境标准分为国家环境标准和地方环境标准两大类。我国的环境标准体系见图 5-1。

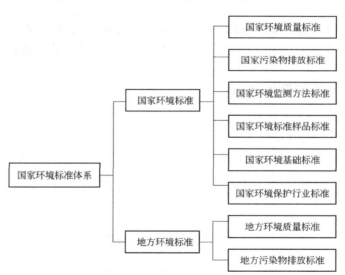

图 5-1　我国环境标准体系

我国与化工行业相关的环境质量标准有：《环境空气质量标准》（GB 3095—2012）、《地表水环境质量标准》（GB 3838—2002）、《地下水质量标准》（GB/T 14848—2017）、《海水水质标准》（GB 3097—1997）等。与化工行业相关的污染物排放标准有：《污水综合排放标准》（GB 8978—1996）、《无机化学工业污染物排放标准》（GB 31573—2015）、《石油化学工业污染物排放标准》（GB 31571—2015）、《合成氨工业水污染物排放标准》（GB 13458—2013）、《磷肥工业水污染物排放标准》（GB 15580—2011）、《硫酸工业污染物排放标准》（GB 26132—2010）、《硝酸工业污染物排放标准》（GB 26131—2010）、《炼焦化学工业污染物排放标准》（GB 16171—2012）、《合成树脂工业污染物排放标准》（GB 31572—2015）等。地方环境标准如《水泥工业大气污染物排放标准》（DB34/ 3576—2020）等。

需要指出的是，国家污染物排放标准又分为跨行业的综合性排放标准，如《污水综合排放标准》（GB 8978—1996）、《大气污染物综合排放标准》（GB 16297—1996）、《锅炉大气污染物排放标准》（GB 13271—2014）；行业性排放标准，如《合成氨工业水污染物排放标准》（GB 13458—2013）、《制浆造纸工业水污染物排放标准》（GB 3544—2008）等。综合性排放标准与行业性排放标准不交叉执行，有行业性排放标准的执行行业排放标准，没有行业排放标准的执行综合性排放标准。另在标准执行中，地方环境标准先于国家环境标准执行。

第二节　大气、地表水环境质量评价

一、大气环境质量评价

（一）大气污染物

大气污染源排放的污染物可分为颗粒态污染物和气态污染物。我国《环境空气质量标准》（GB 3095—2012）中规定的大气基本污染物有：二氧化硫（SO_2）、二氧化氮（NO_2）、可吸入颗粒物（PM_{10}）、细颗粒物（$PM_{2.5}$）、一氧化碳（CO）、臭氧（O_3）。这六个基本污染物之外的为其他污染物。大气污染物还可分为一次污染物和二次污染物，一次污染物指直接从排放源进入大气，并在大气中保持其原有化学性质不变的污染物；二次污染物是指一次污染物之间或是一次污染物与大气中非污染物之间，发生化学反应生成的新的污染物，如光化学烟雾、臭氧等。

（二）评价等级和评价范围

1. 评价因子

评价因子是指在进行环境质量评价时所认定的对环境有较大影响的污染物，其主要为规划或建设项目排放的基本污染物和其他污染物。在环境质量评价中，首先按标准要求识别大气环境影响因素，进而筛选出大气环境影响评价因子。大气环境影响评价因子主要为项目排放的基本污染物及其他污染物。在《环境影响评价技术导则　大气环境》（HJ 2.2—2018）中还规定二次污染物评价因子筛选原则，见表 5-1。

表 5-1　二次污染物评价因子筛选

类别	污染物排放量/(t/a)	二次污染物评价因子
建设项目	$SO_2 + NO_x \geqslant 500$	$PM_{2.5}$
规划项目	$SO_2 + NO_x \geqslant 500$	$PM_{2.5}$
	$NO_x + VOCs \geqslant 2000$	O_3

2. 评价标准

在环境质量评价时，应确定各评价因子所适用的环境质量标准及相应的污染物排放标准。我国执行的环境标准为 GB 3095，如已有地方环境标准，应选用地方标准中的浓度极限；如污染物未列入 GB 3095 和地方环境标准，则可参考《环境影响评价技术导则　大气环境》

（HJ 2.2—2018）中附录 D 的浓度极限，甚至可参考国外标准，但应做出说明，经生态环境主管部门同意后执行。

3. 评价等级和评价范围

评价等级的划分是为了区别对待不同的评价对象，在保证评价工作质量的前提下，尽可能节约时间和经费。评价等级是由等标排放量和地形条件来进行划分的。等标排放量的计算式如下：

$$P_i = \frac{C_i}{C_{0i}} \times 100\% \tag{5-1}$$

式中　P_i——第 i 个污染物的最大地面空气质量浓度占标率，%；

　　　C_i——第 i 个污染物的最大 1h 地面空气质量浓度，$\mu g/m^3$；

　　　C_{0i}——第 i 个污染物的环境空气质量浓度标准，$\mu g/m^3$。

等标排放量 P_i 的计算中，C_i 是采用标准推荐的模型进行计算求值，C_{0i} 一般选用 GB 3095 中 1h 平均质量浓度的二级浓度极限。如污染物数 $i>1$，则取 P 值中最大者 P_{max}。依据 P_{max} 的大小，评价等级则按照表 5-2 来进行划分。对于化工行业，因极大可能存在多个污染源或因主要使用高污染燃料，项目评价等级须提高一级。

表 5-2　大气环境影响评价等级判别表

评价工作等级	评价工作分级判据
一级评价	$P_{max} \geq 10\%$
二级评价	$1\% \leq P_{max} < 10\%$
三级评价	$P_{max} < 1\%$

评价范围一般根据项目对大气环境影响的范围确定，并与评价等级相对应，通常以项目的主要污染源作为评价的中心。一级评价项目根据建设项目排放污染物的最远影响距离（$D_{10\%}$）确定大气环境影响评价范围，二级评价项目大气环境影响评价范围边长取 5km，三级评价项目不需设置大气环境影响评价范围。对于某些等标排放量较大的一、二级项目，评价范围应适当扩大。评价范围还应考虑评价区内与评价区边界外有关区域的地形、地理特征及环境保护敏感区。

（三）数据来源与补充监测

基本污染物环境质量的现状数据，即 C_i 计算所用的现状数据，采用评价范围内国家或地方生态环境监测网中的数据，或是生态环境主管部门公开发布的环境空气质量现状数据；如要判定项目所在区域空气质量是否达标，则优先采用国家或地方生态环境主管部门公开发布的评价基准年环境质量公告或环境质量报告中的数据。当没有相关监测数据或数据不能满足评价要求时，就需要按规定进行补充监测。补充监测的时段、频率、布点、采样及方法均参照相关的标准和监测规范中的要求进行，有时还需要同步监测气象条件。

（四）评价内容与方法

环境空气质量评价一般包括：项目所在区域达标判断；各污染物的环境质量现状判断；环境保护目标及网格点环境质量现状浓度。对于城市环境空气质量，六项基本污染物指标全部达标，即为城市环境空气质量达标；若项目处于多个行政区域，则需分别评价各行政区的空气质量，只要存在不达标行政区，该项目所在评价区域就是不达标区。当进行污染物的环境质量现状评价时，需将长期监测数据按照《环境空气质量评价技术规范（试行）》（HJ 663—2013）中规定的统计方法，对各污染物的年平均指标做环境质量现状评价。

二、地表水环境质量评价

（一）基本概念

地表水是指存在于陆地表面的各种水域，如河流、湖泊、水库等。影响地表水环境质量的污染物按性质可分为：持久性污染物、非持久性污染物、酸碱污染物和废热四类。其中持久性污染物指在地表水中不能或很难由于物理、化学或生物的作用而分解、沉淀或挥发的污染物，非持久性污染物是指在地表水中会因生物的作用而逐渐减少的污染物。地表水环境质量现状评价是按照水环境质量标准，如《地表水环境质量标准》（GB 3838—2002），主要采用单项水质参数评价法，对水域污染变化实施的评价。

（二）评价方法——水质指数法

水质指数法是水质评价的主要方法之一，是将每个污染因子单独进行评价，采用标准指数法能够客观地反映水体的污染程度，清晰地判断出主要污染因子、水体的主要污染区域等，完整提供监测水域的时空污染变化。

1. 一般性水质因子指数

一般性水质因子指随水质浓度增加而水质变差的水质因子。其指数计算式为：

$$S_{i,j} = C_{i,j}/C_{si} \tag{5-2}$$

式中 $S_{i,j}$——评价因子 i 的水质指数，大于 1 表明该水质因子超标；

$C_{i,j}$——评价因子 i 在 j 点的实测统计代表值，mg/L；

C_{si}——评价因子 i 的水质评价标准限值，mg/L。

2. 溶解氧指数

溶解氧（DO）的标准指数计算式为：

$$S_{DO,j} = DO_s/DO_f \qquad DO_j \leqslant DO_f \tag{5-3}$$

$$S_{DO,j} = \frac{|DO_f - DO_j|}{DO_f - DO_s} \qquad DO_j > DO_f \tag{5-4}$$

式中 $S_{DO,j}$——溶解氧的标准指数，大于 1 表明该水质因子超标；

DO_j——溶解氧在 j 点的实测统计代表值，mg/L；

DO_s——溶解氧的水质评价标准限值，mg/L；

DO_f——饱和溶解氧浓度，mg/L。

3. pH 指数

pH 值的指数计算式为：

$$S_{pH,j} = \frac{7.0 - pH_j}{7.0 - pH_{sd}} \qquad pH_j \leqslant 7.0 \tag{5-5}$$

$$S_{pH,j} = \frac{pH_j - 7.0}{pH_{su} - 7.0} \qquad pH_j > 7.0 \tag{5-6}$$

式中 $S_{pH,j}$——pH 值的指数，大于 1 表明该水质因子超标；

pH_j——pH 值实测统计代表值；

pH_{sd}——评价标准中 pH 值的下限值；

pH_{su}——评价标准中 pH 值的上限值。

第三节　环境影响评价

　　环境影响评价是指对规划项目或建设项目实施后，可能造成的环境影响进行分析、预测和评估，提出预防或减轻不良环境影响的对策和措施，并进行跟踪监测的方法和制度。环境影响是指人类活动对环境的作用和导致的环境变化，以及由此引起的对人类社会和经济的效应。环境影响评价是一种评价方法、评价技术，而进行评价的法律依据就是环境影响评价制度。《中华人民共和国环境影响评价法》将环境影响评价的范畴从建设项目扩展到规划项目这样的战略层面，力求从决策的源头防止环境污染和生态破坏，表明对有关社会经济发展政策和规划进行环境影响评价的重要性。

一、环境影响评价分类

　　根据《中华人民共和国环境影响评价法》，按评价对象可将环境影响评价分为规划环境影响评价和建设项目环境影响评价。规划环境影响评价是论证规划方案的生态环境合理性和环境效益，提出规划优化调整建议；明确不良生态环境影响的减缓措施，提出生态环境保护建议和管控要求。规划环境影响评价针对的是国家有关部门组织编制的土地利用，区域、流域、海域的建设、开发利用等规划，以及工业、农业、畜牧业、林业、能源、水利、交通、城市建设、旅游、自然资源开发的有关专项规划。建设项目环境影响评价是针对建设项目的建设概况、环境质量现状、污染物排放情况、主要环境影响、公众意见采纳情况、环境保护措施、环境影响经济损益分析、环境管理与监测计划等方面进行的环境影响评价。该评价能够明确给出建设项目的环境影响可行性结论或提出环境影响不可行的结论。

二、建设项目环境影响评价的工作程序

　　按照《建设项目环境影响评价技术导则　总纲》（HJ 2.1—2016），建设项目环境影响评价工作一般分为三个阶段，即调查分析和工作方案制定阶段，分析论证和预测评价阶段，环境影响报告书（表）编制阶段。

三、建设项目环境影响报告书的内容与编制要求

　　环境影响报告书内容一般包括概述、总则、建设项目工程分析、环境现状调查与评价、环境影响预测与评价、环境保护措施及其可行性论证、环境影响经济损益分析、环境管理与监测计划、环境影响评价结论和附录附件等内容。概述可简要说明建设项目的特点、环境影响评价的工作过程、分析判定相关情况、关注的主要环境问题及环境影响、环境影响评价的主要结论等。总则应包括编制依据、评价因子与评价标准、评价工作等级和评价范围、相关规划及环境功能区划、主要环境保护目标等。附录和附件应包括项目依据文件、相关技术资料、引用文献等。

　　环境影响报告书应概括地反映环境影响评价的全部工作成果，且应突出重点。工程分析应体现工程特点，环境现状调查应反映环境特征，主要环境问题应阐述清楚，影响预测方法应科学，预测结果应可信，环境保护措施应可行、有效，评价结论应明确。报告书的文字应简洁准

确，文本规范，计量单位标准，数据真实可信，资料翔实，图表信息能够满足环境质量现状评价和环境影响预测评价的要求。

第四节　化工建设项目环境影响评价案例（节选）

一、总则

（一）项目由来

×× 氮肥化工有限公司，现有主要生产装置为 10 万 t/a 合成氨、5 万 t/a 甲醇和 4 万 t/a 双氧水，现拟将双氧水生产能力提至 15 万 t/a。该扩建项目的实施对进一步完善和提高清洁生产水平，降低成本，提高经济效益，推动企业可持续发展有着积极的现实意义。

根据国务院第 682 号令《国务院关于修改〈建设项目环境保护管理条例〉的决定》及国家有关建设项目环境管理规定，公司于 ××××年×月委托 ×× 单位编制环境影响评价报告书。本评价在收集与项目相关技术资料、类比调研及现状监测及影响预测的基础上，依照国家环保相关政策与技术规范，编制《×× 氮肥化工有限公司 15 万 t/a 双氧水扩建项目环境影响报告书》。

在环评报告书编制过程中，×× 单位主要承担现场勘测、资料收集、现场监测方案、公众参与公示材料的起草、环境影响报告书编制工作；×× 市环境监测站主要承担环境现状监测及周围环境现状调查工作；×× 氮肥化工有限公司主要提供工程技术资料，协助进行公众参与公示材料的公示与社会调查工作。

（二）评价目的和指导思想

1. 评价目的

（1）通过对区域环境、社会环境和环境质量现状调查与监测，确认区域环境现有敏感点，确定环境影响评价主要保护目标和评价重点。

（2）根据环境特征和项目排放污染物特征，确定排放污染源，计算污染物排放量及达标情况，评价装置投入运行后的排放污染物对区域环境质量的影响。

（3）根据国家对清洁生产、达标排放、节约能源和资源等方面的要求，论述项目生产工艺技术与设备的先进性；通过对稳定达标排放措施的技术经济合理性、可靠性进行分析，提出进一步减缓污染的对策建议。

2. 评价指导思想

（1）通过对项目生产工艺的工程分析，依照清洁生产要求，实施全过程污染控制，最大限度地实现资源综合利用并有效削减污染物产生量和排放量。

（2）贯彻"达标排放""清洁生产"和"总量控制"原则，使排放污染物达到相应的排放标准要求。

（3）本评价要做到真实、客观、公正、结论明确。

（三）评价依据

（1）任务依据：×× 氮肥化工有限公司环境影响评价委托书。

（2）法律、法规依据如下。

① 《中华人民共和国环境保护法》。

② 《中华人民共和国环境影响评价法》。

（略）

其他国家行政机关及地方政府发布的法规条例（略）。

（3）技术依据如下。

① 《建设项目环境影响评价技术导则 总纲》HJ 2.1—2016。

② 《环境影响评价技术导则 大气环境》HJ 2.2—2018。

其他地方技术法规（略）。

（4）相关技术资料：

① ××市环境监测站环境现状监测资料。

② 《××氮肥化工有限公司15万t/a双氧水扩建项目可行性研究报告》，××××年×月。

（四）评价等级与评价范围

1. 评价等级

（1）大气环境评价等级确定。

① P_{max} 及 $D_{10\%}$ 的确定。根据 HJ 2.2—2018 中最大地面浓度占标率 P_i 的定义及第 i 个污染物的地面浓度达标准限值10%时所对应的最远距离 $D_{10\%}$，根据推荐模式分别计算各污染物的下风向轴线浓度，并计算相应浓度占标率。同一项目有多个（两个以上，含两个）污染源排放同一种污染物时，则按各污染源分别确定其评价等级，并取评价级别最高者作为项目的评价等级。

② 评价等级判别。按照表5-2。

③ 评价等级判定结果。根据表5-3，本项目污染物最大地面浓度占标率 P_{max} 为5.16%，小于10%，$D_{10\%}$ 最远为0m，确定本项目大气环境影响评价为二级，大气环境影响评价范围边长取5km。

表5-3 各污染源及污染物的 P 值

主要污染源及污染物		P_{max}	$D_{10\%}$/m	评价级别
排气筒（DA001）	二甲苯	1.55%<10%	0	二级
	非甲烷总烃	0.26%<1%	0	三级
无组织	二甲苯	4.46%<10%	0	二级
	非甲烷总烃	5.16%<10%	0	二级

（2）地表水环境评价等级确定。根据《环境影响评价技术导则 地表水环境》(HJ 2.3—2018)中的表1确定本项目地表水环境评价等级为三级B。

（3）环境风险评价。根据建设项目所用危险化学品的数量、性质以及储存形式，依据《建设项目环境风险评价技术导则》(HJ 169—2018)确定建设项目环境风险评价为二级。

2. 评价范围

（1）大气环境评价范围。以双氧水生产装置为中心，主导风向为主轴，边长 5km×5km区域。

（2）水环境影响评价范围。以公司总排水入××河处上游500m至下游5000m断面，全长约5500m，地表水环境评价范围5.5km。

（五）评价因子

本项目环境影响评价因子见表 5-4。

表 5-4　评价因子一览表

环境要素	评价类型	主要评价因子
水环境	废水污染源	pH、化学需氧量（COD）、氨氮（NH$_3$-N）、磷酸盐（以 P 计）
	环境现状评价	pH、COD、NH$_3$-N、总磷（TOP，以 P 计）
	环境预测评价	COD
大气环境	环境现状评价	SO$_2$、NO$_2$、PM$_{10}$、PM$_{2.5}$、CO、O$_3$、二甲苯、非甲烷总烃
	环境影响预测	二甲苯、非甲烷总烃

（六）评价标准

1. 环境质量评价标准

（1）大气环境质量评价标准。大气环境质量执行《环境空气质量标准》（GB 3095—2012）二级标准及修改清单相关内容；标准中未列入的污染物指标执行《环境影响评价技术导则　大气环境》（HJ 2.2—2018）附录 D 中空气质量浓度参考限值；非甲烷总烃参照执行《大气污染物综合排放标准编制详解》中限值，详见表 5-5。

表 5-5　环境空气质量评价标准

污染物名称	取值时间	二级标准浓度限值		标准来源
		/(mg/m^3)	/(μg/m^3)	
SO$_2$	1h 平均	—	500	《环境空气质量标准》（GB 3095—2012）二级标准及修改清单
	24h 平均	—	150	
	年平均	—	60	
NO$_2$	1h 平均	—	200	
	24h 平均	—	80	
	年平均	—	40	
PM$_{10}$	24h 平均	—	150	
	年平均	—	70	
PM$_{2.5}$	24h 平均	—	75	
	年平均	—	35	
CO	1h 平均	10	—	
	24h 平均	4	—	
O$_3$	1h 平均	—	200	
	日最大 8h 平均	—	160	
二甲苯	1h	—	200	《环境影响评价技术导则　大气环境》（HJ 2.2—2018）附录 D 中空气质量浓度参考限值
甲醇	1h	—	3000	
非甲烷总烃	1h	2.0	—	《大气污染物综合排放标准编制详解》中限值

（2）地表水环境质量评价标准。评价水体执行《地表水环境质量标准》（GB 3838—2002）中Ⅳ类标准，详见表5-6。

表5-6　地表水环境质量评价标准

序号	项目	Ⅳ类标准值
1	pH	6～9
2	化学需氧量(COD)/(mg/L)	≤30
3	总磷(TOP，以P计)/(mg/L)	≤0.3
4	氨氮(NH₃-N)/(mg/L)	≤1.5
5	石油类/(mg/L)	≤0.5
6	硫化物/(mg/L)	≤0.5
7	氰化物/(mg/L)	≤0.2
8	挥发酚/(mg/L)	≤0.01

2. 污染物排放标准

（1）大气污染物排放。有组织废气污染物排放执行《大气污染物综合排放标准》（GB 16297—1996）二级标准。无组织废气排放污染物执行《大气污染物综合排放标准》（GB 16297—1996）中表2的监控浓度值，污染物项目为二甲苯和颗粒物。

（2）废水污染物排放标准。全厂总排废水执行《合成氨工业水污染物排放标准》（GB 13458—2013）表2中标准限值，标准中未列出污染物参照《污水综合排放标准》（GB 8978—1996）表4的二级相关标准限值，详见表5-7和表5-8。

表5-7　合成氨工业水污染物排放标准　　　　单位：mg/L（pH除外）

序号	污染物项目	排放限值
1	pH	6～9
2	氨氮（NH₃-N）	50
3	化学需氧量（COD）	200
4	悬浮物（SS）	100
5	硫化物	0.5
6	氰化物	0.2
7	挥发酚	0.1
8	石油类	3

表5-8　污水综合排放标准（二级）　　　　单位：mg/L

序号	污染物项目	排放限值
1	磷酸盐（以P计）	1.0
2	二甲苯	0.6

（七）环境保护目标及污染物控制目标

1. 环境保护目标

根据现状调查，评价区范围内的主要环境敏感点为居民住宅区，无历史名胜古迹和著名风景区等特殊敏感点，环境保护目标为评价区域内的居民点，见表5-9。

表 5-9　大气环境保护目标

环境要素	环境敏感点	方位	距离/m	相对规模	环境功能及保护级别
环境空气	××社区	WS	500	11 户，36 人	居民区 大气环境二类区
	厂职工生活区	S	30	330 户，1179 人	
	××村庄	ESE	500	—	
	××村庄	WN	800	58 户，176 人	
水环境	××河	N	—	小型河流	地表水环境 IV 类水质

2. 污染控制目标

(1) 废气污染控制目标。在已采取污染治理措施基础上，确保大气污染物稳定达标排放。

(2) 废水污染控制目标。全厂实施清污分流，一水多用原则，最大限度减少废水排放量，加强废水污染治理，确保稳定达标排放。

3. 环境风险污染控制目标

采取有效的事故预防及应急措施，尽可能将事故风险率降低到最小，杜绝污染地表水环境及损害周围居民和农作物的事故发生。

4. 污染物排放总量控制目标

加强综合治理，满足总量控制指标要求。

二、建设项目工程分析

该项目属扩建性质，是在原有 4 万 t/a 装置的基础上，新建一套 11 万 t/a 双氧水生产装置，生产工艺与设备类型均与现有装置相同。生产采用蒽醌法工艺，主要工艺过程包括氢化、氧化、萃取、净化、后处理等工序，生产废水采用催化氧化-絮凝法处理，操作简单，不产生二次污染，该工艺技术成熟，在国内外已建有 70 多套生产装置。扩建后废水处理仍依托现有双氧水废水处理设施（本次不扩建）；为便于管理，全厂事故废水全部集中排入公司终端废水事故池（容积为 2000m³)，本次不另建废水事故池。建成后双氧水生产装置总能力将达到 15 万 t/a，生产与环保管理仍依托公司现有管理体系。本项目投资 5800 万元，其中环保投资 371 万元，占建设投资的 6.4%。

（一）现有 4 万 t/a 双氧水装置污染物排放情况

(1) 废水排放情况。废水中的主要污染物为 pH、COD、NH_3-N、芳烃、磷酸三辛酯、2-乙基蒽醌、磷酸盐等，处理方法是采用催化氧化-絮凝法废水处理工艺（处理能力为 3m³/h)，处理后的废水再经公司终端废水处理站系统处理达标后排放。现有装置的废水排放情况见表 5-10。

表 5-10　现有双氧水处理装置排水口及全厂总排水口废水排放情况[①]

名称	监测结果			
	厂总排水口		双氧水处理装置排水口	
	COD	NH_3-N	COD	NH_3-N
排放标准/(mg/L)	200	50	—	—
排放浓度/(mg/L)	56	19.2	38.7	0.89
达标情况	达标	达标	达标	达标

① 双氧水装置监测数据（××××年×月)。

（2）废气污染物排放情况。各单元工艺尾气排放情况见表 5-11。

表 5-11　现有双氧水装置废气污染物排放情况

排放源	排放量/ (m³/h)	产生浓度/ (mg/m³)	处理 方法	排放情况		排放 方式	最终 去向	达标 情况
				污染物浓度/ (mg/m³)	排放量			
氢化 尾气	112	芳烃： 6000	冷凝 回收	0	0	连续	返回脱 硫系统	—
氧化 尾气	4865	芳烃： 1000	冷凝回收、 活性碳纤 维吸附	30（二甲苯）	0.15kg/h	连续	大气	达标
氢化贮槽放空 尾气	4.8	—	放空	—	0.5t/a	连续	大气	—

（3）现有工程存在的主要环境问题（略）。

（二）新建装置污染物排放情况

根据新建装置消耗的原料、辅料、燃料、水资源等种类、构成和数量，对新建装置的供排水平衡、物料平衡进行计算，并对生产、装卸、储存、运输等环节进行分析，得到的新建装置污染物排放情况如下。

1．新建装置废水排放情况

新建双氧水生产装置的废水包括：工艺废水、循环冷却水系统排水、设备地坪保洁水、生活污水、初期雨水五个方面。由于生产工艺与设备和现有双氧水生产装置是相同的，工艺废水排放源也与之相同，因此仍可采用催化氧化-絮凝法。循环冷却水系统排水的主要污染物为 COD 和 SS，直接排入终端废水处理站处理。设备地坪保洁水的主要污染物为 COD、磷酸盐（以 P 计），排入本装置废水处理设施，处理后再进终端废水处理站经综合处理达标后排放。生活污水的主要污染物为 COD 和 SS，直接排入终端废水处理站处理。因为厂区内的初期雨水属有污染的水，所以初期雨水的主要污染物为 COD、SS 等，鉴于初期雨水中含有较高污染物，必须收集到雨水收集池内（建议容积 200m³）与工艺废水混合送入污水处理站集中处理。新建装置废水污染物产生及排放情况见表 5-12。

表 5-12　新建 11 万 t/a 双氧水装置主要废水污染物产生与排放情况

生产工序	污染源	废水量/ (m³/d)	污染物产生情况(pH 除外)/(mg/L)					污染物排放情况 (pH 除外)/(mg/L)
			pH	COD	芳烃	磷酸盐	NH₃-N	
氢化工序	再生冷凝水	1.008	—	8930	35714	—	—	经催化氧化-絮凝处理 pH:6 ～9 COD:≤80 磷酸盐:≤1.0
萃取工序	萃取 废水	1.8	5～6	22400	20130	13830	—	
后处理工序	碱浓缩 废水	7.2	8～10	3193	5300	3510	—	
配置工序	工作液 配置洗水	9.19	4～5	2219	4702	—	—	
装置区域	设备 地坪保洁水	6	—	300	—	250	—	
循环冷却水		8	—	50	—	—	—	

生产工序	污染源	废水量/(m³/d)	污染物产生情况(pH 除外)/(mg/L)					污染物排放情况(pH 除外)/(mg/L)
			pH	COD	芳烃	磷酸盐	NH₃-N	
生活污水		4	—	200	—	—	25	COD: ≤80 NH₃-N: 15
合计		37.2		28.52			0.03	pH: 6～9 COD: 77.0 NH₃-N: 1.6 磷酸盐: 0.9
初期雨水		63m³/次	—	350	—	—	—	

注：污染物经节选为表中项目。

2. 废气排放情况

(1) 正常排放情况

① 氢化尾气 G_1。氢化工序产生含芳烃尾气排放量 418m³/h，经水冷和深冷回收芳烃后返回合成氨脱硫系统再利用，不外排。

② 氧化尾气 G_2。氧化尾气排放量 21980m³/h，由于空气在塔内与工作液充分接触，尾气中夹带有工作液和芳烃。尾气中主要成分为 N_2、O_2 和少量的芳烃。经水冷、深冷回收芳烃及活性碳纤维吸附处理后，主要污染物二甲苯排放量 0.48kg/h，排放浓度 30mg/m³，符合 GB 16297—1996《大气污染物综合排放标准》表 2 标准限值要求，排放达标。排放情况见表 5-13。

③ 氢化液贮槽放空 G_3。氢化液贮槽放空气放空量 19.6m³/h，放空气中主要含有少量芳烃和溶解氢，其中，芳烃污染物排放量约 1.67t/a（其中二甲苯 0.56t/a，三甲苯 1.11t/a）。排放情况见表 5-13。

表 5-13　新建 11 万 t/a 双氧水废气污染物产生与排放情况

排放源名称	排放量/(m³/h)	处理前污染物浓度/(mg/m³)	处理方法	污染物排放情况		排放方式	最终去向	达标情况	排气筒高度/m
				污染物浓度/(mg/m³)	排放量/(kg/h)				
氢化尾气	418	芳烃: 6500	冷凝回收芳烃	0	0	连续	返回脱硫系统	—	—
氧化尾气	21980	芳烃: 1409	冷凝回收、活性碳纤维吸附	二甲苯: 30 三甲苯: 123	二甲苯: 0.48 三甲苯: 1.97	连续	大气	达标	30
氢化液贮槽放空	19.6	—	冷凝回收芳烃后放空	芳烃类	1.67t/a	连续	大气	—	<10

(2) 非正常工况排放情况。非正常工况主要考虑氧化尾气活性炭吸附装置出现饱和未能及时更换，造成含芳烃尾气直接排放。估算排放源强见表 5-14。

表 5-14　非正常工况下废气污染物排放源强

废气源	废气量/(m³/h)	污染物	排放浓度/(mg/m³)	源强/(kg/h)	排放高度/m
氧化尾气	21980	二甲苯	303	4.84	30

三、大气环境影响评价

（一）项目区域空气环境质量达标评价（略）

（二）空气污染物环境质量现状监测及评价

1. 空气污染物环境现状监测

（1）监测项目。选择主要污染物 SO_2、NH_3、H_2S、NO_2、甲醇、二甲苯、非甲烷总烃为监测项目。

（2）监测点设置（略）。

（3）监测时段和频率（略）。

（4）采样及分析方法。采样方法按《环境监测技术规范》（大气部分）进行，分析方法按 GB 3095—2012 规定的方法和《空气和废气监测分析方法》（第四版）进行。

（5）监测结果。公司双氧水装置无组织排放监控点二甲苯监测结果统计见表 5-15。污染物环境质量现状监测统计结果见表 5-16。

表 5-15　无组织排放监控点二甲苯监测结果统计表

监测点	名称	浓度/(mg/m³)	厂界监控浓度限值/(mg/m³)	最大超标倍数
某监控点	二甲苯	0.052～0.055	1.2（周界外浓度最高点）	0

表 5-16　评价区污染物环境质量现状监测统计结果

监测点号	项目	小时浓度			日均浓度		
		浓度范围/(mg/m³)	超标率/%	最大超标倍数	浓度范围/(mg/m³)	超标率/%	最大超标倍数
1#	SO_2	—	—	—	0.024～0.026	0	0
	NO_2	—	—	—	0.022～0.025	0	0
	二甲苯	0.005	0	0	—	—	—
	甲醇	0.05	0	0	—	—	—
	非甲烷总烃	0.0005	0	0	—	—	—
2#	SO_2	—	—	—	0.025～0.027	0	0
	NO_2	—	—	—	0.026～0.028	0	0
	二甲苯	0.005	0	0	—	—	—
	甲醇	0.05	0	0	—	—	—
	非甲烷总烃	0.0005	0	0	—	—	—
3#	SO_2	—	—	—	0.025～0.027	0	0
	NO_2	—	—	—	0.028～0.030	0	0
	二甲苯	0.005	0	0	—	—	—
	甲醇	0.05	0	0	—	—	—
	非甲烷总烃	0.0005	0	0	—	—	—

注：实际监测点为 6 个，本表节选其中 3 个。同时污染物节选为表中项目。

2. 空气污染物环境质量现状评价

参照表 5-5，采用单因子超标倍数法对项目所在区域污染物的环境质量进行评价。由表 5-15 可以看出：监测期双氧水装置生产能力为 4 万 t/a，无组织排放厂界监控点二甲苯浓度最大值（0.055mg/m³），远低于《大气污染物综合排放标准》中无组织排放监控浓度限值（1.2mg/m³）。由表 5-16 可见：①评价区空气环境中 SO₂ 日平均浓度监测值未发生超标，日平均浓度最大值为 0.027mg/m³，占标准限值的 18%，评价区 SO₂ 污染是较轻的。②评价区空气环境中 NO₂ 日平均浓度监测值未发生超标，日平均浓度最大值为 0.030mg/m³，占标准限值的 37.5%，评价区 NO₂ 污染是较轻的。③评价区空气环境中二甲苯 1h 平均浓度最大值为 0.005mg/m³，占标准限值的 2.5%，评价区二甲苯污染是轻微的。④评价区空气环境中甲醇 1h 平均浓度最大值为 0.05mg/m³，占标准限值的 1.67%，评价区甲醇污染轻微。⑤评价区空气环境中非甲烷总烃 1h 平均浓度最大值为 0.0005mg/m³，占标准限值的 0.025%，评价区非甲烷总烃污染轻微。

（三）大气环境影响评价（略）

（四）评价结论

1. 大气环境质量现状评价

评价区大气环境中 SO₂、NO₂ 日均浓度均符合《环境空气质量标准》二级标准；二甲苯、甲醇、非甲烷总烃的一次浓度在各监测点均未发生超标。可见，评价区大气环境影响不明显。

2. 无组织排放监控浓度分析

监测期双氧水装置无组织排放监控点二甲苯浓度最大值远低于《大气污染物综合排放标准》中无组织排放监控浓度限值。项目实施后，双氧水装置无组织排放二甲苯对监控点浓度贡献值仍低于《大气污染物综合排放标准》中无组织排放监控浓度限值。

四、水环境影响评价

（一）评价区域水环境概况（略）

（二）地表水环境质量现状监测及评价

1. 地表水环境质量现状监测

（1）现状监测断面设置。根据项目废水外排途径，本次环评现状监测在评价范围内××河上设两个监测断面。见表 5-17。

表 5-17　地表水现状监测断面布设

断面号	河流名称	断面位置	监测项目	断面功能
1#	××河	项目废水入××河上游 500m	pH、COD、NH₃-N、S²⁻、挥发酚、氰化物、石油类、总磷	对照
2#	××河	项目废水入××河下游 5000m		混合

（2）监测频率。××××年×月×日～×日进行一期监测，连续监测两天，每天上、下午各采样一次，取混合样。同时观测河水流量、流速、河宽、水深等水文参数。

（3）监测项目和分析方法

① 监测项目：pH、COD、NH₃-N、石油类、挥发酚、氰化物、硫化物 S²⁻、总磷。

② 监测方法：水样采集及水质分析方法采用《水和废水监测分析方法》（第四版）中有关的采样分析和 GB 3838—2002《地表水环境质量标准》中"地表水环境质量标准选配分析

方法"进行。

（4）地表水水质现状监测结果。××市环境监测站于××××年×月对××河评价河段水质现状进行监测，监测评价结果统计列于表 5-18。

2. 地表水环境质量现状评价

（1）评价方法。采用单因子超标倍数法进行评价。单项水质参数标准指数计算式如式（5-2），pH 值标准指数计算式如式（5-5）和式（5-6）。当水质参数的标准指数大于 1，表明该水质参数超过了规定的水质标准。

（2）现状评价。从表 5-18 可知，监测期间评价范围内××河上游河段 pH、COD、氰化物、硫化物、石油类等指标可达到Ⅳ类水质标准要求，NH₃-N 超标 1.48 倍；××河下游河段中除 NH₃-N 超标 1.1 倍外，其他污染物达到Ⅳ类水质标准要求。

表 5-18　评价河段水质现状污染指数评价结果

评价因子 项目		pH	COD	NH₃-N	石油类	氰化物	硫化物	挥发酚	总磷
1# 断 面	浓度/(mg/L)	6.99	19.5	2.22	0.05	0.002	0.065	0.001	0.191
	P_i	0.62	0.65	1.48	0.10	0.01	0.13	0.10	0.64
	达标情况	达标	达标	**超标**	达标	达标	达标	达标	达标
2# 断 面	浓度/(mg/L)	7.06	26	1.66	0.05	0.002	0.07	0.001	0.232
	P_i	0.60	0.87	1.10	0.10	0.01	0.14	0.10	0.773
	达标情况	达标	达标	**超标**	达标	达标	达标	达标	达标

（三）地表水环境影响评价

新建 11 万 t/a 双氧水装置产生的废水采用催化氧化-絮凝法处理工艺，通过现有废水处理装置处理后，再进入公司终端废水处理站，水质达到《合成氨工业水污染物排放标准》（GB 13458—2013）和《污水综合排放标准》（GB 8978—1996）中二级标准后，排入××河。

1. 现有双氧水装置废水处理设施依托可行性分析

（1）设施概况。现有双氧水装置废水处理设施主要接收工艺废水和设备地坪保洁水等，处理能力为 3m³/h，采用催化氧化-絮凝法处理工艺，其工艺流程见图 5-2。

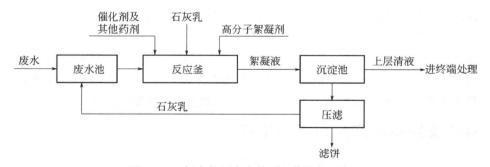

图 5-2　双氧水装置废水处理工艺流程示意图

本次评价对现有双氧水装置废水处理设施出水水质进行了监测，结果见表 5-19。由检测结果可知，现有双氧水装置废水处理设施出水可以达到终端废水处理站进水指标要求。

表 5-19   双氧水装置废水处理设施出水水质指标

水质指标	进水	出水
外观	浅黄色	无色、透明
气味	芳烃味	无味
pH	7～10	6～7
COD/(mg/L)	约3000	≤80
H_2O_2/(mg/L)	约0.8	0
2-EAQ/(mg/L)	约5000	0
磷酸盐(以 P 计)/(mg/L)	约1500	≤1

(2) 处理能力可行性分析

① 水质。新建双氧水生产装置的生产工艺与设备和现有装置相同,工艺废水和设备地坪保洁水等排放源及排放水质也是相同的。因此从水质角度,新建装置产生的废水进入现有双氧水装置废水处理设施是可行的。

② 水量。现有处理设施的处理能力为 $3m^3/h$,根据工程分析,新建装置和现有装置的废水量分别为 $33.2m^3/d$ 和 $17.5m^3/d$,加之废水是间歇排入处理设施,因此处理能力足够。

2. 现有终端废水处理站依托可行性分析

(1) 处理站概况。公司现有终端废水处理站,设计能力为 $2000m^3/d$,采用厌氧-缺氧-好氧生物脱氮除磷工艺(即 A^2/O 工艺),处理后废水达标排入××河。

本次评价对终端废水站出水水质进行了监测,主要污染物指标见表 5-10。由检测结果可知,全厂总排废水符合《合成氨工业水污染物排放标准》(GB 13458—2013)和《污水综合排放标准》(GB 8978—1996)二级标准。

(2) 处理能力可行性分析。公司现有终端废水处理站的处理能力为 $2000m^3/d$,经工程分析,本项目扩建后的废水排放总量为 1.645 万 m^3/a,新增废水量 1.12 万 m^3/a,因此终端废水处理站有足够的能力接纳并处理本项目建成运行后的外排废水。

3. 地表水环境影响

本项目建成投产后,废水排放总量为 1.645 万 m^3/a,新增废水量 1.12 万 m^3/a;COD 污染物排放总量为 1.063t/a,新增 COD 排放量为 0.86t/a;NH_3-N 排放量 0.034t/a,新增 NH_3-N 排放量 0.018t/a,新增外排污染物量较少,对××河水体贡献量增加很小。因此,扩建后废水排放对评价河段水质不会有明显影响,评价河段水质基本可维持现有水质状况。

(四)评价结论

评价范围内××河上、下游河段中 pH、COD、氰化物、挥发酚、石油类、硫化物六项指标均可达到Ⅳ类水质标准要求,超标污染物均主要集中在××河上、下游段,超标污染物为 NH_3-N。本项目建成投产后,新增外排污染物量较少,对周围地表水环境影响较小。

五、环境保护措施及其可行性论证

(一)氧化尾气治理措施可行性分析

国内双氧水氧化尾气的处理技术措施和方法主要有冷凝法、专用吸附剂催化吸收法、透平膨胀制冷法以及活性碳纤维吸附法等。本装置是在水冷基础上再加一级深冷和活性碳纤维(ACF)吸附回收治理工艺技术,总吸收效率可达 95%。

1. 活性碳纤维的性能

活性碳纤维是采用天然纤维或人造有机化学纤维经过碳化制成，其突出的特点是具有较大的比表面积和丰富的微孔径，因此吸附能力强。其主要性能如下。

（1）吸附容量大。ACF 对有机气体，腥臭物质（如 NO、NO_2、SO_2、H_2S、NH_3、CO、CO_2）的吸附量比颗粒和粉状活性炭高 20～30 倍；对水溶液中的无机物、燃料、有机物质及重金属离子吸附量比颗粒、粉状活性炭高 5～6 倍；对微生物及细菌有优良的吸附能力，对低浓度吸附质的吸附能力特别优良，而颗粒活性炭（GAC）吸附材料往往在低浓度时吸附能力大大降低。

（2）吸附速度快、效率高。ACF 对气体的吸附一般在数十秒至数分钟便可达到吸附平衡，比 GAC 高 2～3 个数量级。

（3）脱附速度快易再生。用 120～150℃热空气加热 10～30min 即可完全脱附。在多次吸附过程中，仍然保持原有的吸附性能。

（4）耐温性能好。在惰性气体中耐高温 1000℃以上，在空气中着火点达 500℃。

（5）耐酸、耐碱，具有良好的导电性能和化学稳定性。

（6）ACF 灰分含量仅为 GAC 的 1/10，对回收物质的催化作用小。

2. 主要用途

（1）能除去水中的重金属离子、致癌物质、臭味、铁锈、毒物、细菌及颜色等，可用于自来水、食品工业用水及工业用纯水的净化。

（2）能吸附过滤空气中的恶臭、烟气、毒气、致癌物质等，可用于空气净化。

（3）可用于防护口罩、防毒衣、香烟过滤嘴的制造等。

（4）医药上用于包扎、急性解毒剂、人工肾脏等。

（5）可用于苯类、酮类、醇类、石油类溶剂的吸附回收。

（6）可用于贵金属提炼或回收，可吸附放射性物质，也可作惰性气体载体、气相色谱的固定相。

3. ACF 与 GAC 的结构与性能比较

ACF 与 GAC 的结构与性能比较见表 5-20。活性碳纤维是新一代高效活性吸附材料和环保功能材料，是活性炭的更新换代产品，其应用可使吸附装置小型化，吸附层更薄，吸附漏损小，效率高，节能经济。

表 5-20 ACF 与 GAC 的结构与性能比较

产品名称	比表面积 /(m²/g)	微孔容积 /(mL/g)	单丝直径 /μm	密度 /(g/cm³)	苯吸附量/%
ACF	1000～1500	0.25～0.7	9～18	0.02～0.03	大于30
GAC	800～1000	0.3	0.5～3(mm)	0.4～0.5	20

采用活性碳纤维吸附处理本项目氧化装置尾气，每年可回收芳烃约 70t，按目前市场价格 6500 元/t 计算，则直接经济效益达 45.5 万元/年，表明现有及扩建后仍采用冷凝回收搭配活性碳纤维吸附回收的治理措施是可行的，在正常生产情况下可以确保尾气稳定达标排放。

（二）双氧水废水处理措施可行性分析

1. 双氧水生产废水处理可行性分析

根据工程分析，新建双氧水生产装置生产工艺与设备和现有双氧水生产装置是相同的，装置工艺废水排放源及排放水质也与之相同。因此，本项目装置废水处理仍采用催化氧化-絮凝法工艺，在去除废水中绝大部分芳烃、磷酸三辛酯、2-乙基蒽醌和双氧水特征污染物后，进入公司终端废水处理站进行处理，即可实现废水稳定达标排放。另外，浓缩工序产生的浓缩废液中含有一定量的双氧水（约20%），可直接用来处理废水，不仅实现了以废治废，而且降低处理成本，具有很好的经济效益。公司现有废水处理装置的生产能力为3m³/h，根据××市环保局××××年×月×日验收结果表明，处理后水质可以达到终端废水处理站进水要求。

2. 终端废水处理站接水条件

公司现有终端废水处理站的废水处理设计能力为2000m³/d，主要为全厂排放废水稳定达标排放服务，处理后废水达标排入××河，排水方式为无动力排放。综合处理工艺采用厌氧-缺氧-好氧生物脱氮除磷工艺（即A²/O工艺），该工艺具有调节方便、运行稳定、抗冲击能力强等特点。目前已建成处于运行阶段，届时可确保项目建成后废水并网处理。

3. 双氧水废水处理过程中应注意的事项（略）

（三）稳定达标排放建议

（1）通过综合管理加强生产管理，进行清洁生产审核，从源头减少污染物的产生和排放，如设备的跑冒滴漏；不按操作规程操作造成生产事故；在开停车、大扫除用大量水冲洗设备地坪，造成废水量增加，浓度稀释；生活污水与生产废水未做到"清浊分流"，都会增加废水治理的困难。

（2）尽可能减少设备地坪冲洗水量，逐步减少排水总量。采取提高凉水塔冷却面积的措施，增加循环水冷却能力，对冷却循环水装置排水要及时回收利用（可作为装置设备地坪冲洗水和绿化用水等）。

（四）污染防治措施汇总（表5-21）

表 5-21   污染防治措施一览表

污染项目	污染源	污染防治措施	处理规模	达标情况
废气	氢化尾气	回收芳烃后返回合成氨脱硫系统利用	新增气量418m³/h	达标
	氧化尾气	冷凝回收、活性碳纤维吸附	新增气量21980m³/h	达标
废水	生产废水	催化氧化-絮凝法处理	依托现有装置处理能力3m³/h	出水符合终端接水指标
	事故废水	事故池	容积2000m³	进污水处理站
雨水	初期雨水	收集池	容积200m³	进污水处理站

六、环境影响经济损益分析（略）

七、环境监测制度与环境管理的建议（略）

八、环境影响评价结论

（一）与产业政策相符性

本项目属于《国家重点行业清洁生产技术导向目录》(第一批)中推荐的行业清洁生产技术，不属于《产业结构调整目录（2019年)》限制类，可视为允许类，符合国家产业政策。

（二）工程分析（略）

（三）清洁生产分析（略）

（四）环境质量现状评价

1. 大气环境现状评价

评价区大气环境中 SO_2、NO_2 日均浓度均符合《环境空气质量标准》（GB 3095—2012）中的二级标准；甲醇、非甲烷总烃、二甲苯的一次浓度在各监测点均未发生超标，二甲苯无组织排放浓度在监测点未发生超标。可见，评价区大气环境受××氮肥化工有限公司影响不明显。

2. 水环境现状评价

评价范围内××河上、下游河段中 pH、COD、氰化物、挥发酚、石油类、硫化物六项指标均可达到Ⅳ类水质标准要求，超标污染物均主要集中在××河上、下游段，超标污染物为 NH_3-N。

（五）主要环境影响（略）

（六）环境工程污染防治对策

1. 双氧水生产废水处理可行性分析结论

本项目废水处理采用双氧水生产废水处理与终端废水处理的两级联合处理工艺，措施可行，可以确保装置稳定生产与废水稳定达标排放。

双氧水生产废水处理仍采用催化氧化-絮凝法处理工艺，处理能力为 $3m^3/h$，根据××市环保局××××年×月×日验收结果表明，处理后水质可以达到终端废水处理站的进水要求。另外浓缩工序中产生的浓缩废液中含有一定量的双氧水（约 20%），可直接作为处理废水利用，具有很好的经济效益。

公司现有终端废水处理站采用厌氧-缺氧-好氧生物脱氮除磷工艺（即 A^2/O 工艺），设计能力为 $2000m^3/d$，处理后废水达标排入××河，排水方式为无动力排放。

2. 废气污染防治对策

（1）氢化尾气。鉴于经冷凝回收芳烃后的气体中含有一定量的氢气可以进一步利用，因此，氢化尾气全部返回合成氨装置供脱硫系统利用，不外排。

（2）氧化尾气。排放尾气含芳烃类污染物经冷凝器回收和活性碳纤维吸附处理后，主要污染物二甲苯排放浓度为 $30mg/m^3$，符合《大气污染物综合排放标准》（GB 16297—1996）标准限值要求，可以确保装置尾气达标排放。

（七）公众参与（略）

（八）环境影响经济损益（略）

（九）环境管理与监测计划结论（略）

（十）总体评价结论

××氮肥化工有限公司双氧水装置扩建项目，属于资源综合利用项目，采用成熟先进的生产工艺技术，最终产品属清洁产品，符合国家产业政策；配套建设的污染防治设施可保障达标排放。项目建成后的产生的污染物排放不会降低该区域内现有环境质量功能级别，污染物排放总量符合××市环保局核准的总量控制指标；从环境影响角度分析，项目建设是可行的。

第六章 防火防爆与电气安全技术

防火防爆与电气安全是化工安全生产的重要组成部分。燃烧、爆炸是化工生产中最主要的安全事故类型之一，电气安全事故是其重要诱因之一，而避免该类事故发生的措施是做好预防。本章从燃烧与爆炸基础概念出发，介绍化工生产中主要防火防爆及电气安全技术措施，帮助化工从业人员构建安全防范概念。

第一节 燃烧与爆炸基础

一、燃烧基本知识

（一）燃烧的定义

燃烧一般性化学定义：燃烧是可燃物跟助燃物（氧化剂）发生的一种剧烈的、发光、发热的化学反应，通常伴有火焰、发光、发烟的现象。

燃烧的广义定义：燃烧是指任何发光发热的剧烈的反应，不一定要有氧气参加。比如金属钠（Na）和氯气（Cl_2）反应生成氯化钠（NaCl），该反应没有氧气参加，但仍是剧烈的、发光、发热的化学反应，同样属于燃烧范畴。另外，核燃料"燃烧"，轻核的聚变和重核的裂变都是发光、发热的"核反应"，而不是化学反应，不属于燃烧范畴。

（二）燃烧的要素

物质燃烧需要同时具备可燃物、助燃物和着火源这三要素。

可燃物：指能与空气中的氧或其他氧化剂发生燃烧反应的物质，如木材、纸张、布料等。可燃物中有一些物品遇到明火特别容易燃烧，称为易燃物品，常见的有汽油、酒精、液化石油气等。

助燃物：能帮助和支持可燃物质燃烧的物质，即能与可燃物发生氧化反应的物质，如空气、氧气。

着火源：指供给可燃物与助燃剂发生燃烧反应能量的来源。

除明火外，电、摩擦、撞击产生的火花及发热，能够自燃起火的氧化热等物理化学因素都能成为着火源。

要发生燃烧，三要素缺一不可。因此，如采取措施使三要素不同时存在，比如控制可燃物、隔绝空气、消除着火源，即可阻止燃烧发生，从而实现防火救灾的目的。

（三）燃烧的类型

燃烧现象按其发生瞬间的特点，分为闪燃、着火、自燃、爆燃四种。

1. 闪燃

这是液体可燃物的特征之一。当火焰或炽热物体接近易燃和可燃液体时，其液面上的蒸气与空气的混合物会发生一闪即灭的燃烧，这种燃烧现象叫作闪燃。闪燃是短暂的闪火，不是持续的燃烧。这是因为液体在该温度下蒸发速度不快，液体表面上聚积的蒸气一瞬间燃尽，而新的蒸气还未来得及补充，故闪燃一下就熄灭了。尽管如此，闪燃仍然是引起火灾事故的危险因素之一。在规定的条件下，使易燃和可燃液体蒸发出足够的蒸气，以致在液面上能发生闪燃的最低温度，叫作物质的闪点。闪点与物质的饱和蒸气压有关，饱和蒸气压越大，闪点越低。同一液体的饱和蒸气压随其温度的增高而变大，所以温度较高时容易发生闪燃。如果可燃液体的温度高于它的闪点，就随时都有接触点火源而被点燃的危险。所以把闪点低于45℃的液体叫易燃液体，表明它比可燃液体危险性高。

2. 着火

可燃物质受到外界火源的直接作用而开始的持续燃烧现象叫着火。这是日常生活中最常见的燃烧现象。例如，用火柴点燃柴草，就会引起它们着火。可燃物质开始持续燃烧所需的最低温度叫作该物质的燃点或着火点。物质的燃点越低，越容易着火。其原理是可燃物质在一定温度 T_c 下开始发生氧化反应，放出热量。物质进一步受热，氧化反应加剧，这时吸收的热量消耗于物质的升温、熔化、分解或蒸发及向周围的散热上。如果反应继续加快，氧化反应放出的热量将大于散失的热量，此时即使不再加热，氧化反应也能加速进行，物质的温度很快达到 T_c，在此温度下或稍高于此温度，物质就开始燃烧，T_c 就是燃点。

3. 自燃

可燃物质虽没有受到外界点火源的直接作用，但受热达到一定温度，或由于物质内部的物理（辐射、吸附等）、化学（分解、化合等）或生物（细菌、腐败作用等）反应过程所提供的热量聚积起来使其达到一定的温度，从而发生自行燃烧的现象叫自燃。例如白磷暴露于空气中时，即使在室温下，它与氧发生氧化反应放出的热量也足以使其达到自行燃烧的温度，故白磷在空气中很容易发生自燃。可燃物质无需直接的点火源就能发生自行燃烧的最低温度叫作该物质的自燃点。物质的自燃点越低，发生火灾的危险性越大。

4. 爆燃

爆燃（或燃爆）是火炸药或燃爆性气体混合物的快速燃烧。一般燃料的燃烧需要外界供给助燃的氧，没有氧燃烧反应就不能进行，而火药或燃爆性气体混合物中含有较丰富的氧元素或氧气、氧化剂等，它们燃烧时无需外界的氧参与反应，所以它们是能够发生自身燃烧反应的物质，燃烧时若非在特定条件下，其燃烧是迅猛的，甚至会从燃烧转变为爆炸。例如，黑火药的燃烧爆炸，煤矿井下巷道甲烷气或煤尘与空气混合物发生燃烧爆炸事故（即瓦斯爆炸）等情况就是这样。使火炸药或燃爆性气体混合物发生爆燃时所需的最低点火温度叫作该物质的发火点。由于从点火到爆燃有延滞时间，通常都规定采用 5s 或 5min 作延滞期，以比较不同物质在相同延滞期下的发火点。例如，含 8%的甲烷与空气混合物在 5s 延滞期下的发火温度为 725℃。

（四）燃烧的形式

1. 扩散燃烧

可燃气体和空气分子互相扩散、混合，其混合浓度在爆炸范围以外，遇火源即能着火燃烧。

2. 蒸发燃烧

可燃性液体，如汽油、酒精等，蒸发产生的蒸气被点燃起火，它放出热量进一步加热液体表面，从而促使液体持续蒸发，使燃烧继续下去。萘、硫黄等在常温下虽为固体，但在受热后会升华产生蒸气或熔融后产生蒸气，因此同样是蒸发燃烧。

3. 分解燃烧

指在燃烧过程中，可燃物首先遇热分解，分解产物和氧反应产生燃烧，如木材、煤等固体可燃物的燃烧。

4. 表面燃烧

燃烧在空气和固体表面接触部位进行。例如，木材先经历分解燃烧，到最后分解不出可燃气体，只剩下固体炭，此时燃烧在空气和固体炭表面接触部分进行，它能产生红热的表面，不产生火焰。

5. 混合燃烧

可燃气体与助燃气体在容器内或空间中充分扩散混合，其浓度在爆炸范围内，此时遇火源即会发生燃烧，这种燃烧在混合气所分布的空间中快速进行，所以称之为混合燃烧。

（五）燃烧的原理

近代的连锁反应理论将燃烧解释为自由基的链式反应，在反应过程中发光、放热。这个理论将燃烧的链式反应分为三个阶段：链引发、链传递、链终止。

链引发阶段即产生自由基并形成反应链的阶段。产生自由基的方法有很多，包括但不限于点燃、光照、辐射、催化、加热。少数物质间会自发化合引发燃烧，如氟气和氢气在冷暗处就能剧烈燃烧，甚至引发爆炸。

链传递阶段，自由基反应的同时又产生更多的自由基，使燃烧持续甚至扩大。

链终止阶段，自由基失去能量或者所有物质反应完全，没有新自由基产生而使反应链断裂，反应结束。

可燃物必须有一定的起始能量，达到一定的温度和浓度，才能产生足够快的反应速度而着火。大多数均相可燃气体的燃烧是链式反应，活性中间物的浓度在其中起主要作用。如果链产生速度超过链中止速度，则活性中间物浓度将不断增加，经过一段时间的积累就会自动着火或爆炸。

在燃烧过程中，燃料、氧气和燃烧产物三者之间进行着动量、热量和质量传递，形成火焰这种有多组分浓度梯度和不等温两相流动的复杂结构。火焰内部的这些传递借助层流分子的转移或湍流微团的转移来实现，工业燃烧装置则以湍流微团的转移为主。

二、爆炸基本知识

爆炸是物质从一种状态迅速转变成另一种状态，并在瞬间放出大量能量，同时产生声响的现象。火灾过程有时会发生爆炸，其会对火势的发展及人员安全产生重大影响，爆炸发生后往往又易引发大面积火灾。

（一）爆炸的定义

由于物质急剧氧化或分解反应产生温度、压力增加或两者同时增加的现象，称为爆炸。爆炸是由物理变化和化学变化引起的。在发生爆炸时，势能（化学能或机械能）突然转变为动能，有高压气体生成或者释放出高压气体，这些高压气体随之做机械功，如移动、改变或抛射周围的物体。一旦发生爆炸，将会对邻近的物体产生极大的破坏作用，这是由于构成爆炸体系的高压气体作用到周围物体上，使物体受力不平衡，从而遭到破坏。

（二）爆炸的分类

1. 按物质产生爆炸能量来源分类

通常将爆炸分为物理爆炸、化学爆炸和核爆炸三种。物理爆炸和化学爆炸最为常见。

（1）物理爆炸。物质因状态或压力发生突变而形成的爆炸叫物理爆炸。物理爆炸的特点是前后物质的化学成分均不改变。如蒸汽锅炉因水快速汽化，容器压力急剧增加，压力超过设备所能承受的强度而发生的爆炸；压缩气体或液化气钢瓶、油桶受热爆炸等。物理爆炸本身虽没有发生燃烧反应，但它产生的冲击力可直接或间接地造成火灾。

（2）化学爆炸。化学爆炸是指由于物质急剧氧化或分解产生温度、压力增加或两者同时增加而形成的爆炸现象。化学爆炸前后，物质的化学成分和性质均发生了根本的变化。这种爆炸速度快，爆炸时会产生大量热能和很大的气体压力，并发出巨大的声响。化学爆炸能直接造成火灾，具有很大的火灾危险性。各种炸药的爆炸和气体、液体蒸气及粉尘与空气混合后形成的爆炸都属于化学爆炸，特别是后一种爆炸，几乎会在工业、交通、生活等各个领域发生，危害性很大，应特别注意。

（3）核爆炸。由于原子核裂变或聚变反应，释放出核能所形成的爆炸，称为核爆炸。如原子弹、氢弹、中子弹的爆炸都属于核爆炸。

2. 按爆炸时所进行的化学反应分类

（1）简单分解的爆炸物。爆炸时分解为一些元素，产生热量。因容易分解，性质不稳定、危险性很大。

（2）复杂分解的爆炸物。各种含氧炸药，所需氧由物质本身分解供给。危险性稍低，伴有燃烧反应。

（3）可燃性混合物。由可燃物质与助燃物质组成的爆炸物质。实际上是在火源作用下的一种瞬间燃烧反应。

前两者属于单一物质爆炸，后者属于混合物爆炸。

3. 按爆炸物质分类

（1）炸药爆炸。炸药是为了完成可控制爆炸而特别设计制造的物质，其分子中含有不稳定的基团，绝大多数炸药本身含有氧，不需要外界提供氧就能爆炸，但炸药爆炸需要外界点火源引起。其爆炸一旦失去控制，将会造成巨大灾难。

① 炸药爆炸的特点。炸药爆炸与属于分散体系的气体或粉尘爆炸不同，它属于凝聚体系爆炸。化学反应速度极快，可在万分之一秒甚至更短的时间内完成爆炸，能放出大量的热。爆炸时的反应热达到数千到上万千焦，温度可达数千摄氏度并产生高压，能在瞬间由固体迅速转变为大量的气体产物，使体积成百倍地增加。

② 炸药爆炸的破坏作用。炸药在空气中爆炸时，对周围介质的破坏作用主要有三部分：一是爆炸产物的直接作用，指高温、高压、高能量密度产物的直接膨胀冲击作用，一般爆炸产物只在爆炸中心的近距离内起作用；二是冲击波的作用，空气冲击波是一种具有巨大能量的超音速压力波，是爆炸时起主要破坏作用的物质，离爆炸中心越近，破坏作用越强；三是外壳破片的分散杀伤作用。

（2）可燃气体爆炸。指物质以气体、蒸气状态所发生的爆炸。气体爆炸由于受体积能量密度的制约，造成大多数气态物质在爆炸时产生的爆炸压力分散在5～10倍于爆炸前的压力范围内，爆炸威力相对较小。按爆炸原理，气体爆炸包括混合气体爆炸、气体单分解爆炸两种。

① 混合气体爆炸。指可燃气（或液体蒸气）和助燃性气体的混合物在点火源作用下发生的爆炸，较为常见。可燃气与空气组成的混合气体遇火源能否发生爆炸，与混合气体中的可燃气浓度有关。可燃气与空气组成的混合气体遇火源能发生爆炸的浓度范围称为爆炸极限。

② 气体单分解爆炸。指单一气体在一定压力作用下发生分解反应并产生大量反应热，使气态物膨胀而引起的爆炸。气体单分解爆炸的发生需要满足一定的压力和分解热的要求。能使单一气体发生爆炸的最低压力值称为临界压力。单分解爆炸气体物质压力高于临界压力且分解热足够大时，才能维持热与火焰的迅速传播而造成爆炸。

(3) 可燃粉尘爆炸。粉尘是指分散的固体物质。粉尘爆炸是指悬浮于空气中的可燃粉尘触及明火或电火花等火源时发生的爆炸现象。可燃粉尘爆炸应具备三个条件，即粉尘本身具有爆炸性、粉尘必须悬浮在空气中并与空气混合到爆炸浓度、有足以引起粉尘爆炸的火源。

① 粉尘爆炸的过程。粉尘的爆炸可视为由以下三步发展形成的：第一步是悬浮的粉尘在热源作用下迅速地干馏或气化而产生出可燃气体；第二步是可燃气体与空气混合而燃烧；第三步是粉尘燃烧放出的热量，以热传导和火焰辐射的方式传给附近悬浮的或被吹扬起来的粉尘，粉尘受热气化后使燃烧循环进行。随着每个循环的逐次进行，其反应速度逐渐加快，通过剧烈的燃烧，最后形成爆炸。爆炸火焰速度、爆炸波速度、爆炸压力等将持续加快和升高，并呈跳跃式发展。

② 粉尘爆炸的特点。连续性爆炸是粉尘爆炸的最大特点，因初始爆炸将沉积粉尘扬起，在新的空间中形成更多的爆炸性混合物而再次爆炸；粉尘爆炸所需的最小点火能量较高，一般在几十毫焦耳以上，而且热表面点燃较为困难；与可燃气体爆炸相比，粉尘爆炸压力上升较缓慢，较高压力持续时间长，释放的能量大，破坏力强。

③ 影响粉尘爆炸的因素。各类可燃性粉尘因其燃烧热的高低、氧化速度的快慢、带电的难易、含挥发物的多少而具有不同的燃烧爆炸特性。但从总体看，粉尘爆炸受下列条件制约。a.颗粒的尺寸，颗粒越细小其比表面积越大，氧吸附也越多，在空中悬浮时间越长，爆炸危险性越大。b.粉尘浓度，粉尘爆炸与可燃气体、蒸气一样，也有一定的浓度极限，即存在粉尘爆炸的上、下限，单位用 g/m^3 表示。粉尘的爆炸上限值很大，例如糖粉的爆炸上限为 $13500g/m^3$，如此高的悬浮粉尘浓度只有沉积粉尘受冲击波作用才能形成。c.空气的含水量，空气中含水量越高，粉尘的最小引爆能量越高。d.含氧量，随着含氧量的增加，爆炸浓度极限范围扩大。e.可燃气体含量，有粉尘的环境中存在可燃气体时，会大大增加粉尘爆炸的危险性。

三、爆炸极限及其影响因素

（一）爆炸极限定义

可燃物质（可燃气体、蒸气和粉尘）与空气（或氧气）必须在一定的浓度范围内均匀混合，形成预混气，遇到火源才会发生爆炸，这个浓度范围称为爆炸极限，或爆炸浓度极限。可燃性混合物的爆炸极限有爆炸（着火）下限和爆炸（着火）上限之分。上限指的是可燃性混合物能够发生爆炸的最高浓度。在高于爆炸上限时，空气不足，导致火焰不能蔓延，既不爆炸，也不着火。下限指的是可燃性混合物能够发生爆炸的最低浓度。由于可燃物浓度不够，过量空气的冷却作用阻止了火焰的蔓延，因此在低于爆炸下限时不爆炸也不着火。

（二）爆炸极限的影响因素

爆炸极限值不是一个物理常数，它会随实验条件的变化而变化，在判断某工艺条件下的爆炸危险性时，需根据危险物品所处的条件来考虑其爆炸极限，如在火药、起爆药、炸药烘干厂房内可燃蒸气的爆炸极限与其他厂房在正常温度下的爆炸极限是不一样的，在受压容器内和在正常压力下的爆炸极限亦有所不同。其他因素如点火源的能量，容器的形状、大小，火焰的传播方向，惰性气体与杂质的含量等均对爆炸极限有影响。

1. 温度的影响

混合爆炸气体的初始温度越高，爆炸极限范围越宽，则爆炸下限降低，上限增高，爆炸危险性增加。这是因为在温度增高的情况下，活化分子增加，分子和原子的动能也增加，使活化分子具有更大的冲击能量，爆炸反应容易进行。

2. 压力的影响

混合气体的初始压力对爆炸极限的影响较复杂，在 0.1～2.0MPa 的压力下，对爆炸下限影响不大，对爆炸上限影响较大；当大于 2.0MPa 时，爆炸下限变小，爆炸上限变大，爆炸范围扩大。这是因为在高压下混合气体的分子浓度增大，反应速度加快，放热量增加，且在高气压下，热传导性差，热损失小，有利于可燃气体的燃烧或爆炸。值得重视的是，当混合物的初始压力减小时，爆炸极限范围缩小，当压力降到某一数值时，则会出现下限与上限重合，这就意味着当初始压力低于某一数值时，混合气体不会发生爆炸。把爆炸极限范围缩小为零的压力称为爆炸的临界压力。

3. 惰性介质的影响

若在混合气体中加入惰性气体（如氮、二氧化碳、水蒸气、氩、氖等），随着惰性气体含量的增加，爆炸极限范围缩小。当惰性气体的浓度增加到某一数值时，爆炸上下限趋于一致，使混合气体不发生爆炸。这是因为加入惰性气体后，可燃气体的分子和氧分子隔离，在它们之间形成一层不燃烧的屏障，而当氧分子冲击惰性气体时，活化分子失去活化能，使反应链中断。若在某处已经着火，则放出的热量被惰性气体吸收，热量不能积聚，火焰不能蔓延到可燃气分子上去，起到抑制作用。

混合气体中惰性气体浓度的增加，使空气的浓度相对减少，在爆炸上限时，可燃气体浓度大，空气浓度小，混合气中氧浓度相对减少，故惰性气体更容易把氧分子和可燃性气体分子隔开，对爆炸上限产生较大的影响，使爆炸上限剧烈下降。同理，随着混合气体中氧含量的增加，爆炸极限范围扩大，尤其对爆炸上限提高得更多。可燃气体在空气中和纯氧中的爆炸极限范围比较见表 6-1。

表 6-1　可燃气体在空气和纯氧中的爆炸极限范围

物质名称	在空气中的爆炸极限/%	范围	在纯氧中的爆炸极限/%	范围
甲烷	4.9～15	10.1	5～61	56.0
乙烷	3～15	12.0	3～66	63.0
丙烷	2.1～9.5	7.4	2.3～55	52.7
丁烷	1.5～8.5	7.0	1.8～49	47.8
乙烯	2.75～34	31.25	3～80	77.0
乙炔	1.53～34	79.7	2.8～93	90.2
氢	4～75	71.0	4～95	91.0
氨	15～28	13.0	13.5～79	65.5
一氧化碳	12～74.5	62.5	15.5～94	78.5

4. 爆炸容器对爆炸极限的影响

爆炸容器的材料和尺寸对爆炸极限有影响，若容器材料的传热性好，管径越细，火焰在其中越难传播，爆炸极限范围就会变小。当容器直径或火焰通道小到某一数值时，火焰就不能传播下去，这一直径称为临界直径或最大灭火间距。如甲烷的临界直径为 0.4～0.5mm，氢和乙炔为 0.1～0.2mm。目前一般采用直径为 50mm 的爆炸管或球形爆炸容器。

5. 点火源的影响

当点火源的活化能量越大，加热面积越大，作用时间越长，爆炸极限范围也越大。当火花能量达到某一值时，爆炸极限范围受点火能量的影响较小，如当点火能量为 10J 时，爆炸极限范围趋于稳定值，所以一般情况下，爆炸极限均在较高的点火能量下测得，如测甲烷与空气混合气体的爆炸极限时，用 10J 以上的点火能量，其爆炸极限为 5%～15%。

第二节　化工物料火灾爆炸危险性评价

一、化工物料火灾危险性评估

（一）危险化学品火灾爆炸危险性评价指标

评定化学危险品的火灾爆炸危险特性有以下几个指标：闪点、燃点、自燃点、爆炸极限、最小点火能、爆炸压力。其中，闪点、燃点、自燃点、爆炸极限在上节已涉及，下面重点介绍最小点火能和爆炸压力。

1. 最小点火能

最小点火能是指能引起爆炸性混合物燃烧爆炸时所需的最小能量。最小点火能数值愈小，说明该物质愈易被引燃。

2. 爆炸压力

可燃气体、可燃液体蒸气或可燃粉尘与空气的混合物、爆炸物品在密闭容器中着火爆炸时所产生的压力称爆炸压力。爆炸压力的最大值称最大爆炸压力。爆炸压力通常是测量出来的，但也可以根据燃烧反应方程式或气体的内能进行计算。物质不同，爆炸压力也不同，即使是同一种物质因周围环境、原始压力、温度等不同，其爆炸压力也不同。

（二）不同形态物质火灾危险性的评定

1. 气体

爆炸极限和自燃点是评定气体火灾爆炸危险的主要指标。气体的爆炸极限范围越大，爆炸下限越低，其火灾爆炸危险性越大；气体自燃点越高，其火灾爆炸的危险性就越小。另外，气体化学活泼性越强，发生火灾爆炸的危险性越大；气体在空气中的扩散速度越快，火灾蔓延扩展的危险性越大；相对密度大的气体易聚集不散，遇明火容易造成火灾及爆炸事故；易压缩液化的气体遇热后体积膨胀，容易发生火灾爆炸事故。

2. 液体

评定液体危险性的主要指标是闪点和爆炸温度极限。闪点越低，越易着火燃烧；爆炸温度极限范围越大，危险性越大；爆炸温度极限越低，危险性越大。此外，饱和蒸气压、膨胀性、流动扩散性、相对密度、沸点、相对分子质量及化学结构等也都影响其危险性。液体的饱和蒸气压越大，越易挥发，闪点也越低，火灾爆炸的危险性越大；液体受热膨胀系数越大，危险性越大；液体流动扩散快，会加快其蒸发速度，易于起火并蔓延；液体相对密度越小，蒸发速度越快，发生火灾爆炸的危险性越大；液体沸点越低，火灾爆炸危险性越大；同类有机物，相对分子质量越小，火灾爆炸危险性越大，但相对分子质量大的液体，易自燃，应综合考虑；液体化学结构不同，危险性也不同，如烃的含氧衍生物中，醚、醛、酮、酯、醇、酸的危险性依次降低，不饱和化合物比饱和化合物危险性大；异构体比正构体危险性大，等等。

3. 固体

固体物质的火灾危险性主要取决于其熔点、燃点、自燃点、比表面积及热分解性等，其中燃点是评定固体物质火灾危险性的主要标志。熔点、燃点、自燃点越低，危险性越大；固体物质的比表面积越大，危险性越大；固体物质受热分解温度越低，危险性越大。

二、物质火灾危险性分类

（一）物品火灾危险性的分类方法

1. 甲类

甲类物品火灾危险性的特征有以下 6 种情况。

（1）闪点低于 28℃的液体。如：戊烷、石脑油、环戊烷、二硫化碳、苯、甲苯、甲醇、乙醇、乙醚、甲酸甲酯、醋酸甲酯、硝酸乙酯、汽油、丙酮、丙烯、乙醛、60 度以上的白酒等易燃液体均属此类。

（2）爆炸下限小于 10%的气体。如：乙炔、氢气、甲烷、乙烯、丙烯、丁二烯、环氧乙烷、水煤气、硫化氢、氯乙烯、液化石油气等易燃气体均属此类。

（3）既能常温下自行分解，又能在空气中氧化导致迅速自燃或爆炸的物质。如：硝化棉、硝化纤维胶片、喷漆棉、火胶棉、赛璐珞棉、白磷等易燃固体均属此类。

（4）常温下受到水或空气中水蒸气的作用能产生爆炸下限小于 10%的气体并引起着火或爆炸的物质。如：钾、钠、锂、钙、锶等碱金属和碱土金属；氢化锂、四氢化锂铝、氢化钠等金属的氢化物；电石、碳化铝等固体物质均属此类。

（5）遇酸、受热、撞击、摩擦以及遇有机物或硫黄等易燃的无机物，极易引起着火或爆炸的强氧化剂。如：氯酸钾、氯酸钠、过氧化钾、过氧化钠、硝酸铵等强氧化剂均属此类。

（6）受撞击、摩擦或与氧化剂、有机物接触时能引起着火或爆炸的物质。如：红磷、五硫化磷、三硫化磷等易燃固体均属此类。

2. 乙类

乙类物品火灾危险性的特征有以下 6 种情况。

（1）28℃≤闪点<60℃的液体。如：煤油、松节油、丁烯醇、异戊醇、丁醚、醋酸丁酯、硝酸戊酯、乙酰丙酮、环己胺、溶剂油、冰醋酸、樟脑油、蚁酸等易燃液体均属此类。

（2）爆炸下限≥10%的气体。如：氨气、一氧化碳、发生炉煤气等易燃气体均属此类。

（3）不属于甲类的氧化剂。如：硝酸铜、铬酸、亚硝酸钾、重铬酸钠、铬酸钾、硝酸、硝酸汞、硝酸钴、发烟硫酸、漂白粉等氧化剂均属此类。

（4）不属于甲类的化学易燃固体。如：硫黄、镁粉、铝粉、赛璐珞板（片）、樟脑、萘、生松香、硝化纤维漆布、硝化纤维色片等易燃固体均属此类。

（5）氧化性气体。如：氧气、氯气、氟气、压缩空气、氧化亚氮气等氧化性气体均属此类。

（6）常温下与空气接触能缓慢氧化，积热不散能引起自燃的物品。如：漆布、油布、油纸、油绸及其制品等自燃物品均属此类。

3. 丙类

丙类物品火灾危险性的特征具有以下两种情况。

（1）闪点≥60℃的液体。如：动物油、植物油、沥青、蜡、润滑油、机油、重油、闪点≥60℃的柴油、糠醛，高于50度至低于60度的白酒等可燃性液体均属此类。

（2）普通的可燃固体。如：人造纤维及其织物，纸张、棉、毛、丝、麻及其织物，谷物、面粉、天然橡胶及其制品，竹、木、中药材及其制品，电视机、收音机、计算机及已录制的数据磁盘等电子产品，冷库中的鱼、肉等可燃性固体均属此类。

4. 丁类

丁类物品主要指的是难燃物品。难燃物品是指在空气中受到火烧或高温作用时，难起火、难微燃、难炭化，当火源移走后燃烧或微燃立即停止的物品。如：自熄性塑料及其制品、酚醛泡沫塑料及其制品、水泥刨花板等均属此类。

5. 戊类

戊类物品是指不燃物品。不燃物品是指在空气中受到火烧或高温作用时，不起火、不微燃、不炭化的物品。如：氮气、二氧化碳、氟利昂、氩气等惰性气体，水、钢材、铝材、玻璃及其制品，搪瓷制品、陶瓷制品、玻璃棉、石棉、陶瓷棉、硅酸铝纤维、矿棉、水泥、石料、膨胀珍珠岩等均属此类。

注意：丁类、戊类储存物品（难燃物品、不燃物品），当可燃包装重量超过了物品本身重量的1/4，或者可燃包装体积大于物品本身体积的1/2时，应按丙类确定。

（二）生产工艺火灾危险性的分类方法

1. 甲类

甲类生产的火险特征是指使用或产生下列物质的生产。

（1）使用或产生闪点低于28℃液体的生产。如：闪点低于28℃的油品和有机溶剂的提炼、回收或洗涤工段及其泵房，橡胶制品的涂胶和胶浆部位，二硫化碳的粗馏、精馏工段及其应用部位，青霉素提炼部位，原料药厂非纳西汀车间的烃化、回收及电感精馏部位，皂素车间的抽提、结晶及过滤部位，冰片精制部位，农药厂制乐果厂房，敌敌畏的合成厂房，磺化法糖精厂房，氯乙醇厂房，环氧乙烷、环氧丙烷工段，苯酚厂房的磺化、蒸馏部位，焦化厂吡啶工段，胶片片基厂房，汽油加铅室，甲醇、乙醇、丙酮、丁酮、异丙醇、醋酸乙酯、苯等的合成或精制厂房，集成电路工厂的化学清洗间（使用闪点低于28℃的液体），植物油加工厂的浸出厂房等。

（2）使用或产生爆炸下限低于10%的气体的生产。如：乙炔站，氢气站，石油气体分馏（或分离）厂房，氯乙烯厂房，乙烯聚合厂房，天然气、石油伴生气、矿井气、水煤气或焦炉煤气的净化（如脱硫）厂房，压缩机室及鼓风机室，液化石油气灌瓶间，丁二烯及其聚合厂房，醋酸乙烯厂房，电解水或电解食盐水厂房，环己酮厂房，乙基苯和苯乙烯厂房，化肥厂的氢氮气压缩厂房。

（3）使用或产生常温下能自行分解或在空气中氧化即能导致迅速自燃或爆炸物质的生产。如：硝化棉厂房及其应用部位，赛璐珞厂房，白磷制备厂房及其应用部位，三乙基铝厂房，甲胺厂房，丙烯腈厂房等。

（4）使用或产生常温下受到水或空气中水蒸气的作用能产生可燃气体并引起着火或爆炸物质的生产。如：金属钠、钾的加工厂房及其应用部位，聚乙烯厂房的一氯二乙基铝生产部位，三氯化磷厂房，多晶硅车间的三氯氢硅生产部位，五氯化磷厂房等。

（5）使用或产生遇酸、受热、撞击、摩擦、催化，以及遇有机物或硫黄等易燃无机物极易引起燃烧或爆炸强氧化剂的生产。如：氯酸钠、氯酸钾厂房及其应用部位，过氧化氢厂房，过氧化钠、过氧化钾厂房，次氯酸钙厂房等。

（6）使用或产生受撞击、摩擦或与氧化剂、有机物接触时能引起着火或爆炸物质的生产。如：红磷制备厂房及其应用部位、五硫化二磷厂房及其应用部位。

（7）使用或产生在密闭设备内的操作温度等于或超过物质本身自燃点的生产。如：洗涤剂厂房的石蜡裂解部位、冰醋酸裂解厂房等。

2. 乙类

乙类生产的火险特征是指使用或产生下列物质的生产。

（1）使用或产生28℃≤闪点<60℃液体的生产。如：28℃≤闪点<60℃的油品和有机溶剂的提炼、回收、洗涤部位及其泵房，松节油或松香蒸馏厂房及其应用部位，醋酸酐精馏厂房，己内酰胺厂房，甲酚厂房，氯丙醇厂房，樟脑油提取部位，环氧氯丙烷厂房，松节油精制部位，煤油灌桶间等。

（2）使用或产生爆炸下限≥10%气体的生产。如：一氧化碳压缩机室及其净化部位，发生炉煤气或鼓风炉煤气的净化部位等。

（3）使用或产生不属于甲类氧化剂的生产。如：发烟硫酸或发烟硝酸浓缩部位，高锰酸钾厂房，重铬酸钠（红矾钠）厂房等。

（4）使用或产生不属于甲类化学易燃固体的生产。如：樟脑或松香提炼厂房，硫黄回收厂房，焦化厂精苯厂房等。

（5）使用或产生氧化性气体的生产。如：氧气站、空分厂房、液氯灌瓶间等。

（6）使用或产生能与空气形成爆炸性混合物的浮游状态的粉尘、纤维，闪点≥60℃液体雾滴的生产。如：铝粉或镁粉厂房，金属制品抛光部位，煤粉厂房，面粉厂的研磨部位，活性炭制造及再生厂房，谷物筒仓工作塔，亚麻厂的除尘器和过滤器室等。

3. 丙类

丙类生产的火险特征是指使用或产生下列物质的生产。

（1）使用或产生闪点≥60℃液体的生产。如：闪点≥60℃的油品和有机液体的提炼、回收工段及其抽送泵房，香料厂的松油醇、乙酸松油酯部位，苯甲醇厂房，苯乙酮厂房，焦化厂焦油厂房，甘油、桐油的制备厂房，油浸变压器室，机器油或变压器油灌桶间，柴油灌桶间，润滑油再生部位，配电室（每台装油量>60kg的设备），沥青加工厂房，植物油加工厂的精炼部位等。

（2）使用或产生可燃固体的生产。如：煤、焦炭、油母页岩的筛分、运转工段和栈桥或储仓，木工厂房，竹、藤加工厂房，橡胶制品的压延、成型和硫化厂房，针织品厂房，纺织、印染、化纤生产的干燥部位，服装加工厂房，棉花加工和打包厂房，造纸厂备料、干燥厂房，印染厂成品厂房，麻纺厂粗加工厂房，谷物加工厂房，卷烟厂的切丝、卷制、包装厂房，印刷厂的印刷厂房，毛涤厂选毛厂房等。

4. 丁类

丁类生产的火险特征是指具有下列情况的生产。

（1）对不燃物料进行加工，并在高热或熔化状态下经常产生强辐射热、火花或火焰的生产。如：金属冶炼、锻造、铆焊、热轧、铸造、热处理厂房等。

（2）利用气体、液体、固体作为燃料，或将气体、液体燃烧作其他使用的各种生产。如锅炉房，玻璃原料熔化厂房，灯丝烧拉部位，保温瓶胆厂房，陶瓷制品的烘干、烧成厂房，石灰焙烧厂房，电石炉部位，耐火材料烧成部位，转炉厂房，硫酸车间焙烧部位等。

（3）常温下使用或加工难燃物质的生产。如：铝塑材料的加工厂房，酚醛泡沫塑料的加工厂房，印染厂的漂炼部位，化纤厂后加工润湿部位等。

5. 戊类

戊类生产的火险特征是指常温下使用或加工不燃物质的生产，如：制砖车间，石棉加工车间，卷扬机室，水等不燃液体的泵房、阀门室及净化处理工段，金属（镁合金除外）冷加工车间，电动车库，钙、镁、磷肥车间（焙烧炉除外），造纸厂或化学纤维厂的浆粕蒸煮工段，仪表、器械或车辆装配车间，氟利昂厂房，水泥厂的转窑厂房，加气混凝土厂的材料准备、构件制作厂房等。

（三）火灾类型

在《火灾分类》（GB/T 4968—2008）中，火灾根据可燃物的类型和燃烧特性，分为A、B、C、D、E、F六大类。

A 类火灾：指固体物质火灾。这种物质通常具有有机物性质，一般在燃烧时能产生灼热的余烬。如木材、干草、煤炭、棉、毛、麻、纸张等火灾。

B 类火灾：指液体或可熔化的固体物质火灾。如煤油、柴油、原油、甲醇、乙醇、沥青、石蜡、塑料等火灾。

C 类火灾：指气体火灾。如煤气、天然气、甲烷、乙烷、丙烷、氢气等火灾。

D 类火灾：指金属火灾。如钾、钠、镁、钛、锆、锂、铝镁合金等火灾。

E 类火灾：指带电火灾。物体带电燃烧的火灾。

F 类火灾：指烹饪器具内的烹饪物（如动植物油脂）火灾。

（四）火灾等级划分

特别重大火灾：指造成 30 人以上死亡，或者 100 人以上重伤，或者 1 亿元以上直接财产损失的火灾。

重大火灾：指造成 10 人以上 30 人以下死亡，或者 50 人以上 100 人以下重伤，或者 5000 万元以上 1 亿元以下直接财产损失的火灾。

较大火灾：指造成 3 人以上 10 人以下死亡，或者 10 人以上 50 人以下重伤，或者 1000 万元以上 5000 万元以下直接财产损失的火灾。

一般火灾：指造成 3 人以下死亡，或者 10 人以下重伤，或者 1000 万元以下直接财产损失的火灾。（注："以上"包括本数，"以下"不包括本数。）

三、非互容性危险物

大体指两种或两种以上不同物质混合后发生化学反应，会产生爆炸、有毒气体（如氯气、氯化氢等）等危险。按具体产生的危害类型可分为毒性危险、反应危险、水敏性危险。

表 6-2 给出了一些会发生反应的危险性物质。物质一和物质二不能在无控制条件下接触，不然会发生剧烈反应。

表 6-2　可发生反应风险的非互容物质

物质一	物质二
碱金属或碱土金属	二氧化碳、四氯化碳、烃氯代衍生物
苯胺	硝酸、过氧化氢
乙炔	氟气、氯气、溴、铜、银、汞
氧化钙	水
活性炭	次氯酸钙
硝基烷烃	无机碱、胺
有机过氧化物	酸（有机或无机）
磷（白）	空气、氧气
高锰酸钾	甘油、乙二醇、苯甲醛、硫酸
草酸	银、汞
亚硝酸钠	硝酸铵或其他铵盐
硫酸	氯酸盐、高氯酸盐、高锰酸盐

如表 6-3，列有一些非互容化学物质的毒性危险。物质一与物质二必须完全隔绝，否则会生成具有毒性的物质三。

表 6-3　可产生剧毒物质的非互容物质

物质一	物质二	物质三	物质一	物质二	物质三
含砷物质	任何还原剂	砷化氢	亚硝酸盐	酸	亚硝酸烟雾
叠氮化物	酸	叠氮化氢	磷	苛性碱或还原剂	磷化氢
氰化物	酸	氢氰酸	硒化物	还原剂	砷化氢
次氯酸盐	酸	氯或次氯酸	硫化物	酸	硫化氢
硝酸盐	硫酸	二氧化氮	碲化物	还原剂	碲化氢
硝酸	铜或重金属	二氧化氮			

水敏性危险，如遇水燃烧物质遇水或受潮后反应的剧烈程度和危险性大小不一，有些物质遇水后能发生剧烈反应，产生可燃气体多，且放出的热量大，极易引起自燃或爆炸，如钾、钠、金属的氢化物和磷化钙等；有些物质遇水发生的反应比较缓慢，放出的热量比较少，产生的可燃气体一般需与火源接触，才能发生燃烧或爆炸，如保险粉、钙、锌粉、铝粉等。

四、火灾爆炸危险品储存和运输

危险品是易燃易爆有强烈腐蚀性的物品的统称，危险品的运输存在巨大的危险性，稍不注意可能会造成物资损失或者人员伤亡。根据不同的性质，危险品分为以下几种：以燃烧爆炸为主要特性的压缩气体、液化气体、易燃液体、易燃固体、自燃物品、遇湿易燃物品和氧化剂、有机过氧化物以及毒害品、腐蚀品中部分易燃易爆化学物品。

（一）火灾爆炸危险品储存

化学危险品必须储存在专用仓库、专用场地或专用储存室（柜），并设专人管理。化学危险品专用仓库，应当符合有关安全防火规定，并根据物品的种类、性质，设置相应的通风、防爆、泄压、防火、防雷、报警、灭火、防晒、调温、消除静电、防护围堤等安全设施。储存化学危险品应当符合下列要求：化学危险品应当分类分项存放，堆垛之间的主要通道应当有安全距离，不得超量储存；遇火、遇潮容易燃烧、爆炸或产生有毒气体的化学危险物品，不得在露天、潮湿、漏雨和低洼容易积水的地点存放；受照射容易燃烧、爆炸或产生有毒气体的化学危险品和桶装、罐装易燃液体、气体应当在阴凉通风地点存放；化学性质或防护、灭火方法相互抵触的化学危险品，不得在同一仓库或同一储存室存放。

化学危险品入库前，必须进行检查登记，入库后应当定期检查。储存化学危险品的仓库严禁吸烟和使用明火，进入仓库区的机动车辆必须采取防火措施。储存化学危险品的仓库，应当根据消防条例，配备消防力量和灭火措施以及通信、报警装置。

（二）火灾爆炸危险品运输

① 轻拿轻放，防止撞击、拖拉和倾倒。

② 碰撞、互相接触容易引起燃烧、爆炸或造成其他危险的化学危险品，以及化学性质或防护、灭火方法相互抵触的化学危险品，不得违反配装限制和混合装运。

③ 遇湿、遇潮容易引起燃烧、爆炸或产生有毒气体的化学危险品，在装运时应当采取隔热、防潮措施。装运化学危险品时不得客货混装。载客的火车、船舶、飞机机舱不得装运化学危险品。

（三）化学危险品的使用

生产和使用化学危险品的企业，应当根据化学危险品的种类、性能，设置相应的通风、防火、防爆、防毒、监测、报警、降温、防潮、避雷、防静电、隔离操作等安全设施。生产和使用化学危险品时，必须有安全防护措施和用具。盛装化学危险品的容器，在使用前后，必须进行检查，消除隐患，防止火灾、爆炸、中毒等事故发生。必须按照《环境保护法》的规定，妥善处理废水、废气、废渣。销毁、处理有燃烧、爆炸、中毒和其他危险的废弃化学危险品，销毁时应当采取安全措施，并征得所在地公安和生态环境等部门同意。

第三节　防火防爆的基本技术措施

防火防爆技术是安全技术的重要内容之一，为了保证安全生产，首先必须做好预防工作，消除可能引起燃烧爆炸的危险因素，同时这也是最根本的解决方法。

根据物质燃烧原理，在生产过程中防止火灾和爆炸事故的基本原则是针对物质燃烧的两个必要条件而提出的。一方面是使燃烧系统不能形成，防止和限制火灾爆炸危险物、助燃物和着火源三者之间的直接相互作用；另一方面是消除一切足以导致着火的火源以及防止火焰及爆炸的扩展。可用以下方法进行有效控制。

一、点火源的控制

燃烧三要素包括点火源、可燃物、氧化剂。点火源是指能够使可燃物与助燃物（包括某些爆炸性物质）发生燃烧或爆炸的能量来源。这种能量来源常见的是热能，还有电能、机械能、化学能、光能等。为预防火灾及爆炸灾害，对点火源进行控制是防止燃烧三要素同时存在的一个重要措施。在化工生产中的点火源主要包括：明火、高温表面、电气火花、静电火花、冲击与摩擦、化学反应热、光线及射线等。对上述点火源进行分析，并采取适当措施，是安全管理工作的重要内容。

（一）明火

化工生产中的明火主要是指生产过程中的加热用火、维修用火及其他火源。

1. 加热用火的控制

加热易燃液体时，应尽量避免采用明火，而采用蒸汽、过热水、中间载热体或电热等；如果必须采用明火，则设备应严格密闭，并定期检查，防止泄漏。工艺装置中明火设备，应远离可能泄漏的可燃气体或蒸气的工艺设备及贮罐区；在积存有可燃气体、蒸气的地沟、深坑、下水道内及其附近，没有消除危险之前，不能进行明火作业。在确定的禁火区内，要加强管理，杜绝明火的存在。

2. 维修用火的控制

维修用火主要是指焊割、喷灯、熬炼用火等。在有火灾爆炸危险的厂房内，应尽量避免焊割作业，必须进行切割或焊接作业时，应严格执行动火安全规定；在有火灾爆炸危险场所使用喷灯进行维修作业时，应按动火制度进行并将可燃物清理干净；对熬炼设备要经常检查，防止烟道串火和熬锅破漏，同时要防止物料过满而溢出。在生产区熬炼时，应注意熬炼地点的选择。此外，烟囱飞火、机动车的排气管喷火，都可以引起可燃气体、蒸气的燃烧爆炸，要加强对上述火源的监控与管理。

（二）高温表面

在化工生产中，加热装置、高温物料输送管线及机泵等表面温度均较高，要防止可燃物落在上面，引燃着火。可燃物的排放要远离高温表面。如果高温管线及设备与可燃物装置较接近，高温表面应有隔热措施。加热温度高于物料自燃点的工艺过程，应严防物料外泄或空气进入系统。照明灯具的外壳或表面都有很高温度，100W 的白炽灯表面最高温度为 170～220℃；高压汞灯的表面温度和白炽灯相差不多，为 150℃～200℃；1000W 卤钨灯管表面温度可达 500～800℃。灯泡表面的高温可点燃附近的可燃物品，因此在易燃易爆场所，严禁使用这类灯具。各种电气设备在设计和安装时，应考虑一定的散热或通风措施，使其在正常稳定运行时，它们的放热与散热平衡，其最高温度和最高温升（即最高温度和周围环境温度之差）符合规范所规定的要求，从而防止电气设备因过热而导致火灾、爆炸事故。

（三）电火花及电弧

电火花是电极间的击穿放电，电弧则是大量电火花汇集的结果。一般电火花的温度均很高，特别是电弧，温度可达 3600～6000℃。电火花和电弧不仅能引起绝缘材料燃烧，而且可以引起金属熔化飞溅，构成危险的火源。电火花分为工作火花和事故火花。工作火花是指电气设备正常工作时或正常操作过程中产生的火花。如直流电机电刷与整流片接触处的火花，开关或继电器分合时的火花，短路、保险丝熔断时产生的火花等。除上述电火花外，电动机转子和定子发生摩擦或风扇叶轮与其他部件碰撞产生的机械性质火花；灯泡破碎时露出的温度高达 2000～3000℃的灯丝，都可能成为引发电气火灾的火源。

1. 防爆电气设备类型

为了满足化工生产的防爆要求，必须了解并正确选择防爆电气设备的类型。防爆电气设备类型可分为隔爆型，标志 d；充油型，标志 o；增安型，标志 e；充砂型，标志 q；正压型，标志 p；防爆特殊型，标志 s 等。

2. 防爆电气设备的选型

为了正确选择防爆电气设备，下面将 8 种防爆型电气设备的特点做一些简要介绍。

（1）隔爆型电气设备。有一个隔爆外壳，是应用缝隙隔爆原理，使设备外壳内部产生的爆炸火焰不能传播到外壳的外部，从而保护周围环境中爆炸性介质的电气设备。

（2）增安型电气设备。是在正常运行情况下不产生电弧、火花或危险温度的电气设备。

（3）正压型电气设备。具有保护外壳，壳内充有保护性气体，其压力高于周围爆炸性气体的压力，能阻止外部爆炸性气体进入设备内部引起爆炸。

（4）本质安全型电气设备。是由本质安全电路构成的电气设备。在正常情况下及事故时产生的火花、危险温度不会引起爆炸性混合物爆炸。

（5）充油型电气设备。是应用隔爆原理将电气设备全部或一部分浸没在绝缘油面以下，使得产生的电火花和电弧不会点燃油面以上及容器外壳外部的燃爆型介质。运行中经常产生电火花以及有活动部件的电气设备可以采用这种防爆形式。

（6）充砂型电气设备。是应用隔爆原理将可能产生火花的电气部位用砂粒覆盖，利用覆盖层砂粒间隙的熄火作用，使电气设备的火花或过热温度不致引燃周围环境中的爆炸性物质。

（7）无火花型电气设备。在正常运行时不会产生火花、电弧及高温表面的电气设备。

（8）防爆特殊型电气设备。电气设备采用《爆炸性环境》（GB/T 3826—2021）中未包括的防爆形式，属于防爆特殊型电气设备。该类设备必须经指定的鉴定单位检验。

（四）静电

化工生产中，物料、装置、器材、构筑物以及人体所产生的静电积累，对安全构成严重威胁。据资料统计，日本 1965～1973 年间，由静电引起的火灾平均每年达 100 起以上，仅 1973 年就多达 139 起，损失巨大，危害严重。静电能够引起火灾爆炸的根本原因，在于静电放电火花具有点火能量。许多爆炸性蒸气、气体和空气混合物点燃的最小能量为 0.009～7mJ。当放电能量小于爆炸性混合物最小点燃能量的 1/4 时，可认为是安全的。

静电防护主要是设法消除或控制静电产生和积累的条件，主要有工艺控制法、泄漏法和中和法。工艺控制法就是采取选用适当材料、改进设备和系统的结构、限制流体的速度以及净化输送物料、防止混入杂质等措施，控制静电产生和积累的条件，使其不会达到危险程度。泄漏法就是采取增湿、导体接地、采用抗静电添加剂和导电性地面等措施，促使静电电荷从绝缘体上自行消散。中和法是在静电电荷密集的地方设法产生带电离子，使该处静电电荷被中和，从而消除绝缘体上的静电。

为防止静电放电火花引起的燃烧爆炸，可根据生产过程中的具体情况采取相应的防静电措施。例如，将容易积聚电荷的金属设备、管道或容器等安装可靠的接地装置，以导除静电，是防止静电危害的基本措施之一。下列生产设备应有可靠的接地：输送可燃气体和易燃液体的管道以及各种闸门、灌油设备和油槽车；通风管道上的金属过滤网；生产或加工易燃液体和可燃气体的设备贮罐；输送可燃粉尘的管道、生产粉尘的设备以及其他能够产生静电的生产设备。防静电接地的每处接地电阻不宜超过规定的数值。

（五）摩擦与撞击

化工生产中，摩擦与撞击也是导致火灾、爆炸的原因之一。如机器上轴承等转动部件因润滑不均或未及时润滑而引起的摩擦发热起火、金属之间的撞击而产生的火花等。因此在生产过程中，特别要注意以下几个方面的问题：设备应保持良好的润滑，并严格保持一定的油位；搬运盛装可燃气体或易燃液体的金属容器时，严禁抛掷、拖拉、震动，防止因摩擦与撞击而产生火花；防止铁器等落入粉碎机、反应器等设备内因撞击而产生火花；防爆生产场所禁止穿带铁钉的鞋；禁止使用铁制工具。

二、火灾爆炸危险物质的安全处理

火灾爆炸危险物质的一般处理方法包括以下几种。

（一）用难燃或不燃物质代替可燃物质

选择危险性较小的液体时，沸点及蒸气压很重要。沸点在 110℃以上的液体，常温下（18～20℃）不能形成爆炸浓度。例如20℃时，蒸气压为 800Pa 的醋酸戊酯，其浓度为 44g/m³，醋酸戊酯的爆炸浓度为 119～541g/m³。常温下的浓度仅约为爆炸下限的 1/3。

（二）根据物质的危险特性采取措施

对本身具有自燃能力的油脂以及遇空气自燃、遇水燃烧爆炸的物质等，应采取隔绝空气、防水、防潮或通风、散热、降温等措施，以防止物质自燃或发生爆炸。相互接触能引起燃烧爆炸的物质不能混存，遇酸、碱会分解爆炸的物质应防止与酸、碱接触，对机械作用比较敏感的物质要轻拿轻放。易燃、可燃气体和液体蒸气要根据它们的相对密度采取相应的排污方法。根据物质的沸点、饱和蒸气压考虑设备的耐压强度、贮存温度、保温降温措施等。根据它们的闪点、爆炸范围、扩散性等采取相应的防火防爆措施。某些物质如乙醚等，受到阳光照射可生成危险的过氧化物，因此，这些物质应存放于金属桶或暗色的玻璃瓶中。

（三）密闭与通风措施

1. 密闭措施

为防止易燃气体、蒸气和可燃性粉尘与空气构成爆炸性混合物，应设法使设备密闭。对于有压设备更需保证其密闭性，以防气体或粉尘逸出。在负压下操作的设备，应防止进入空气。为了保证设备的密闭性，对危险设备或系统应尽量少用法兰连接，但要保证安装和检修方便。输送危险气体、液体的管道应采用无缝管。盛装腐蚀性介质的容器底部尽可能不装开关和阀门，腐蚀性液体应从顶部抽吸排出。如设备本身不能密闭，可采用液封。负压操作可防止系统中有毒或爆炸危险性气体逸入生产场所。例如在焙烧炉、燃烧室及吸收装置中都是采用这种方法。

2. 通风措施

实际生产中，完全依靠设备密闭，消除可燃物在生产场所的存在是不大可能的，往往还要借助于通风措施来降低车间空气中可燃物的含量。通风按动力来源可分为机械通风和自然通风，机械通风按换气方式又可分为排风和送风。

（四）惰性介质保护

化工生产中常用的惰性介质有氮气、二氧化碳、水蒸气及烟道气等。这些气体常用于以下几个方面。

① 易燃固体物质的粉碎、研磨、筛分、混合以及粉状物料输送时，可用惰性介质保护。

② 可燃气体混合物在处理过程中可加入惰性介质保护。

③ 具有着火爆炸危险的工艺装置、贮罐、管线等配备惰性介质，以备在发生危险时使用，可燃气体的排气系统尾部用氮封。

④ 采用惰性介质（氮气）压送易燃液体。

⑤ 爆炸性危险场所中，非防爆电气设备、仪表等的充氮保护以及防腐蚀等。

⑥ 有着火危险设备的停车检修处理。

⑦ 危险物料泄漏时用惰性介质稀释。

使用惰性介质时，要有固定贮存输送装置。根据生产情况、物料危险特性，采用不同的惰性介质和不同的装置。例如，氢气的充填系统最好备有高压氮气，地下苯贮罐周围应配有高压蒸气管线等。化工生产中惰性介质的需要用量取决于系统中氧浓度的下降值。部分可燃物质最高允许含氧量见表 6-4。使用惰性气体时必须注意，其具有使人窒息的危险。

表 6-4　部分可燃物质最高允许含氧量　　　　　单位：%

可燃物质	用二氧化碳	用氮	可燃物质	用二氧化碳	用氮
甲烷	11.5	9.5	氢	0	4
乙烷	10.5	9	一氧化碳	12.5	4.5
丙烷，丁烷	11.5	9.5	丙酮	11	11
汽油	11	9	苯	12～15	9
乙烯	9	8	煤粉	11	7
丙烯	11	9	麦粉	9	8
乙醚	10.5	8	硫黄粉	2.5	
甲醇	11	8.5	铝粉	8	
乙醇	10.5	8.5			
丁二醇		10.5			

三、工艺参数的安全控制

化工生产过程中的工艺参数主要包括温度、压力、流量及物料配比等。实现这些参数的自动调节和控制是保证化工安全生产的重要措施。

（一）反应温度控制

温度是化学工业生产的主要控制参数之一。各种化学反应都有其最适宜的温度范围，正确控制反应温度不但可以保证产品的质量，而且也是防火防爆所必须的。如果超温，反应物有可能分解起火，造成压力升高，甚至导致爆炸；也可能因温度过高而产生副反应，生成危险的副产物或过反应物。升温过快、过高或冷却设施发生故障，可能会引起剧烈反应，乃至冲料或爆炸。温度过低会造成反应速度减慢或停滞，温度一旦恢复正常，往往会因为未反应物料过多而使反应加剧，有可能引起爆炸。温度过低还会使某些物料冻结，造成管道堵塞或破裂，致使易燃物料泄漏引发火灾或爆炸。

1. 控制反应温度（除去反应热）

化学反应一般都伴随着热效应，即会放出或吸收一定热量。例如基本有机合成中的各种氧化反应、氯化反应、水合和聚合反应等均是放热反应；而各种裂解反应、脱氢反应、脱水反应等则是吸热反应。为使反应在一定温度下进行，必须在反应系统中加入或移去一定的热量，以防因过热而发生危险。例如乙烯氧化制环氧乙烷是一个典型的放热反应。环氧乙烷沸点低（10.7℃），爆炸范围极宽（3%～100%），没有氧气存在也能发生分解爆炸。此外，杂质存在易引起自聚并放出热量，使湿度升高，遇水进行水合反应，也放出热量。如果反应热不及时导出，湿度过高会使乙烯完全燃烧而放出更多热量，使温度急剧升高，导致爆炸。因此，要从这一反应系统中移去一定的热量。

具体方法如下。

（1）夹套冷却、内蛇管冷却或两者兼用。

（2）稀释剂回流冷却。

（3）惰性气体循环冷却。

（4）采用一些特殊结构的反应器或在工艺上采取一些措施。如合成甲醇是强放热反应，可在反应器内装配热交换器，将混合合成气分两路，对其中一路控制流量以控制反应温度。

（5）加入其他介质，如通入水蒸气带走部分反应热。如乙醇氧化制取乙醛就是采用乙醇蒸气、空气和水蒸气的混合气体，将其送入氧化炉，在催化剂作用下生成乙醛。反应过程中，利用水蒸气的吸热作用将多余的反应热带走。

2．防止搅拌中断

搅拌可以加速热量的传递。有的生产过程如果搅拌中断，可能会造成散热不良或局部反应过于剧烈而发生危险。例如，苯与浓硫酸进行磺化反应时，物料加入后由于迟开搅拌，造成物料分层。搅拌开动后，反应剧烈，冷却系统不能及时地将大量的反应热移去，导致热量积累，温度升高，未反应完的苯很快受热气化，造成设备、管线超压爆裂。所以，加料前必须开动搅拌，防止物料积存。生产过程中，若由于停电、搅拌机械发生故障等造成搅拌中断时，加料应立即停止，并且应当采取有效的降温措施。对因搅拌中断可能引起事故的反应装置，应当采取防止搅拌中断的措施，例如可采用双路供电。

3．正确选择传热介质

传热介质，即热载体，常用的有水、水蒸气、碳氢化合物、熔盐、汞和熔融金属、烟道气等。

（1）应尽量避免使用性质与反应物料相抵触的物质作冷却介质。例如，环氧乙烷很容易与水剧烈反应，甚至极微量的水分渗入液态环氧乙烷中也会引发自聚放热产生爆炸。又如，金属钠遇水剧烈反应而爆炸。所以在加工过程中，这些物料的冷却介质不得用水，一般采用液体石蜡。

（2）防止传热面结垢。在化学工业中，设备传热面结垢是普遍现象。传热面结垢不仅会影响传热效率，更危险的是在结垢处易形成局部过热点，造成物料分解而引发爆炸。结垢的原因有：由于水质不好而结成水垢；物料黏结在传热面上；特别是因物料聚合、缩合、凝聚、炭化而引起结垢，极具危险性。换热器内传热流体宜采用较高流速，这样既可以提高传热效率，又可以减少污垢在传热表面的沉积。

（3）传热介质使用安全。传热介质在使用过程中处于高温状态，安全问题十分重要。高温传热介质，如联苯混合物（73.5%联苯醚和26.5%联苯）在使用过程中要防止低沸点液体（如水或其他液体）进入，低沸点液体进入高温系统，会立即气化超压而引起爆炸。传热介质运行系统不得有死角，以免容器试压时积存水或其他低沸点液体。传热介质运行系统在水压试验后，一定要有可靠的脱水措施，在运行前应进行干燥吹扫处理。

（二）投料控制

1．投料速度控制

对于放热反应，投料速度不能超过设备的传热能力，否则，物料温度将会急剧升高，引起物料的分解、突沸，造成事故。加料时如果温度过低，往往造成物料的积累、过量，温度一旦适宜反应加剧，加之热量不能及时导出，温度和压力都会超过正常指标，导致事故。如某农药厂"保棉丰"反应釜，按工艺要求，在不低于75℃的温度下，4h内可加工完100kg双氧水。但由于投料温度为 70℃，开始反应速率慢加之投入冷的双氧水使温度降至 52℃，因此将投料速度加快，在 1h 20min 投入双氧水 80kg，造成双氧水与原油剧烈反应，反应热来不及导出而温度骤升，仅在 6s 内温度就升至 200℃以上，使釜内物料气化引起爆炸。

投料速度太快，除影响反应速度外，还可能造成尾气吸收不完全，引起毒性或可燃性气体外逸。如某农药厂乐果生产硫化岗位，由于投料速度太快，硫化氢尾气来不及吸收而外逸，引起中毒事故。当反应温度不正常时，首先要判明原因，不能随意采用补加反应物的办法提高反应温度，更不能采用先增加投料量而后补热的办法。

2. 投料配比

反应物料的配比要严格控制，影响配比的因素都要准确分析和计量，例如，反应物料的浓度、含量、流量、重量等。对连续化程度较高、危险性较大的生产，在刚开车时要特别注意投料的配比。例如，在环氧乙烷生产中，乙烯和氧混合进行反应，其配比临近爆炸极限，为保证安全，应经常分析气体含量，严格控制配比，并尽量减少开停车次数。催化剂对化学反应的速度影响很大，如果配料失误，多加催化剂，就可能发生危险。可燃物与氧化剂进行的反应，要严格控制氧化剂的投料量。在某一比例下能形成爆炸性混合物的物料，生产时其投料量应尽量控制在爆炸范围之外，如果工艺条件允许，可以添加水、水蒸气或惰性气体进行稀释保护。

3. 投料顺序

在涉及危险品的生产中，必须按照一定的顺序进行投料。例如，氯化氢的合成，应先向合成塔通入氢气，然后通入氯气；生产三氯化磷，应先投磷，后投氯，否则可能发生爆炸。又如，用 2,4-二氯苯酚和对硝基氯苯加碱生产除草醚，3 种原料必须同时加入反应罐，在 190℃下进行缩合反应。为了防止误操作，造成颠倒程序投料，可将进料阀门进行联锁动作。

4. 原料纯度

反应物料中危险杂质的增加可能会导致副反应或过反应，引发燃烧或爆炸事故。对于化工原料和产品，纯度和成分是质量要求的重要指标，对生产和管理安全也有着重要影响。比如，乙炔和氯化氢合成氯乙烯，氯化氢中游离氯不允许超过 0.005%，因为过量的游离氯与乙炔反应生成四氯乙烷会立即起火爆炸。又如在乙炔生产中，电石中含磷量不得超过 0.08%。因为磷在电石中主要是以磷化钙的形式存在，磷化钙遇水生成磷化氢，遇空气燃烧，有可能导致乙炔和空气混合物的爆炸。

反应原料气中，如果其中含有的有害气体不清除干净，在物料循环过程中会不断积累，最终会导致燃烧或爆炸等事故的发生。清除有害气体，可以采用吸收的方法，也可以在工艺上采取措施，使之无法积累。例如高压法合成甲醇，在甲醇分离器之后的气体管道上设置放空管，通过控制放空量以保证系统中有用气体的比例。有时有害杂质来自未清除干净的设备。例如在六氯环己烷生产中，合成塔可能留有少量的水，通氯后水与氯反应生成次氯酸，次氯酸受光照射产生氧气，与苯混合发生爆炸。所以这类设备一定要清理干净，符合要求后才能投料。

反应原料中的少量有害成分，在生产的初始阶段可能无明显影响，但在物料循环使用过程中，有害成分越积越多，以致影响生产正常进行，造成严重问题。所以在生产过程中，需定期排放有害成分。

有时在物料的贮存和处理中加入一定量的稳定剂，可以防止某些杂质引起事故。如氰化氢在常温下呈液态，贮存时水分含量必须低于 1%，置于低温密闭容器中。如果有水存在，可生成氨，作为催化剂引起聚合反应，聚合热使蒸气压力上升，导致爆炸事故的发生。为了提高氰化氢的稳定性，常加入浓度为 0.001%～0.5%的硫酸、磷酸或甲酸等酸性物质作为稳定剂，或将其吸附在活性炭上加以保存。

5. 投料量

化工反应设备或贮罐都有一定的安全容积，带有搅拌器的反应设备要考虑搅拌开动时的液面升高；贮罐、气瓶要考虑温度升高后液面或压力的升高。若投料过多，超过安全容积系数，往往会引起溢料或超压。投料过少，可能使温度计接触不到液面，导致温度出现假象，由于判断错误而发生事故；可能使加热设备的加热面与物料的气相接触，使易于分解的物料分解，从而引起爆炸。

6. 过反应的控制

许多过反应的生成物是不稳定的，容易造成事故，所以在反应过程中要防止过反应的发生。如三氯化磷合成是把氯气通入黄磷中，产物三氯化磷沸点为 75℃，很容易从反应釜中逸出。但如果反应过头，则生成固体五氯化磷，100℃时才升华。五氯化磷比三氯化磷的反应活性高得多，遇水发热、冒烟甚至燃烧爆炸。由于黄磷的过反应而发生的爆炸事故时有发生，对于这一类反应，往往要保留一部分未反应物，使过反应不至于发生。

在某些化工过程中，要防止物料与空气中的氧反应生成不稳定的过氧化物。有些物料，如乙醚、异丙醚、四氢呋喃等，如果在蒸馏时有过氧化物存在，极易发生爆炸。

（三）溢料和泄漏的控制

溢料主要是指化学反应过程中由于加料、加热速度较快产生液沫引起的物料溢出，以及在配料等操作过程中由于泡沫夹带而引起的物料溢出。由于溢料时相界面不清，给液面的调节控制带来困难。反应过程中，溢料使反应物料外泄，容易发生事故。在连续封闭的生产过程中，溢料又容易引起冲浆、液泛等操作事故。为了减少泡沫，防止出现溢料现象，第一，应该稳定加料量，平稳操作；第二，在工艺上可采取真空消泡的措施，通过调节合理的真空差来消除泡沫，如在橡胶生产脱除挥发物的操作中可通过调节脱挥塔塔顶与塔釜的真空度差来减少脱气过程的泡沫，以防止冲浆；第三，在工艺允许的情况下加入消泡剂消减泡沫；第四，在配料操作中可通过调节配料温度和配料糟的搅拌强度，减少泡沫和溢料。

化工生产中还存在着物料的跑、冒、滴、漏的现象，容易引起火灾爆炸事故。

造成跑、冒、滴、漏一般有以下三种情况。

（1）操作漫不经心或误操作，例如，收料过程中的槽满跑料、分离器液面控制不稳、开错排污阀等。

（2）设备管线和机泵的结合面不严密。

（3）设备管线被腐蚀，未及时检修更换。

为了确保安全生产，杜绝跑、冒、滴、漏，必须加强操作人员和维修人员的责任心和技术培训，稳定工艺操作，提高检修质量，保证设备完好率，降低泄漏率。

为了防止误操作，对比较重要的各种管线应涂以不同颜色以示区别，对重要的阀门要采取挂牌、加锁等措施。不同管道上的阀门应相隔一定的间距，以免启闭错误。

（四）自动控制与安全保护装置

1. 自动控制

自动控制系统按其功能分为以下四类。

（1）自动检测系统。对机械、设备或过程进行连续检测，把检测对象的参数如温度、压力、流量、液位、物料成分等信号，由自动装置转换为数字，并显示或记录出来的系统。

（2）自动调节系统。通过自动装置的作用，使工艺参数保持在设定值的系统。

（3）自动操纵系统。对机械、设备或过程的启动、停止及交换、接通等，由自动装置进行操纵的系统。

（4）自动信号、联锁和保护系统。机械、设备或过程出现不正常情况时，会发出警报并自动采取措施，以防事故发生的安全系统。

2. 安全保护装置

（1）信号报警装置。在化工生产中，可配置信号报警装置，在情况失常时发出警告，以便及时采取措施消除隐患。信号报警装置与测量仪表连接，用声、光或颜色示警。例如在硝化反应中，硝化器的冷却水为负压，为了防止器壁泄漏造成事故，在冷却水排出口装有带铃的导电性测量仪，若冷却水中混有酸，导电率便会提高，测量仪会响铃示警。

随着化学工业的发展，警报信号系统的自动化程度不断提高。例如反应塔温度上升的自动报警系统可分为两级，急剧升温检测系统以及与进出口流量相对应的温差检测系统。警报的传送方式按故障的轻重设置信号。但要注意，信号报警装置只能提醒操作者注意已发生的不正常情况或故障，不能自动排除故障。

（2）保险装置。保险装置可在危险状态下自动消除危险或不正常状态。例如，氨的氧化反应是在氨和空气混合物爆炸极限边缘进行的，在气体输送管路上应该安装保险装置，以便在紧急状态下切断气体的输入。在反应过程中，空气的压力过低或氨的温度过低，都有可能使混合气体中氨的浓度提高，达到爆炸下限。在这种情况下，保险装置就会切断氨的输送，只允许空气流过，进而可以防止爆炸事故的发生。

（3）安全联锁装置。联锁就是利用机械或电气控制依次接通各个仪器和设备，使之彼此发生联系，达到安全运行的目的。安全联锁装置是对操作顺序有特定安全要求、防止误操作的一种安全装置，有机械联锁安全装置和电气联锁安全装置两种。例如，硫酸与水的混合操作，必须先把水加入设备，再注入硫酸，否则将会发生喷溅和灼伤事故。把注水阀门和注酸阀门依次联锁起来，就可以达到此目的。某些需要经常打开孔盖的带压反应容器，在开盖之前必须卸压。频繁操作时容易疏忽出现差错，如果把卸掉罐内压力和打开孔盖联锁起来，就可以安全无误。

常见的安全联锁装置用于以下几种情况：①同时或依次放两种液体或气体时；②在反应终止需要惰性气体保护时；③打开设备前预先解除压力或需要降温时；④打开两个或多个部件、设备、机器由于操作错误容易引起事故时；⑤当工艺控制参数达到某极限值，开启处理装置时；⑥某危险区域或部位禁止人员入内时。

四、火灾及爆炸蔓延的控制

（一）分区隔离、露天布置、远距离操纵

1. 分区隔离

在总体设计时，应慎重考虑危险车间的布置位置。危险车间与其他车间或装置应保持一定的间距，充分估计相邻车间建（构）筑物可能引起的相互影响。对于个别危险性大的设备，可采用隔离操作和防护屏的方法使操作人员与生产设备隔离。

在同一车间的各个工段，应视其生产性质和危险程度予以隔离，各种原料成品、半成品的贮藏，也应按其性质、贮量不同进行隔离。

2. 露天布置

为了便于有害气体的散发，减少因设备泄漏而造成易燃气体在厂房内积聚的危险性，宜将此类设备和装置布置在露天或半露天场所。如石化企业的大多数设备都是露天安装的。对于露天安装的设备，应考虑气象条件对设备、工艺参数、操作人员健康的影响，并应有合理的夜间照明。

3. 远距离操纵

在化工生产中，大多数的连续生产过程需要根据反应进行情况和程度来调节各种阀门。而某些阀门操作人员难以接近，开闭又较费力，或要求迅速启闭，这些情况都应进行远距离操纵。对热辐射高的设备及危险性大的反应装置，也应采取远距离操纵。远距离操纵主要由机械传动、气压传动、液压传动和电动操纵。

（二）阻火与防爆安全装置

1. 阻火装置

阻火装置包括阻火器、安全液封和单向阀等，其作用是防止外部火焰蹿入有燃烧爆炸危险的设备、容器和管道，或阻止火焰在设备和管道间蔓延和扩散。

（1）阻火器。阻火器应用火焰通过热导体的狭小孔隙时，由于热量损失而熄灭的原理设计制造。在易燃易爆物料生产设备与输送管道之间，或易燃液体、可燃气体容器、管道的排气管上，多采用阻火器阻火。阻火器有金属网、砾石、波纹金属片等形式。

① 金属网阻火器。阻火层用金属网叠加组成的阻火器。

② 砾石阻火器。用砂粒、卵石、玻璃球等作为填料。

③ 波纹金属片阻火器。壳体由铝合金铸造而成，阻火层由 0.1～0.2mm 不锈钢压制而成波纹型。

（2）安全液封。安全液封的阻火原理是液体封在进出口之间，一旦液封的一侧着火，火焰都将在液封处被熄灭，从而阻止火焰蔓延。一般安装在气体管道与生产设备或气柜之间，一般用水作为阻火介质。常用的安全液封有敞开式和封闭式两种。

水封井是具有代表性的安全液封，将其使用在散发可燃气体和易燃液体蒸汽等油污的污水管网上，可防止燃烧、爆炸沿污水管网蔓延扩展。注意：当生产污水能产生引起爆炸或火灾的气体时，其管道系统中必须设置水封井，水封井位置应设在产生上述污水的排出口处及其干管上每隔适当距离处。水封深度不宜小于 0.25m，井上宜设通风设施，井底应设沉泥槽。水封井以及同一管道系统中的其他检查井，均不应设在车行道和行人众多的地段，并应适当远离产生明火的场地。

（3）单向阀。亦称止逆阀、止回阀。生产中常用于只允许流体在一定的方向流动，阻止在流体压力下降时返回生产流程。如向易燃易爆物质生产的设备内通入氮气置换，置换作业中氮气管网故障压力下降，在氮气管道通入设备前设一单向阀，即可防止物料倒入氮气管网。单向阀的用途很广，液化石油气钢瓶上的减压阀就是一种单向阀。生产中常用的单向阀有升降式、摇板式、球式等。装置中的辅助管线（水、蒸汽、空气、氮气等）与可燃气体、液体设备、管道连接的生产系统，均可采用单向阀来防止发生蹿料危险。

（4）阻火闸门。阻火闸门是为了阻止火焰沿通风管道蔓延而设置的阻火装置。在正常情况下，阻火闸门受呈环状或条状的易熔元件的控制，处于开启状态，一旦着火，温度升高，易熔元件熔化，阻火闸门失去控制，闸门自动关闭，阻断火的蔓延。易熔元件通常用低熔点合金或有机材料制成。也有的阻火闸门是手动的，即在遇火警时由人迅速关闭。

（5）火星熄灭器。火星熄灭器也叫防火帽，一般安装在产生火花（星）设备的排空系统上，以防飞出的火星引燃周围的易燃物料。火星熄灭器的种类很多，结构各不相同，大致可分为以下几种形式：降压减速，使带有火星的烟气由小容积进入大容积，造成压力降低，气流减慢；改变方向，设置障碍改变气流方向，使火星沉降，如旋风分离器；网孔过滤，设置网格、叶轮等，将较大的火星挡住或将火星分散开，以加速火星的熄灭；冷却，用喷水或蒸汽熄灭火星，如锅炉烟囱。

2. 防爆泄压装置

防爆泄压装置包括采用安全阀、爆破片、防爆门和放空管等。安全阀主要用于防止物理性爆炸；爆破片主要用于防止化学性爆炸；防爆门和防爆球阀主要用于加热炉上；放空管用来紧急排泄有超温、超压、爆聚和分解爆炸的物料。有的化学反应设备除设置紧急放空管外还宜设置安全阀、爆破片或事故贮槽，有时只设置其中一种。

（1）安全阀。安全阀的功能，一是泄压，即受压设备内部压力超过正常压力时，安全阀自动开启，把容器内的介质迅速排放出去，以降低压力，防止设备超压爆炸，当压力降低至正常值时，自行关闭。二是报警，即当设备超压、安全阀开启向外排放介质时，产生气体动力声响，起到报警作用。按安全阀阀瓣开启高度可分为微启式安全阀和全启式安全阀，微启式安全阀的开启行程高度≤$0.05d_0$（最小排放喉部口径）；全启式安全阀开启高度≤$0.25d_0$（最小排放喉部口径）。安全阀按结构形式来分，分为垂锤式、杠杆式、弹簧式和先导式（脉冲式）；按阀体构造来分，可分为封闭式和不封闭式两种。封闭式安全阀即排除的介质不外泄，全部沿着出口排泄到指定地点，一般用在有毒和腐蚀性介质中。对于空气和蒸汽用安全阀，多采用不封闭式安全阀。对于安全阀产品的选用，应按实际密封压力来确定。对于弹簧式安全阀，在一种公称压力（PN）范围内，具有几种工作压力级的弹簧，选择时除注意安全阀型号、名称、介质和温度外，尚应注意阀体密封压力。

（2）爆破片。爆破片也称防爆片、防爆膜。爆破片通常设置在密闭的压力容器或管道系统上。当设备内物料发生异常，反应超过规定压力时，爆破片便自动破裂，从而防止设备爆炸。其特点是放出物料多、泄压快、构造简单，可在设备耐压试验压力下破裂，其适用于所用物料黏度高或腐蚀性强的设备以及不允许有任何泄漏的场所。爆破片可与安全阀组合安装，如在弹簧安全阀入口处设置爆破片，可以防止弹簧安全阀受腐蚀、异物侵入及泄漏。爆破片的安全可靠性取决于爆破片的材料、厚度和泄压面积。

（3）防爆门。为了防止炉膛和烟道风压过高，引起爆炸和再次燃烧，并引起炉墙和烟道开裂、倒塌、尾部变热而烧坏，目前常用的方法就是在锅炉墙上装设防爆门。防爆门主要利用自身的重量或强度，当其所受重力和炉膛在正常压力工况下作用在其上的总压力相比较大或平衡时，防爆门处于关闭状态。当炉膛压力发生变化，使作用在防爆门上的总压力超过防爆门本身的重量或强度极限时，防爆门就会被冲开或冲破，炉膛内就会有一部分烟气泄出，从而达到泄压目的。防爆门一般设置在燃油、燃气和燃烧煤粉的燃烧室外壁上，以防燃烧室发生爆燃或爆炸时设备遭到破坏。防爆门应设置在人们不常到的地方，高度最好不低于2m。

（4）放空管。在某些极其危险的化工生产设备上，为防止可能出现的超温、超压、爆炸等恶性事故的发生，宜设置自动或就地手控紧急放空管。由于紧急放空管和安全阀的放空口高出建筑物顶，有较高的气柱，容易遭受雷击，因此放空口应在防雷保护范围内。同时为防静电，放空管应有良好的接地设施。

第四节　灭火及消防设施

一、灭火的基本原则、原理和方法

（一）灭火的基本原则

初起火灾的扑救，通常指的是在发生火灾以后，专职消防队未能到达火场以前，对刚发生的火灾事故所采取的处理措施。无论是义务消防人员，还是专职消防人员，或是一般居民群众，扑救初起火灾的基本对策与原则是一致的。

在扑救初起火灾时，必须遵循"先控制后消灭，救人第一，先重点后一般"的原则。

1. 先控制后消灭

指对于不能立即扑救的，要首先控制火势的继续蔓延和扩大，在具备扑灭火灾的条件时，展开全面扑救。对密闭条件较好的室内火灾，在未作好灭火准备之前，必须关闭门窗，以减缓火势蔓延。

2. 救人第一

指火场上如果有人受到火势的围困时，应急人员或消防人员首要的任务是把受困的人员从火场中抢救出来。在运用这一原则时可视情况，救人与救火同时进行，以救火保证救人的展开，通过灭火，从而更好地救人脱险。

3. 先重点后一般

指在扑救火灾时，要全面了解并认真分析火场情况，区别重点与一般，对事关全局或生命安全的物资和人员要优先抢救，之后再抢救一般物资。

（二）灭火原理和方法

一旦发生火灾，只要消除燃烧条件中的任何一条，火即熄灭。因此，常用的灭火方法有隔离、冷却和窒息（隔绝空气）等。

1. 隔离法

隔离法就是将可燃物与着火源（火场）隔离开来，消除可燃物，燃烧即停止。例如盛装可燃气体、燃料液体的容器与管道发生着火事故时，或容器管道周围着火时，应立即设法关闭容器与管道的阀门，使可燃物与火源隔离，阻止可燃物进入着火区；或在火场及其邻近的可燃物之间建立一道"水墙"，加以隔离；将可燃物从着火区搬走；采取措施阻拦正在流散的燃料液体进入火场；拆除与火源毗连的易燃建筑物等。

2. 冷却法

冷却法就是将燃烧物的温度降至着火点（燃点）以下使燃烧停止，或者将邻近火场的可燃物温度降低，避免形成新的燃烧条件，如常用水或干冰进行降温灭火。

3. 窒息法

窒息法就是消除燃烧条件之一的助燃物，如空气、氧气或其他氧化剂，使燃烧停止。主要通过采取措施阻止助燃物进入燃烧区，或者用惰性介质和阻燃性物质冲淡、稀释助燃物，使燃烧得不到足够的氧化剂而熄灭。如空气中含氧量低于14%时，木材燃烧即停止。采取窒息法的常用措施有：将灭火剂如四氯化碳、二氧化碳等不燃气体或液体，喷洒覆盖在燃烧物的表面上，使之不能与助燃物接触；用惰性介质或水蒸气充满容器设备；将正在着火的容器设备严密封闭；用不燃或难燃材料捂盖燃烧物，等等。

二、灭火器材与消防设施

（一）灭火器材

灭火器的种类很多，按其移动方式可分为手提式和推车式；按驱动灭火剂的动力来源可分为储气瓶式、储压式、化学反应式；按所充装的灭火剂则又可分为泡沫、干粉、卤代烷、二氧化碳、酸碱、清水等。

1. 泡沫灭火器

原理：形成泡沫覆盖层，起隔离与窒息作用；水和其他液体起冷却作用；泡沫蒸发的水蒸气可降低周围的氧浓度。

此灭火器适用于扑救一般 B 类火灾，如油制品、油脂等火灾，也可适用于 A 类火灾。但其不能扑救 B 类火灾中的水溶性可燃、易燃液体的火灾，如醇、酯、醚、酮等物质火灾，也不能扑救带电设备及 C 类和 D 类火灾。

2. 酸碱灭火器

原理：隔离与窒息作用。

此灭火器适用于扑救 A 类物质燃烧的初起火灾，如木、织物、纸张等燃烧的火灾。它不能用于扑救 B 类物质燃烧的火灾，也不能用于扑救 C 类可燃性气体或 D 类轻金属火灾，同时也不能用于带电物体火灾的扑救。

3. 二氧化碳灭火器

原理：二氧化碳膨胀吸热起冷却作用；稀释氧气浓度起窒息作用，同时二氧化碳沉降可隔离燃烧物与空气。

此灭火器适用于扑救易燃液体及气体的初起火灾，也可扑救带电设备的火灾。常应用于实验室、计算机房、变配电所，以及对精密电子仪器、贵重设备或物品维护要求较高的场所。

4. 干粉灭火器

原理：干粉使燃烧反应中的自由基减少，导致燃烧反应中断，起化学抑制作用；覆盖在燃烧物表面，起隔离作用；吸热可分解出不活泼气体稀释氧气浓度，起冷却与窒息作用。

碳酸氢钠干粉灭火器适用于易燃、可燃液体、气体及带电设备的初起火灾；磷酸铵盐干粉灭火器除可用于上述几类火灾外，还可扑救固体类物质的初起火灾，但都不能扑救金属燃烧火灾。

5. 卤代烷灭火器

原理：卤代烷灭火剂经加压液化贮存于钢瓶中，使用时减压汽化吸热起冷却作用；卤代烷分子参与燃烧反应，卤素原子能与燃烧反应中的自由基结合生成较为稳定的化合物，从而使燃烧反应因缺少自由基而终止。

因其无色无味，不导电，可用于扑救带电设备和易燃液体，灭火不留痕迹。但其不能用于阴燃火灾或轻金属，存在毒性高、破坏臭氧层的问题。

火灾有六种类型，各类火灾所适用的灭火器如下。

A 类火灾可选用清水灭火、泡沫灭火器、磷酸铵盐干粉灭火器（ABC 干粉灭火器）。

B 类火灾可选用干粉灭火器（ABC 干粉灭火器）、二氧化碳灭火器，泡沫灭火器只适用于油类火灾，而不适用于极性溶剂火灾。

C 类火灾可选用干粉灭火器（ABC 干粉灭火器）、二氧化碳灭火器。

D 类火灾可选择粉状石墨灭火器、专用干粉灭火器，也可用干砂或铸铁屑末代替。

E 类火灾可选择干粉灭火器、卤代烷灭火器、二氧化碳灭火器等。带电火灾是指家用电器、电子元件、电气设备（计算机、复印机、打印机、传真机、发电机、电动机、变压器等）以及电线电缆等燃烧时仍带电的火灾，而顶挂、壁挂的日常照明灯具及起火后可自行切断电源的设备所发生的火灾则不应列入带电火灾范围。

F 类火灾可选择干粉灭火器。

（二）消防设施

消防设施是指建（构）筑物内设置的火灾自动报警系统、自动喷水灭火系统、消火栓系统等用于防范和扑救建（构）筑物火灾的设备设施的总称。它是保证建筑物消防安全和人员疏散安全的重要设施，是现代建筑的重要组成部分，对保护建筑起到了重要的作用，有效地保护了公民的生命安全和国家财产的安全。

火灾自动报警系统在发生火灾事故时能自动报警。这些设备在各处安装探头，所有探头接入一台主机。当探头探测到有火灾的迹象时，如烟、温度较高等，就会把信息传递给主机，主机通过发出报警响声和显示报警原因来提醒工作人员。

自动喷水灭火系统是我国当前最常用的自动灭火设施，在公众集聚场所的建筑中设置数量很大，通过水管引水，在较大水压的状态下，消防水的出水处用喷淋头堵上。喷淋上的玻璃管在温度较高的情况下就会自动爆破，然后喷淋头就能均匀洒水，以达到灭火的目的。

消火栓系统由消防给水基础设施、消防给水管网、室内消火栓设备、报警控制设备及系统附件等组成。其中消防给水基础设施包括市政管网、室外给水管网及室外消火栓、消防水池、消防水泵、消防水箱、增压稳压设备、水泵接合器等。

第五节 电气安全技术

一、电气安全基本知识

众所周知，电能的开发和应用给人类的生产和生活带来了巨大的变革，大大促进了社会的进步和文明。然而，在用电的同时，如果对电能可能产生的危害认识不足、控制和管理不当、防护措施不利，在电能的传递和转换的过程中就容易发生异常情况，造成电气事故。

（一）电气事故的特点

1. 电气事故危害大

电气事故的发生伴随着危害和损失。严重的电气事故不仅会造成重大的经济损失，甚至还可造成人员的伤亡。发生事故时，电能直接作用于人体，会造成电击；电能转换为热能作用于人体，会造成烧伤或烫伤；电能脱离正常的通道，会形成漏电、接地或短路，成为火灾、爆炸的起因。

电气事故在工伤事故中占有不小的比例，据有关部门统计，我国触电死亡人数占全部事故死亡人数的 5%左右。

2. 电气事故危险直观识别难

电由于既看不见、听不见，又嗅不着，其本身不具备为人们直观识别的特征。由电所引发的危险不易为人们所察觉、识别和理解，因此，电气事故往往来得猝不及防、潜移默化。也正因如此，给电气事故的防护以及人员的教育和培训带来难度。

3. 电气事故涉及领域广

这个特点主要表现在两个方面。首先，电气事故并不仅仅局限在用电领域的触电、设备和线路故障等，在一些非用电场所，因电能的释放也会造成灾害或伤害，例如雷电、静电和电磁场危害等，都属于电气事故的范畴。另一方面，电能的使用极为广泛，不论是生产还是生活，不论是工业还是农业，不论是科研还是教育文化部门，不论是政府机关还是娱乐休闲场所，都广泛使用电。哪里使用电，哪里就有可能发生电气事故，哪里就必须考虑电气事故的防护问题。

4. 电气事故的防护研究综合性强

一方面，电气事故的机理涉及电学、力学、化学、生物学、医学等学科；另一方面，电气事故的预防措施包含技术和管理两个方面。在技术方面，预防电气事故主要包括进一步完善传统的电气安全技术，研究新出现电气事故的机理及其对策，开发电气安全领域的新技术等。在管理方面，主要包括健全和完善各种电气安全组织管理措施。一般来说，电气事故的共同原因是安全组织措施不健全和安全技术措施不完善。实践表明，即使有完善的技术措施，如果没有相适应的组织措施，仍然会发生电气事故。因此，必须重视防止电气事故的综合措施。

电气事故是具有规律性的，且其规律是可以被人们认识和掌握的。在电气事故中，大量的事故都具有重复性和频发性。无法预料、不可抗拒的事故毕竟是极少数。人们在长期的生产和生活实践中已经积累了同电气事故作斗争的丰富经验，各种技术措施、各种安全工作规程及有关电气安全规章制度，都是这些经验和成果的体现。只要依照客观规律办事，不断完善电气安全技术措施和管理措施，电气事故是可以避免的。

（二）电气事故的类型

根据电能的不同作用形式，可将电气事故分为触电事故、静电危害事故、雷电灾害事故、射频电磁场危害和电气系统故障危害事故等。

1. 触电事故

（1）电击。电击是指电流通过人体，刺激机体组织，使肌肉非自主地发生痉挛性收缩而造成的伤害，严重时会破坏人的心脏、肺部、神经系统的正常工作，形成危及生命的伤害。按照人体触及带电体的方式，电击可分为以下几种情况。单相触电，是指人体接触到地面或其他接地导体的同时，人体另一部位触及某一相带电体所引起的电击。根据国内外的统计资料，单相触电事故占全部触电事故的70%以上。因此，防止触电事故的技术措施应将单相触电作为重点。两相触电，是指人体的两个部位同时触及两相带电体所引起的电击。两相触电的危险性一般比较大。跨步电压触电，是指站立或行走的人体，受到出现于人体两脚之间的电压，即跨步电压作用所引起的电击。跨步电压直接电击的危险性一般不大，这是由于跨步电压本身不大而且通过人体重要组织的电流分量小，但其可能造成二次伤害。

（2）电伤。电伤是电流的热效应、化学效应、机械效应等对人体所造成的伤害。它表现为局部伤害。电伤包括电烧伤、电烙印、皮肤金属化、机械损伤、电光眼等多种伤害。

2. 静电危害事故

静电危害事故是由静电电荷或静电场能量引起的。由于静电能量不大，不会直接使人致命。但是，其电压可能高达数十千伏乃至数百千伏，发生放电，会产生放电火花。静电危害事故主要有以下几个方面。

① 在有爆炸和火灾危险的场所，静电放电火花会成为可燃性物质的点火源，造成爆炸和火

灾事故。

② 人体因受到静电电击的刺激，可能引发二次事故，如坠落、跌伤等。此外对静电电击的恐惧心理还会对工作效率产生不利影响。

③ 某些生产过程中，静电的物理现象会对生产产生妨碍，导致产品质量不良，电子设备损坏，造成生产故障，乃至停工。

3. 雷电灾害事故

雷电是大气中的一种放电现象。雷电放电具有电流大、电压高的特点。其能量释放出来可能形成极大的破坏力。其破坏作用主要有以下几个方面。

① 直击雷放电、二次放电、雷电流的热量会引起火灾和爆炸。

② 雷电的直接击中、金属导体的二次放电、跨步电压的作用及火灾与爆炸的间接作用，均会造成人员的伤亡。

③ 强大的雷电流、高电压可导致电气设备击穿或烧毁。发电机、变压器、电力线路等遭受雷击，可导致大规模停电事故。雷击可直接毁坏建筑物、构筑物。

4. 射频电磁场危害

射频指无线电波的频率或者相应的电磁振荡频率，泛指100kHz 以上的频率。射频伤害是由电磁场的能量造成的。射频电磁场的危害如下。

① 在射频电磁场作用下，人体因吸收辐射能量会受到不同程度的伤害。过量的辐射可引起中枢神经系统的机能障碍；可造成植物神经紊乱，出现心率或血压异常；可引起眼睛损伤，造成晶体浑浊，严重时导致白内障；可造成皮肤表层灼伤或深度灼伤等。

② 在高强度的射频电磁场作用下，可能产生感应放电，会造成电引爆器件发生意外引爆。

5. 电气系统故障危害事故

电气系统故障危害是由于电能在输送、分配、转换过程中失去控制而产生的。断线、短路、异常接地、漏电、误合闸、误掉闸、电气设备或电气元件损坏、电子设备受电磁干扰而发生误动作等都属于电气系统故障。电气系统故障危害主要体现在以下几方面。

① 引起火灾和爆炸。线路、开关、熔断器、插座、照明器具、电热器具、电动机等均可能引起火灾和爆炸；电力变压器、多油断路器等电气设备不仅有较大的火灾危险，还有爆炸的危险。

② 异常带电。电气系统中，原本不带电的部分因电路故障而异常带电，可导致触电事故发生。例如：电气设备因绝缘不良产生漏电，使其金属外壳带电；高压电路故障接地时，在接地处附近呈现出较高的跨步电压，形成触电的危险。

③ 异常停电。在某些特定场合，异常停电会造成设备损坏和人身伤亡。如正在浇注钢水的吊车，因骤然停电而失控，导致钢水洒出，引起人身伤亡事故；医院手术室可能因异常停电而被迫停止手术，无法正常施救而危及病人生命等。

二、电气安全措施

对于没有专用保护接地或保护零线的家庭，除可安装漏电保护器保护外，还可采用加强绝缘电气隔离的办法。这种方法就是在经常使用或接触的带有金属外壳的家用电器安放位置的旁边，放置橡皮垫、绝缘毯等绝缘材料，人只有先踏上这些绝缘材料后才能使用或接触家用电器。由于绝缘材料将人与大地隔离，通过人体的电流很小，可避免触电的危害。采用电气隔离的办法，可用试电笔经常检查用电器具外壳是否有带电现象，同时还要经常留意敷在地上的绝缘材料是否受潮、破损、老化、污脏严重，以免失去保护作用。

（1）防止接触带电部件：常见的安全措施有绝缘、屏护和安全间距。

绝缘：用不导电的绝缘材料把带电体封闭起来，这是防止直接触电的基本保护措施。

屏护：采用遮拦、护罩、护盖、箱闸等把带电体同外界隔离开来。

安全间距：为防止人体触及或接近带电体，防止车辆等物体碰撞或过分接近带电体，在带电体与带电体，带电体与地面，带电体与其他设备、设施之间，皆应保持一定的安全距离。

（2）防止电气设备漏电伤人：保护接地和保护接零，是防止间接触电的基本技术措施。保护接地，即将正常运行的电气设备不带电的金属部分和大地紧密连接起来。其原理是通过接地把漏电设备的对地电压限制在安全范围内，防止触电事故。保护接地适用于中性点不接地的电网中，电压高于 1kV 的高压电网中的电气装置外壳，也应采取保护接地。保护接零：在 380/220V 三相四线制供电系统中，把用电设备在正常情况下不带电的金属外壳与电网中的零线紧密连接起来。

（3）合理使用防护用具：在电气作业中，合理匹配和使用绝缘防护用具，对防止触电事故，保障操作人员在生产过程中的安全健康具有重要意义。绝缘防护用具可分为两类，一类是基本安全防护用具，如绝缘棒、绝缘钳、高压验电笔等；另一类是辅助安全防护用具，如绝缘手套、绝缘鞋（靴）、橡皮垫、绝缘台等。

此外，为了避免电气事故的发生还应做到以下两点。采用安全电压：根据生产和作业场所的特点，采用相应等级的安全电压，是防止发生触电伤亡事故的根本性措施，应根据作业场所、操作员条件、使用方式、供电方式、线路状况等因素选用；做好安全用电组织措施：包括制定安全用电措施计划和规章制度，进行安全用电检查、教育和培训，组织事故分析，建立安全资料档案等。

三、触电急救

（一）触电急救的要点

抢救迅速和救护得法。即用最快的速度在现场采取积极措施，保护触电者的生命，减轻伤情，减少痛苦，并根据伤情需要迅速联系医疗救护等部门救治。据有关资料显示，触电后 1min 内抢救，有90%概率成功；1～4min 内抢救，降为 60%；超过 5min 抢救，成功率将低于 10%。

一旦发现有人触电后，周围人员首先应迅速拉闸断电，尽快使其脱离电源。在施工现场发生触电事故后，应将触电者迅速抬到宽敞、空气流通的地方，使其平卧在硬板床上，采取相应的抢救方法。在送往医院的路途中应不间断地进行救护。

要耐心抢救到触电者心跳复苏为止，或经过医生确定停止抢救方可停止，因为低压触电通常都是假死，进行科学的方法急救是必要的。在抢救过程中，要每隔数分钟判定一次触电者的呼吸和脉搏情况，每次判定时间不得超过 5～7s。在医务人员未接替抢救前，现场人员不得放弃现场抢救。

（二）解救触电者脱离电源的方法

低压电源触电：拉、切、挑、拽、垫。

拉：附近有电源开关或插座时，应立即拉下开关或拔掉电源插头。

切：若一时找不到断开电源的开关时，应迅速用绝缘完好的钢丝钳或断线钳剪断电线，以断开电源。

挑：对于由导线绝缘损坏造成的触电，急救人员可用绝缘工具或干燥的木棍等将电线挑开。

拽：抢救者可戴上手套或在手上包缠干燥的衣服等绝缘物品拖拽触电者；也可站在干燥的木板、橡胶垫等绝缘物品上，用一只手将触电者拖拽开。

垫：设法把干木板塞到触电者身下，使其与地面隔离，救护人员也应站在干燥的木板或绝缘垫上。

高压电源触电：发现有人在高压设备上触电时，救护者应戴上绝缘手套、穿上绝缘鞋后拉开电闸，通知有关部门立即停电。

（三）触电急救的方法

（1）进行简单诊断。

（2）对"有心跳而呼吸停止"的触电者，应采用"口对口人工呼吸法"进行急救。

（3）对"有呼吸而心跳停止"触电者，应采用"胸外心脏挤压法"进行急救。

（4）对"呼吸和心跳都已停止"的触电者，应同时采用"口对口人工呼吸法"和"胸外心脏挤压法"进行急救。注意，禁止乱打肾上腺素等强心针；禁止冷水浇淋。

（四）外伤救治

（1）一般性的外伤创面：先用无菌生理盐水或清洁的温开水冲洗，再用消毒纱布或干净的布包扎，然后将伤员送往医院。

（2）伤口大面积出血：立即用清洁手指压迫出血点上方，也可用止血橡皮带止血，同时将出血肢体抬高或高举，以减少出血量，并火速送医院处理。如果伤口出血不严重，可用消毒纱布或干净的布料叠几层，盖在伤口处压紧止血。

（3）高压触电造成的电弧灼伤：先用无菌生理盐水冲洗，再用酒精涂擦，然后用消毒被单或干净布片包好，速送医院处理。

（4）因触电摔跌而骨折：应先止血、包扎，然后用木板、竹竿、木棍等物品将骨折肢体临时固定，速送医院处理。若发生腰椎骨折时，应将伤员平卧在硬木板上，并将腰椎躯干及两侧下肢一并固定以防瘫痪，搬动时要数人合作，保持平稳，不能扭曲。

（5）出现颅脑外伤：应使伤员平卧并保持气道通畅。若有呕吐，应扶好头部和身体，使之同时侧转，以防止呕吐物造成窒息。当耳鼻有液体流出时，不要用棉花堵塞，只可轻轻拭去，以降低颅内压力。

注意事项：

① 救护人员不得用手直接触摸伤口，也不准在伤口上随便用药；

② 颅脑外伤时，病情可能复杂多变，要禁止给予饮食并速送医院进行救治。

第七章 化工设备安全技术

化工设备是化工生产中所用的机器和设备的总称，是实现化工生产过程的主要载体。为适应现代化工生产的连续化、自动化以及整体规模的大型化的要求，必须使用充分的技术手段来保障化工设备的安全。本章主要围绕压力容器安全技术、设备密封技术以及防腐技术等内容展开。

第一节 压力容器安全技术

化工设备涉及十分广泛，如动力设备、输送设备、分离设备、储运设备等。虽然形式繁多，但设备一般由限制其工作空间且能承受一定压力的外壳和各种各样的内件构成。这种能承受压力的外壳就是压力容器，保证其安全是实现化工设备安全的基础。

一、压力容器的分类监察与定期检验

（一）压力容器的分类监察

安全生产，防大于治。安全监察工作是预防和减少事故特别是重特大事故发生的最有效手段。风险程度愈高的压力容器，其生产、使用、检验检测和监督检查的要求也应该愈高。因此将有限的力量集中在风险程度高的设备上，才能最大限度地考虑安全和经济关系的协调。由于压力容器发生事故的风险与危害程度同设计温度、设计压力、介质危害性、使用场合和安装方式等多种因素相关，因此需要对压力容器进行合理分类。我国压力容器的分类大体有以下几种。

1. 按压力等级分类

压力容器通常分为内压容器与外压容器。其中内压容器可按设计压力大小分为低压容器、中压容器、高压容器和超高压容器。

低压（代号 L）：$0.1\mathrm{MPa} \leqslant p < 1.6\mathrm{MPa}$。

中压（代号 M）：$1.6\mathrm{MPa} \leqslant p < 10.0\mathrm{MPa}$。

高压（代号 H）：$10.0\mathrm{MPa} \leqslant p < 100.0\mathrm{MPa}$。

超高压（代号 U）：$p \geqslant 100.0\mathrm{MPa}$。

外压容器在内压小于一个绝对大气压时称为真空容器。

2. 按容器在生产中的作用分类

压力容器按照在生产工艺过程中的作用原理，可划分为反应压力容器、换热压力容器、分离压力容器、储存压力容器。

反应压力容器（代号 R），主要是用于完成介质物理、化学反应的压力容器，例如各种反应器、反应釜、聚合釜、合成塔、变换炉、煤气发生炉等。

换热压力容器（代号 E），主要是用于完成介质的热量交换的压力容器，例如各种热交换器、冷却器、冷凝器、蒸发器等。

分离压力容器（代号 S），主要是用于完成介质流体压力平衡缓冲和气体净化分离的压力容器，例如各种分离器、过滤器、集油器、洗涤器、吸收塔、干燥塔、汽提塔、除氧器等。

储存压力容器（代号 C，其中球罐代号 B），主要是用于储存或者盛装气体、液体、液化气体等介质的压力容器，例如各种形式的储罐。

需要说明的是，在一种压力容器中，如同时具备两个以上的工艺作用原理，则应当按照工艺过程中的主要作用来划分。

3. 按安装方式分类

压力容器按照安装方式分类，可划分为固定式压力容器与移动式压力容器。

固定式压力容器，指安装在固定位置使用的压力容器。如生产车间内的卧式储罐、球罐、反应釜、换热器、塔器等。

移动式压力容器，指由罐体或者大容积钢质无缝气瓶与走行装置或者框架采用永久性连接组成的运输装备，包括铁路罐车、汽车罐车、长管拖车、罐式集装箱和管束式集装箱等。

4. 按压力容器的安全技术管理分类

按照压力等级、生产作用与安装方式的分类方法仅对压力容器的某一个参数或者使用状况进行了分类，无法全面地反映压力容器失效时的整体危害水平。而在《固定式压力容器安全技术监察规程》（TSG-21—2016）（以下简称固容规）中，其分类需首先根据压力容器介质的危害程度不同进行分组，后依据压力容器的设计压力与容积，查表得出最终相应分类结果，类型包括第Ⅰ类压力容器、第Ⅱ类压力容器和第Ⅲ类压力容器，从Ⅰ类到Ⅲ类，风险逐渐递增。

需要说明的是，在固容规中Ⅰ类、Ⅱ类压力容器在设计、制造及监管基本相近，且与Ⅲ类有较大区别，如：对于外购的第Ⅲ类压力容器用Ⅳ级锻件，应当进行复验；对于设计压力大于或者等于 1.6MPa 的第Ⅲ类压力容器的 A、B 类对接接头需进行全部无损检测；对于第Ⅲ类压力容器，设计单位应当出具包括主要失效模式和风险控制等内容的风险评估报告等。

5. 按特种设备制造许可证分类

考虑到设备所需制造能力、工艺水平、人员条件的不同，为加强对特种设备制造的监督管理，保证相关产品的安全性能，根据《市场监管总局关于特种设备行政许可有关事项的公告》（2021 年第 41 号），特种设备制造许可证被分为从 A1 至 D 若干等级。具体如表 7-1 所示。

表 7-1　特种设备制造许可证分类

项目	由总局实施的子项目	总局授权省级市场监管部门实施或由省级市场监管部门实施的子项目	备注
压力容器制造（含安装、修理、改造）	1. 固定式压力容器 大型高压容器（A1）；超高压容器（A6） 2. 移动式压力容器 铁路罐车（C1） 3. 氧舱（A5） 4. 气瓶 特种气瓶［纤维缠绕气瓶（B3）］	1. 固定式压力容器 其他高压容器（A2）；球罐（A3）；非金属压力容器（A4）；中、低压容器（D） 2. 移动式压力容器 汽车罐车、罐式集装箱（C2） 长管拖车、管束式集装箱（C3） 3. 气瓶 无缝气瓶（B1）；焊接气瓶（B2）；特种气瓶［低温绝热气瓶（B4）、内装填料气瓶（B5）］	1. 固定式压力容器压力分级方法按照《固定式压力容器安全技术监察规程》执行 2. 大型高压容器指内径大于或者等于 2m 的高压容器 3. 直径过大无法整体通过公路、铁路运输的超大型压力容器，其相关许可要求见公告原件 4. 覆盖关系：A1 级覆盖 A2、D 级，A2、C1、C2 级覆盖 D 级 5. 取得 A5 级压力容器制造许可的单位可以制造与其产品配套的中低压压力容器

（二）压力容器的定期检验

为进一步保障压力容器的使用安全，了解压力容器的使用状态，固容规中规定压力容器在使用中需要进行自行检查与定期检验。

1. 压力容器自行检查

压力容器的自行检查通常由使用单位开展，一般可分为月度及年度检查。

使用单位每月对所使用的压力容器至少进行 1 次月度检查，并且应当记录检查情况；月度检查内容主要为压力容器本体及其安全附件、装卸附件、安全保护装置、测量调控装置、附属仪器仪表是否完好，各密封面有无泄漏，以及其他异常情况等。

在月度检查基础上，使用单位每年还需对所使用的压力容器至少进行 1 次年度检查（当年度检查与月度检查时间重合时，可不再进行月度检查），检查项目至少包括压力容器安全管理情况、压力容器本体及其运行状况和压力容器安全附件检查等。年度检查工作完成后，应当进行压力容器使用安全状况分析，并且及时消除年度检查中发现的隐患。

2. 压力容器定期检验

压力容器仅通过使用单位进行自行检查远远不够，还需由国家认可的特种设备检验机构（以下简称检验机构）按照一定的时间周期，在压力容器停机时，根据相关规定对在用压力容器的安全状况进行符合性验证，方可确保压力容器安全，这就是压力容器的定期检验。

通常检验会以宏观检验、壁厚测定、表面缺陷检测、安全附件检验为主，必要时增加埋藏缺陷检测、材料分析、密封紧固件检验、强度校核、耐压试验、泄漏试验等项目。

为了更好地对压力容器进行监管，同时避免人力物力的过度浪费，每次定期检验会对压力容器在役的安全状况进行评级。评定依据项目中材料、结构、表面裂纹及凹坑、咬边、腐蚀、环境开裂和机械损伤、错边量和棱角度、焊缝缺陷、母材分层、鼓包、绝热性能、耐压试验的检验结果，以各项目中等级最低者作为最终等级。一般安全状况等级评定可分为 1～5 级，从 1 级到 5 级，存在的安全风险逐渐提高。

金属压力容器一般于投用后 3 年内进行首次定期检验。以后的检验周期由检验机构根据压力容器的安全状况等级确定：安全状况等级为 1 级、2 级的，一般每 6 年检验一次；安全状况等级为 3 级的，一般每 3～6 年检验一次；安全状况等级为 4 级的，监控使用，其检验周期由检验机构确定，累计监控使用时间不得超过 3 年，在监控使用期间，使用单位应当采取有效的监控措施；安全状况等级为 5 级的，应当对缺陷进行处理，否则不得继续使用。

二、压力容器的设计安全、制造安全

（一）压力容器的设计安全

压力容器的设计是压力容器产品生产过程中的龙头。设计过程中任何可能出现的错误都可能导致压力容器在后续使用过程中产生灾难性事故。同时压力容器本身也是一种产品，具有经济属性。因此压力容器设计的基本要求是在充分保证安全性的前提下做到尽可能提高经济性。其中安全性主要指设备的结构完整性与密封性；经济性主要包括高的设备运行效率、原材料的节省、经济的制造方法、低的操作费用和维修费用等。压力容器设计安全的基本控制主要体现在以下几个方面。

1. 压力容器材料的合理选择

压力容器的使用环境多样，结构与制造方式复杂，用材种类繁多，有钢材、有色金属、非金属、复合材料等，但目前使用最多的依然是钢材。在设计阶段选择合适的钢材是压力容器设计安全的重要保障。

（1）压力容器用钢成分的基本要求。压力容器用钢的力学要求与普通机械产品不同，机械产品通常希望提高材料的屈强比，而压力容器用钢则希望在满足韧性的前提下提高强度、提高塑性储备量，并以抗拉强度 R_m 作为防止容器断裂失效的判据；以屈服强度 R_{el} 作为防止塑性失效判据。这里说的韧性是材料在断裂前吸收变形能量的能力，是材料的强度和塑性的综合反映。在一定载荷作用下，压力容器中的裂纹可能会发生扩展，当裂纹扩展到某一临界尺寸时将会引起断裂事故，这种临界裂纹尺寸的大小主要取决于钢的韧性和其承受的应力水平。钢材的韧性越高，压力容器所允许的临界裂纹尺寸就越大，安全性也越高 。

压力容器制造过程多样，对于需要进行冷卷、冷冲压加工的零部件，就需要要求钢材有良好的冷加工成型性能和塑性。因此通常压力容器用钢材常常加入铬（Cr）、锰（Mn）、镍（Ni）、钒（V）、钛（Ti）、铌（Nb）等有益元素，以有效提高钢的强度、韧性及在高低温、腐蚀等环境下的适应能力。同时，与一般结构钢相比，压力容器用钢对硫（S）、磷（P）等有害杂质元素含量的控制十分严格。因为硫元素的存在会促进非金属夹杂物的形成，使塑性和韧性降低，磷元素虽能提高钢的强度，但会增加钢的脆性，特别是低温脆性。

另一方面，由于压力容器各零件间主要采用焊接连接，因此良好的可焊性是压力容器用钢另一项极重要的指标。可焊性是指在一定焊接工艺条件下，获得优质焊接接头的难易程度。钢材的可焊性主要取决于它的化学成分，其中影响最大的是碳元素（C）的含量。钢材碳含量增加虽会使钢材强度增加，但其韧性与可焊性将变差，焊接时易在热影响区出现裂纹。同时，各种合金元素对可焊性亦有不同程度的影响，这种影响通常用碳当量 C_{eq} 来表示。碳当量的估算公式较多，国际焊接学会推荐的公式如式（7-1）所示：

$$C_{eq} = C + \frac{Mn}{6} + \frac{Ni + Cu}{15} + \frac{Cr + Mo + V}{5} \tag{7-1}$$

式中的元素符号表示该元素在钢中的百分含量。一般认为，C_{eq} 小于 0.4%时，可焊性优良；C_{eq} 大于 0.6%时，可焊性差。我国《锅炉压力容器制造许可条件》（国质检锅 [2003] 194 号）中，碳当量的计算公式如式（7-2）所示：

$$C_{eq} = C + \frac{Mn}{6} + \frac{Si}{24} + \frac{Ni}{40} + \frac{Cr}{5} + \frac{Mo}{4} + \frac{V}{14} \tag{7-2}$$

按上式计算的碳当量不得大于 0.45%。因此，压力容器用钢的含碳量一般不大于 0.25%。

（2）压力容器用钢的选择原则。压力容器所承受的压力载荷与非压力载荷是影响强度、刚度和稳定性计算的主要因素，但通常不是影响选材的主要因素。压力容器零部件材料的选择，应综合考虑以下几点。

使用条件：主要包括设计温度、设计压力、介质特性和操作特点，材料选择主要由使用条件决定。例如，容器使用温度低于 0℃时，不得选用 Q235 系列钢板等低温韧性差的钢板。

相容性：一般是指材料与其相接触的介质或其他材料间不会因化学或物理影响而产生有害的相互作用。例如对于腐蚀性介质，应选用对应的耐腐蚀材料。

零件的功能和制造工艺：明确零件的功能和制造工艺，据此提出相应的材料性能要求并进行选材。例如，容器支座的主要功能是支承容器，并使其固定在某一位置上，属于非受压元件，且不与介质接触，主要保证强度即可，因此除直接与容器连接的垫板外，其余部分可选用一般结构钢，如普通碳素钢。

经济性：经济性不是单纯的购买成本而是综合考虑腐蚀裕量、设备规模及重要性、结构复杂程度、加工难度诸因素后才可以得出的。例如，在一些场合，虽然有色金属的价格高，但由于耐腐蚀性强，使用寿命长，采用有色金属可能更加经济。

规范标准：压力容器用钢由于其特殊性具有许多特殊要求，因此应符合相应国家标准和行业标准的规定。

2. 压力容器结构的合理设计

压力容器结构设计不当可能会导致压力容器在制造与使用过程中存在先天的不足，由此带来的事故在国内外屡见不鲜。压力容器结构设计应该严格依据相关标准进行，同时对于开孔、转角、焊缝等部位，设计时应相互错开避免高应力叠加；对于壳体存在几何形状突变或其他结构不连续部位，在设计时应该尽量使用圆角、弧段等进行平滑过渡，避免产生较高的不连续应力；设计时应尽量避免对于部件的热胀冷缩进行限制，以避免温差带来的较大热应力；结构设计必须考虑相应的检查、检修通道，清洗方式与安装、施焊空间，以便于容器的安装、检修和清洗；焊接结构设计时应该合理选择焊接结构的焊接接头形式，并保证关键位置的主体结构与焊缝便于检验检测，同时对于刚性较大的焊接结构，设计时应该尽量避免使用，防止产生较大的焊接应力；设计时需要根据实际工作条件合理设计密封结构，保证设备密封性。

3. 合理的压力容器强度设计

为保障压力容器的安全，压力容器设计工作中容器的最小壁厚需要基于设备结构以及所受载荷进行计算，这就是强度设计。为保障强度设计的规范性与准确性，需从以下方面进行控制。

(1) 强度设计基本方法的合理选择：目前常采用的强度设计方法主要包括规则设计方法与分析设计方法。在必要时也可以使用试验方法、可对比的经验设计方法或者其他设计方法，但是需要按规定通过新技术评审。

规则设计方法指常规设计方法，即只考虑单一的最大载荷工况，按一次施加的静力载荷处理，不考虑交变载荷，也不区分短期载荷和永久载荷，因此无法考虑容器疲劳问题。

分析设计方法指以塑性失效准则为基础、采用精细的力学分析手段的压力容器设计方法。

一般而言，规则设计方法实施较为简单，但其偏于保守，壁厚较大，制造成本较高；而分析设计方法结果虽较为精确，但对分析人员要求高且工作量大，设计成本较高。因此设计方法的选择需要根据化工设备实际情况来确定，但无论使用何种设计方法，都必须严格按照对应标准中的要求进行相应的设计与论证。

(2) 设计方法中的安全控制：目前国内化工设备设计大多仍以规则设计方法为主。在规则设计方法中设计参数的选取和许用应力安全系数的大小将直接影响设备最终强度计算结果，对设备安全的控制起到重要作用。

① 设计参数的保守化控制：压力容器设计时通过对于部分参数进行保守化的考虑，可以有效保障设备安全，如设计压力、设计温度、厚度附加量等参数。

设计压力的保守化取值：设计压力指设定的容器顶部的最高压力，其值要求不得低于工作压力。而工作压力系指容器在正常工作过程中顶部可能产生的最高压力。设计压力应视内压容器或外压容器分别取值。当内压容器上装有安全泄放装置时，其设计压力应根据不同形式的安全泄放装置确定。

设计温度的保守化取值：一般与相应的设计压力一起作为设计载荷条件，它是指容器在正常工作情况下，设定元件的金属温度（沿元件金属截面的温度平均值）。当元件金属温度不低于

0℃时，设计温度不得低于元件金属可能达到的最高温度；当元件金属温度低于 0℃时，其值不得高于元件金属可能达到的最低温度。元件的金属温度可以通过传热计算或实测得到，也可按内部介质的最高（最低）温度确定，或在此基准上增加（或减少）一定数值。

厚度附加量的计入：考虑到采购的钢板产品在厚度上可能存在一定的负偏差，同时设备在使用时会不可避免地受到腐蚀，结合腐蚀速度与使用年限需要给予一定余量。因此在满足强度要求的厚度之外，实际的设备需要考虑额外的厚度附加量。

② 许用应力安全系数控制：许用应力是压力容器中受压元件材料的许用强度。它是材料强度失效判据的极限值与相应的安全系数之比，是设计标准中决定材料是否失效的重要判据。许用应力安全系数相当于是一个强度"保险"系数，主要是为了保证受压元件强度有足够的安全储备量。

材料安全系数的确定，不仅需要一定的理论分析，更需要长期实践经验积累，如果材料安全系数过大则会使设计的部件过分笨重而浪费材料，反之则会使部件过薄而导致刚度、强度不足。近年来，随着我国生产技术的发展和科学研究的深入，对压力容器设计、制造、检验和使用的认识日益全面、深刻，材料安全系数也逐步降低。在规则设计方法中，20 世纪 50 年代国内取 $n_b \geqslant 4.0$，$n_s \geqslant 3.0$，90 年代为 $n_b \geqslant 3.0$，$n_s \geqslant 1.6$（或 1.5），而现在则降为 $n_b \geqslant 2.7$，$n_s \geqslant 1.5$。

（二）压力容器的制造安全

在压力容器设计时虽留有各种余量，但由于压力容器制造过程中需要经过选材、下料、零部件预制、筒体卷制、组装、焊接等多种工序。每道工序均可能产生相应的制造缺陷，若不加以严格把控，这些制造缺陷的存在将极有可能直接或间接地影响容器的使用安全。因此，在制造阶段通常需要进一步管控来确保压力容器的制造安全。

1. 材料验收控制

容器用钢应附有钢材生产单位的质量证明书，容器制造单位必须认真审核，必要时需要进行复验。若采用国外材料，则制造单位首次使用前应进行有关试验和验证，满足技术要求后，才可以投料制造。

2. 焊接控制

由于压力容器大都使用焊接结构，因此对于容器焊接质量必须严格加以控制。控制主要通过聘用取得焊工证的人员进行焊接操作。建立严格的焊材验收、保管、烘干、发放和回收制度。根据压力容器图样技术要求、焊接规程及完整焊接工艺评定报告，制定相关焊接工艺。在施焊过程中需要做好焊接的提前准备并做好焊接缺陷的预防工作以保证焊接接头质量。在宏观检测与无损检测发现有不允许的缺陷时需要做好相应返修工作。

3. 理化实验与热处理控制

在压力容器制造过程中，需要通过专业理化试验人员对压力容器的原材料、焊接工艺评定试板等进行化学成分定性分析、力学性能测试等理化试验，以进一步保证压力容器的制造质量。同时对于焊制压力容器或对力学性能有特殊要求的压力容器需要通过热处理工艺降低焊后热应力或改善其力学性能，以保障其实际使用性能与安全。

4. 无损检测控制

无损检测是发现容器焊缝接头内部缺陷的有效手段。一般压力容器从原材料直至加工组装完工的过程中都涉及无损检测任务，其工作量占整个生产过程的 15%以上，无损检测的准确与否直接影响产品出厂质量。但应该充分意识到，无损检测的目的不是片面追求"高质量"，而是在保证安全的前提下，着重考虑其经济性。

常见的无损检测技术手段主要包括：通过在工件表面施加磁粉磁化工件，以对工件表面和近表面的磁力线进行观测的磁粉检测；利用液体毛细管作用让渗透液渗入开口缺陷中并使用显影液加以显形的渗透检测；利用射线穿透物体发现其内部缺陷的射线探伤；利用超声波遇到缺陷产生反射的现象进行的超声检测；通过利用载有交变电流的检测线圈靠近导电工件，使工件产生涡流并形成反作用磁场，检测线圈阻抗的变化来判断是否存在缺陷的涡流检测等。

5. 耐压、泄漏试验控制

为确认压力容器成品的实际安全性，在压力容器制造完成后，还应当进行耐压试验。耐压试验的目的是检验压力容器承压部件的强度及密封性能，是压力容器制造质量把控的最后一道关卡。其一般分为液压试验、气压试验以及气液组合压力试验三种。通过在压力容器中通入设计压力所对应的试验压力下的介质，观察承压部件有无明显的变形或破裂，焊缝、法兰等连接处有无渗漏来确认压力容器是否具有在设计压力下安全运行所需的能力。由于相同体积、相同压力下气体爆炸释放的能量比液体大得多，因此为减轻压力容器在耐压试验时可能产生的危害，试验介质通常使用液体。又由于水的获取与使用都较为方便，因此常使用水作为耐压试验介质，故有时耐压试验也被称为水压试验。

耐压试验合格后，对于盛装毒性危害程度为极度、高度危害介质或者设计上不允许有微量泄漏的压力容器，还应当进行泄漏试验以进一步确保其使用时的安全。泄漏试验根据试验介质的不同，一般分为气密性试验以及氨检漏试验、卤素检漏试验和氦检漏试验等。泄漏试验的种类、压力、技术要求需严格按照相应压力容器的设计文件执行。

（三）压力容器的设计、制造的监察管理

1. 设计的监察管理

压力容器的设计单位应当经国务院特种设备安全监督管理部门（通常为国家市场监督管理总局特种设备安全监察局）许可，方可从事压力容器的设计活动。压力容器的设计单位应当具有与压力容器设计相适应的设计人员、设计审核人员；具有与压力容器设计相适应的场所和设备；同时还需具有与压力容器设计相适应的健全的管理制度和责任制度。

根据《特种设备生产单位许可目录》，目前压力容器的设计资质主要包括：压力容器分析设计（SAD）资质；固定式压力容器规则设计资质；移动式压力容器规则设计资质。

在压力容器设计之初，压力容器的设计委托方应当以书面形式正式向设计单位提出压力容器设计条件。设计条件至少包含以下内容：操作参数（包括工作压力、工作温度范围、液位高度、接管载荷等）；压力容器使用地及其自然条件（包括环境温度、抗震设防烈度、风和雪载荷等）；介质组分与特性；预期使用年限；几何参数和管口方位；其他设计需要的条件。

在设计完成后必须提供相应设计文件。设计文件应包括：强度计算书或者应力分析报告、设计图样、风险评估报告（当容器为Ⅲ类压力容器或设计委托方有相应要求时）、制造技术条件，必要时还应当包括安装及使用维护保养说明等。若容器为装设安全阀、爆破片等超压泄放装置的压力容器，设计文件还应当包括压力容器安全泄放量、安全阀排量和爆破片泄放面积的计算书。

2. 制造的监察管理

压力容器的制造（含现场制造、现场组焊、现场粘接）单位应当取得特种设备制造许可证，按照批准的范围进行制造，依据有关法规、安全技术规范的要求建立压力容器质量保证体系并

且有效运行，制造单位及其主要负责人对压力容器的制造质量负责。同时在整个制造过程中，制造单位应当严格执行有关法规、安全技术规范及技术标准，按照设计文件的技术要求制造压力容器。

压力容器出厂或者竣工时，制造单位应当向使用单位提供竣工图样、压力容器产品合格证（含产品数据表）和产品质量证明文件、特种设备监督检验证书与设计单位提供的压力容器设计文件，并且同时提供存储上述文件电子文档的光盘或者其他电子存储介质。同时，上述资料的保存期限不少于压力容器使用年限。除上述资料外，制造单位还需在压力容器的明显部位装设产品铭牌。铭牌应当清晰、牢固、耐久，采用中文（必要时可以中英文对照）和国际单位。同时产品铭牌上的项目至少包括产品名称、制造单位名称、制造单位许可证书编号和许可级别、产品标准、主体材料、介质名称、设计温度、设计压力、最高允许工作压力（必要时）、耐压试验压力、产品编号或者产品批号、设备代码、制造日期、压力容器分类、自重和容积（换热面积）等。

三、压力容器的安全附件

除了通过设计与制造过程中的诸多环节来控制风险，压力容器使用过程中必须装备相应的安全附件来监控相关安全参数并应对可能发生的紧急情况，以进一步保障其使用过程中的安全。常见的压力容器安全附件包括：安全阀、爆破片装置、压力表、液位计、温度计、紧急切断装置、安全联锁装置等。

（一）安全阀

安全阀是一种自动阀门，它可以不借助任何外力，利用介质本身的力排出额定数量的流体，以防止压力超过额定的安全值。当压力恢复正常后，阀门再自行关闭并阻止介质继续流出。

安全阀的基本结构由阀体（阀座）、阀芯和加载机构三部分组成，常见的弹簧式安全阀如图 7-1 所示。其作用原理是利用加载机构施加于阀芯的载荷与内部流体压力作用于阀芯的反作用力相互对抗构成平衡关系。当加载机构施加于阀芯的载荷略大于承压设备内部流体作用于阀芯上的压力时，安全阀保持关闭状态；反之，当内压对阀芯的压力大于加载机构施加于阀芯的载荷时，阀芯被顶离阀座密封面，安全阀开启，流体从阀座与阀芯之间的缝隙排出而使承压设备泄压。由于加载机构施加的载荷是额定的，所以当流体压力在泄放过程中降至作用于阀芯上的力略小于加载载荷时，阀芯重新被压紧在阀座上，安全阀恢复关闭状态。

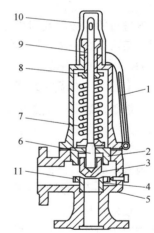

图 7-1　弹簧式安全阀
1—手柄；2—阀盖；3—阀瓣；
4—阀座；5—阀体；6—阀杆；
7—弹簧；8—弹簧压盖；9—调节螺母；
10—阀帽；11—调节环

常用的安全阀有如下几种形式。

1. 直接载荷式安全阀

该安全阀仅靠直接的机械加载装置，如重锤、杠杆加重锤或弹簧，来克服由阀瓣下方的介质压力产生的推力。

2. 带动力辅助装置的安全阀

该安全阀借助一个动力辅助装置，可以在压力低于正常整定压力（安全阀在运行条件下开始开启的预定压力，是在阀门进口处测量的表压力）时开启。若动力装置失效，该阀门仍然可以满足安全阀门的标准要求。

3. 带补充载荷安全阀

这种安全阀在其进口压力达到整定压力前始终保持有一个用于增强密封的附加力。该附加力（补充载荷）可由外部能源提供，而在安全阀进口压力达到整定压力时应可靠地释放。

4. 先导式安全阀

一种依靠从导阀排出介质来驱动或控制的安全阀。该导阀本身应是符合本标准要求的直接载荷式安全阀。当导阀达到整定压力后开启，介质压力传导至主阀，而主阀活塞面积大于阀芯面积，从而使主阀迅速大幅开启，以达到快速大量泄压目的。

安全阀的装设要求：安全阀应垂直向上安装在压力容器本体的液面以上气相空间部位，或连接在与压力容器气相空间相连的管道上。安全阀与承压设备之间一般不宜装设截止阀门，为实现安全阀的在线校验，可在安全阀与承压设备间加装爆破片。但对于盛装易燃，毒性程度为极度、高度、中高度危害或黏性介质的容器，为了便于安全阀的更换、清洗，可在阀门前安装截止阀，但截止阀的流通面积不得小于安全阀最小安全面积且必须采取可靠措施以保证运行中截止阀处于全开状态并加以铅封。

安全阀的检查与维护：为使安全阀动作灵敏可靠且密封性能良好，就必须对安全阀进行日常的维护检查。检查需确保安全阀清洁以防止阀体、弹簧等被物料粘住或腐蚀。冬季气温低于0℃时需检查安全阀有无被冻结。部分泄压后不会造成危害的阀门应定期进行手提排气检查。如发现安全阀出现缺陷或泄漏应该及时更换或检修，检修后的阀门应在重新通过校验后方可使用。校验需由监管部门认证并具有相关资质的校验机构进行。以往安全阀的校验一般都是在停车状态下进行的。随着我国智能化生产规模的不断扩大，新型安全阀在线检测技术已经逐步开始应用，其可以在设备不停车的状态下进行检测，且由于检测过程对工艺回路仅产生 1~2s 的短暂扰动，因此不影响生产。

（二）爆破片装置

爆破片装置一般是由爆破片（或爆破片组件）和夹持器（或支承）等零部件组成的非重闭式压力泄放装置，是承压设备一次性使用的断裂型超压安全释放装置。

爆破片的工作原理是在设定的温度下，当爆破片两侧压力差达到预定值时，爆破片即刻产生破裂或脱落，并泄放出流体介质，从而达到泄压作用。常用的爆破片有如下几种形式。

1. 平板形爆破片

爆破片呈平板形，如图 7-2（a）所示，由塑性金属材料或石墨、脆性材料平面薄板制成。动作时因拉伸、剪切或弯曲而破裂。平板形爆破片制造简单但抗疲劳性能差，使用寿命短，一般用于压力不高及压力较稳定的场合。其中石墨爆破片一般由浸渍石墨、柔性石墨、复合石墨等以石墨为基体的材料制成，化学和热稳定性好，广泛适用于介质腐蚀性强和温度较高的场合。

2. 正拱形爆破片

爆破片呈拱形，如图 7-2（b）所示，通常由平板形膜片预先施加一定的压力使其拱曲，产生一定的永久变形，其凹面处于压力系统的高压侧，动作时因拉伸而破裂。相对于平板形，其提高了耐疲劳性能，使用寿命长且爆破压力精度较高，适用范围广，从低压至高压，甚至有时也用于超高压场合。

3. 反拱形爆破片

爆破片呈反拱形，如图 7-2（c）所示，一般由单层塑性金属制成，凸面处于压力系统的高压侧，动作时因压缩失稳而翻转破裂或脱落。该类型使用寿命较长，适用于承受脉动载荷的承压设备。

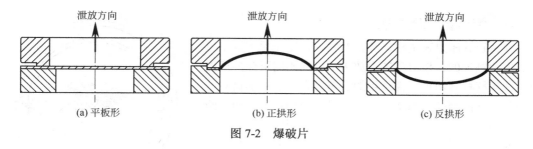

图 7-2 爆破片

4. 防爆帽

防爆帽是一个一端封闭、中间具有薄弱断面的厚壁短管，常用于超高压容器中。当承压设备内压力超过规定时，薄弱断面上拉伸应力达到材料强度极限发生断裂，从而排放超压介质，为防止防爆帽断裂时飞出伤人，其外部通常有保护罩。

爆破片装置的安装要求：爆破片装置中膜片的正确安装至关重要，取出爆破片后应该认真核对膜片信息，同时仔细检查确保膜片上无擦伤、压痕等，安装时膜片受力方向不能装反，以上必须严格遵守，否则会导致爆破压力失真，起不到保护压力容器的作用。同时爆破片装置与压力容器设备的连接应该为直管，同时管道截面积不应小于装置爆破口面积。对于盛装易燃易爆介质或极度、高度或中度毒性介质的压力容器，应在爆破片装置的排出口装设导管，将泄放介质排至安全地点以进行进一步妥善处理。

爆破片的检查与维护：爆破片膜片需要根据受载状态、膜片类型、材料、使用温度定期检查更换。对于严苛工况下使用的爆破片应每年更换；一般爆破片应该在 2～3 年内更换（制造单位明确可延长寿命的除外）。同时在使用过程中需经常检查爆破片是否有泄漏，从而可以及时消除隐患。

爆破片与安全阀的组合布置：通常对于介质具有腐蚀性或毒性程度为极度、高度的压力容器，爆破片与安全阀通常组合进行使用，这样既可以防止单独用安全阀的泄漏，又可以在完成排放过高压力的动作后恢复容器使用。但由于安全阀有滞后作用，不能用于器内升压速率极快的反应类容器。

（三）压力表

压力表是用以测量介质压力大小的仪表，是压力容器中重要的安全附件。操作人员通过压力表观察并控制适当的工艺压力参数，并保证其不超过允许的最高工作压力，以避免压力容器超压工作带来安全隐患。

通常压力表按其结构和工作原理可分为液柱式压力表、弹簧管式压力表、活塞式压力表和电量式压力表四大类。

1. 液柱式压力表

液柱式压力表是根据液柱中的高度差来确定所测的压力值，量程范围小且只适用于较低的压力，压力容器一般不使用此类压力表。

2. 活塞式压力表

活塞式压力表是利用加在活塞上的力与被测压力的平衡，根据活塞面积和加在其上的力来确定所测的压力，通常作为检验用的标准仪表。

3. 电量式压力表

电量式压力表是利用物体在不同压力下产生电量的变化来确定所测的压力值，这类压力表可以测量快速变化的压力及超高压力。

4．弹簧管式压力表

弹簧管式压力表是根据弹簧弯管在内压作用下发生位移的原理制成的，按位移转变放大机构的不同可分为扇形齿轮式和杠杆式两种。最常用的是单弹簧管的扇形齿轮式压力表，它的结构如图 7-3 所示。其主要部件是一根横断面呈椭圆形或扁平形的中空弯管，它一端固定在支撑座上与气液介质相通，另一端则为封闭端且与连杆结构相连，当介质进入这根弹簧弯管时，由于介质压力的作用，使弯管向外伸展发生位移变形，位移通过连杆连接扇形齿轮组件带动压力表的指针偏转。介质压力越高，弯管位移越大，指针偏转幅度越大，以此指示压力。一般扇形齿轮式单弹簧压力表的指针转动幅度可设计为 180° 以上，而杠杆式转动幅度一般仅为 90°，因此通过表盘刻度范围即可有效区分两种压力表。

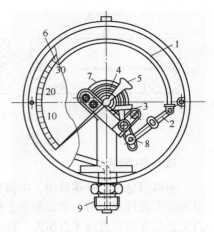

图 7-3　扇形齿轮式单弹簧压力表
1—弹簧管；2—拉杆；3—扇形齿轮；
4—中心齿轮；5—指针；6—刻度盘；
7—游丝；8—调整螺钉；9—接头

压力表的选用要求：选用的压力表，应当与压力容器内的介质相适应。弹簧管式压力表的精度等级以允许误差占压力表量程的百分率表示，一般分为 0.1、0.16、0.25、0.4、1.0、1.6、2.5、4.0 等八个等级，通常设计压力小于 1.6MPa 压力容器使用的压力表的精度不得低于 2.5 级，设计压力大于或者等于 1.6MPa 压力容器使用的压力表的精度不得低于 1.6 级。另外选用压力表时压力表表盘刻度极限值应当为设备工作压力的 1.5 ～3.0 倍。

压力表的装设要求：压力表在安装前应进行校验，并在刻度盘上画出设备最高许用压力的警戒红线。压力表接管一般应直接与设备本体相连，对于高温蒸汽压力容器，压力表的接管要装有存水弯管，使蒸汽冷凝，避免直接进入压力表弹簧管。若为高温、强腐蚀或高度黏性介质，则需要在压力表与容器连接管路上装设液体填充隔离装置。对于装设压力表的位置应该有足够的照明，以方便检查，同时要避免压力表受到热辐射、低温和振动的影响。若压力表处于高处，为方便观察应该向前倾斜，但倾斜角度不要超过 30°。

（四）液位计

液位计又称液面计，是工业过程测量和控制系统中用以指示和控制液位的仪表。液位计按功能可分为基地式（现场指示）和远传式（远传显示、控制）两大类。基地式液位计可以通过在现场直接进行观察确认液位。而远传式液位计，通常需将现场的液位状况转换成电信号传递到监控场所，或用液位变送器配以显示仪表达到远传显示的目的。

液位计的工作原理按检测方式不同可以归纳为以下几类。

（1）连通器测量原理。压力容器中最常用的一种液位计测量方式，主要基于连通器内液位高度相等的原理进行测量。主要包括透光元件指示型，如常见的玻璃管液位计、玻璃板液位计；辅助装备指示型，如通过检测施加在恒定截面垂直位移元件上的浮力来测量液位的浮球式液位计，通过磁性检测浮子的位置来测量液位的磁力浮球式液位计等。

（2）压力液位测量原理。通过检测液面上、下两点之间的压力差来测量液体的液位，如压力式液位计。

（3）其他形式测量原理。主要包括：超声波、微波液位测量原理，通过检测一束超声或微波发射到液面并反射回来所需的时间来确定液体的液位，如反射式液位计；伽马射线液位测量原理，利用液体处在射线源和检测器之间时吸收伽马射线的原理测量液体的液位；电容液位测量原理，通过检测液体两侧两个电极间的电容来测量液体的液位，如电容式液位计；电导液位测量原理，通过检测被液体隔离的两个电极间的电阻来测量导电液体的液位，如电导式液位计。

液位计的选用要求：液位计应依据工作介质、最高工作压力和温度进行选择，如工作压力在 0.6MPa 以下、介质为非易燃和无害的，现场指示型液位计宜选用玻璃管液位计；对承压较高，温度较高，中度毒性以上或易燃介质的现场指示型液位计宜选用玻璃板液位计；对密封、耐压、耐高温、耐振动、耐腐蚀等有较高要求的现场指示型液位计宜选用磁力浮球式液位计。

液位计的装设要求：现场指示型液位计应安装在便于操作人员观察的位置，并有相应照明、防爆装置。如液位计安装位置不便观察，就需增设其他辅助观察装置。现场指示型液位计安装调校后，需要在刻度盘上标出最高与最低液面警戒线。对于重要压力容器，除现场指示型液位计外，一般还需要安装远传式液位计并加装相应的报警装置。

（五）温度计

温度计是工业过程测量和控制系统中用以测量工作介质、设备金属壁温的仪表。此类仪表对于控制设备金属壁温与工作介质温度在工艺要求的范围内具有重要作用。常用测温仪表有以下几种。

1. 膨胀式温度计

膨胀式温度计以物质加热后膨胀的原理为基础，利用测温敏感元件在受热后尺寸或体积发生的变化来直接显示温度的变化。膨胀式温度计有液体膨胀式（玻璃温度计）和固体膨胀式（双金属温度计）两种。

2. 压力式温度计

以物质受热后膨胀这一原理为基础，利用介质（一般为气体或液体）受热后体积膨胀而引起封闭系统中的压力变化，通过压力大小间接测量温度。

3. 热电阻温度计

热电阻温度计由测量元件热电阻与电气测量仪表组成。其原理是根据热电效应，即导体和半导体的电阻与温度之间存在着一定的函数关系，利用这一函数关系，可以将温度变化转换为相应的电阻变化。

4. 热电偶温度计

热电偶温度计一般由热电偶、补偿线、恒温器、切换开关及电器仪表组成。其是利用两根不同材料的导体两个连接处的温度不同产生热电势的现象制成。

5. 辐射式温度计

利用物质的热辐射特性来测量温度。测温元件不需要与被测介质相接触，且可以实现快速测量。

温度计的选用要求：温度计的选用应综合考虑适用性、经济性。膨胀式温度计结构简单、读取较直观且价格便宜，测量范围为-200～700℃，常用于轴承、定子等位置的温度测量。压力式温度计使用方便，价格便宜，测量范围一般为 0～300℃，适用于测量压力较低且精度要求不高的非腐蚀性介质。热电阻温度计测温范围为-200～500℃，适用范围广且可用于远距离测量和自动记录，虽精度较高，但对设备的振动有一定要求。热电偶温度计同样可用于远距离测量，同时测量范围相对热电阻温度计大，为 0～1600℃，常用于液体、气体、蒸汽的中高温测量。辐射式温度计测量范围为 600～2000℃，常用于测量火焰、钢水等不能直接测量的高温介质。

温度计的装设要求：温度计的感温元件应尽量伸入承压设备或紧贴于承压设备器壁金属接触面上，以减小误差。选择的测温点应具代表性，且应尽量避免环境因素对测温准确性的影响。装设位置应使温度计不受碰撞，且便于观察和维护、修理，必要时应采取保证使用安全和使用精度的防护维护措施。

（六）紧急切断装置

紧急切断装置是以紧急切断阀为主体设置的设备安全保障装置。当系统内管路或附件突然破裂，其他阀门密封失效，装卸物料时流速过快或环境火灾等情况出现时，紧急切断装置可以通过机械牵引、油压操纵、气动操纵、电动操纵等方式启动紧急关闭阀门，迅速切断通路，从而防止储运物料外泄，缩小事故危害程度。通常紧急切断装置布置在液化石油气储罐、罐车及可燃液化气体的低温储罐入口和出口处。

（七）安全联锁装置

安全联锁装置是防止设备误操作的有效措施，其实质是将生产操作链中的局部或整体进行条件约束，只有按照顺序完成方可执行，即前一步操作为后一步操作的前提条件，只有完成前一步操作才可往下进行。这里的前一步操作可以是一个具体过程，也可以是与某一个工艺参数联系的自动操作。在化工生产过程中，这种按照规定的条件或程序来控制有关设备的自动操作系统被称为联锁保护系统，它与安全联锁装置配合在一起，可以有效地保证设备正常工作，实现自动控制，同时防止人为误操作引起事故。

第二节　密封安全技术

现代化工和石油化工产业中的产品介质大多数都具有腐蚀性或易燃、易爆、有毒等特性，并伴有较高的压力和温度，一旦泄漏，轻者造成能源浪费、物料流失，重者直接危及人身安全，同时带来巨大的经济损失与环境污染。

一、密封的作用与分类

一般造成泄漏的主要原因包含以下两个方面：一是由于机械产品的表面在机械加工时存在各种缺陷、形状及尺寸偏差，导致在机械零件连接处存在间隙；二是密封两侧存在压力差，工作介质会在压力差形成的推动力作用下通过间隙而泄漏。因此消除或减少任一种因素都可以阻止或减少泄漏，即降低推动力或阻断流动间隙。而防止或限制流体从机器、设备中泄漏（外漏）或被污染（内漏）的有效措施就称为密封。

目前的密封方法原理均始于降低推动力或阻断流动间隙（增大流动阻力）。其大致可归纳为以下几种：通过精细机械加工，最大限度地减小接合表面的微观粗糙度，达到接合表面轮廓的精密，再配合减小间隙从而实现密封，如无垫密封、接触式机械密封等；使密封的两侧接合面中一侧表面材料较软，或在两接合表面之间加入容易变形的弹性或塑性元件，通过施以一定的压紧应力使软接合面变形，实现接合表面之间的紧密吻合，如垫片密封、填料密封；利用流体动压力、静压力或磁场等作用，在接合间隙处形成阻碍流体泄漏的阻力，从而减少泄漏量实现密封，如非接触式机械密封、迷宫密封、磁流体密封等。另外还有部分密封是通过组合上述方法进行设计的，如填料机械密封、浮环机械密封、迷宫机械密封等。

（一）密封的作用

通过密封能够有效减少设备的内漏、泄漏、摩擦损失，提高设备效率，减少能耗，节约原材料，提高设备的安全性与可靠性。因此密封技术虽不是设备的原理性技术，但却是设备可靠性的决定性技术之一。如美国挑战者号航天飞机的坠落就是由于其右侧固态火箭推进器上的一个O形密封环出现失效引发连锁事故导致的；我国核电站反应堆压力容器C形密封环曾经被美国企业垄断，每年均需花费高价购入，而在2015年我国终于通过自主研发打破其技术垄断，有效降低了核反应堆内容器的建造与维护成本。

需要说明的是，密封或泄漏是一个相对的概念。理论上静密封可能做到"零"泄漏，但这种"零"泄漏只是超越了仪器可分辨的最低泄漏量，即难以觉察出来的很微量的泄漏。因此"零"泄漏是相对的，泄漏是绝对的。在实际生产中，由于实现零泄漏在技术上特别困难，而且成本高昂，只有对非常昂贵、有毒、腐蚀或易燃易爆的流体才要求将泄漏量降低到最低限度。

（二）密封的分类

密封的分类方法较多。根据密封部位接合面的状况，可把密封分为动密封和静密封。密封部位的接合面有相对运动的密封称为动密封；密封部位的结合面相对静止的密封称为静密封。同时根据密封面实际接触的情况，可把密封进一步分为接触式密封和非接触式密封。

静密封均为接触式密封，主要有垫片密封、直接接触密封和胶密封。其中垫片密封在管道、压力容器设备中使用广泛。其可按垫片材料类型的不同分为非金属垫片密封、复合型垫片密封和金属垫片密封。中低压容器通常使用材质较软、接触宽度较宽的非金属垫片或复合型垫片，高压容器则通常使用材料较硬、接触宽度较窄的金属垫片。胶密封是由无固定形状的膏状或腻子状的具有粘接和密封功能的材料进行的密封，其广泛应用于车辆、航空、造船、建筑、电子设备等连接部位的密封。

动密封常适用于机泵等动设备中，一般可根据设备中运动件的运动方式分为往复密封和旋转密封，并进一步根据密封面的接触情况分为接触型密封和非接触型密封两大类。一般接触型密封结构简单，但摩擦磨损较大，适用于密封面线速度较低的场合；非接触型密封的结构一般较复杂，但密封件与运动部件之间不接触，没有接触摩擦，因此运动部件的运行速度可以很高，且维修保养成本较低，生产可以连续运作，通常用在高参数场合或作为组合密封的前置密封。

二、化工设备常用密封技术及原理简述

（一）垫片密封

垫片密封是由可拆连接处连接件和垫片组成的一种静密封结构形式，其在石油、化工装备的密封领域使用广泛，是最常见的密封形式。例如，设备上的人孔、手孔、视镜、工艺管线、仪表接管与设备、管道阀门间的连接基本使用该类密封，因此该类密封也成为化工及石化装备泄漏的主要来源。

垫片密封结构：垫片是一种夹持在两个独立的连接件之间的材料或组合材料，其作用是在预定的使用寿命内，保持两个连接件间的密封。垫片必须能够密封接合面，并对密封介质不渗透和不被腐蚀，能经受温度和压力等的作用。而垫片密封结构，一般由连接件、垫片和紧固件等组成。其中中低压设备中最常见的就是如图7-4所示的法兰-垫片密封结构，其中两侧法兰为连接件，螺栓、螺母则构成紧固件。

1．垫片密封原理

在技术与经济均允许的条件下，如果密封面在加工中可以保证十分光滑与精密，同时保证有足够的刚度，那么在一定夹持压力下它们无需垫片即可达到密封的效果（即直接密封），这种密封常用于汽车、飞机、钢结构、重型设备等领域。但是受限于经济成本、设备结构和尺寸等的限制等，大部分实际生产中的连接件的两个密封面很难获得这样理想的密封面，同时密封接合面也会随时间产生腐蚀或磨蚀，出现表面缺陷，因此需要在两密封面间插入垫片作为过渡元件。垫片材料受夹持压力作用后压缩，由此产生的弹性或弹塑性变形能够有效填塞密封面的变形和表面粗糙度，从而堵塞界面泄漏的通道，实现密封。

垫片的密封一般需要经历两个状态，以法兰-垫片密封结构为例。首先法兰垫片放置在一起时如图 7-5（a）所示，法兰密封面与垫片间存在间隙。因此需要完成初始密封，它是在预紧工况下通过拧紧螺栓等紧固件，将螺栓预紧力通过法兰传递给垫片，使垫片产生初始变形后形成密封，如图 7-5（b）所示。随后在实际工作状态时，对于受内压的容器来说，法兰受到工作介质压力作用时将抵消一部分螺栓预紧力，使两个密封面产生法向的分离，此时要求垫片需在释放出足够的回复量的同时保持密封所需的工作应力水平，以维持密封，这称为操作密封，如图 7-5（c）所示。

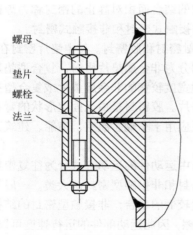

图 7-4　法兰-垫片密封示意

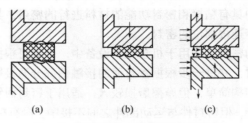

(a)　　　　　(b)　　　　　(c)

图 7-5　法兰预紧、操作密封示意图

2．垫片密封结构的分类

垫片密封结构一般可分为强制式密封和自紧式密封两种。强制式密封是完全依靠连接件作用力强行挤压垫片达到的密封，一般需要较大的预紧力，且压力越高所需的预紧力越大，如平垫密封、卡扎里密封、透镜垫密封等。自紧式密封则主要依靠容器内部的介质压力压紧密封元件实现密封，所以介质压力越高，密封反而越可靠，如 C 形环密封、O 形环密封、三角垫密封、楔形垫密封、伍德密封等。图 7-6 所示的自紧式 O 形环密封，密封使用 O 形环，同时在环内侧钻有一些小孔，它是靠 O 形环本身的弹性回弹和环截面受内压后膨胀实现自紧作用。在高压、超高压设备中采用这种密封结构可以获得较好的密封效果。此外还有半自紧密封，其原则上属于强制式密封但其结构又具有一定的自紧能力，如双锥环密封、八角垫密封、椭圆垫密封等。

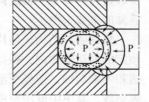

图 7-6　自紧式 O 形环密封

（二）填料密封

填料密封是结构较为简单的一种直接接触式密封，一般由密封填料与压紧件组成，通常用于动设备如离心泵、往复泵、搅拌机轴的密封，在一些情况下也用于对密封要求不高的静设备内，如小直径塔设备整块式塔盘与塔壁的间隙密封以及填料函式换热器的浮头端密封。

动设备中填料密封的基本结构如图 7-7 所示。首先使用浸渍润滑剂的软性材料填塞轴与填料函之间的间隙，随后使用压盖对填料进行预紧，通过充分轴向压缩使得填料在径向方向发生膨胀，贴紧轴与填料函的表面，同时，填料中的润滑剂被挤出，在轴表面形成液膜。由于填料本身的表面并不规则，因此其与轴的接触状态并不均匀，接触部位液膜较薄有利于润滑，存在"轴承效应"；而未接触的凹部则有较厚的液膜形成，这样接触部位与非接触部位形成了不规则液层通道，这种通道就类似于一个不规则的迷宫，起到阻止液流泄漏的作用，此也称为"迷宫效应"。良好的填料密封需要在保持适当压紧的同时维持良好的润滑，从而避免由于出现轴与填料间的干摩擦导致的升温和严重磨损。

填料分类：常见填料按材料可分为纤维填料、橡胶填料、柔性石墨填料、金属填料和复合填料等。其中使用较多的是纤维填料，其主要可分为天然纤维、合成纤维和复合纤维填料三种。按制造方法（结构）分为绞合、编织、叠层和模压的填料，如图 7-8 所示。绞合填料是将几股棉线或石棉线绞合在一起，将其填塞在填料函内即可起密封作用，多用于低压蒸汽阀门，很少用于旋转或往复运动轴；模压填料主要由柔性石墨材料或软金属材料经模压制成；编织填料则将填料材料加工成线或丝，在专门的编织机上以一定的方式进行编织，天然或合成纤维填料一般通常都为编织填料；叠层填料是在石棉或其他纤维编织的布上涂抹黏结剂，然后一层层叠合或卷绕，再加热、加压成型，其使用温度与压力不高，主要用于往复泵和阀门的密封，也可用于密封低速回转轴。为了适应不同的需要，这些填料可将不同材料进行混合编织或将不同材料的填料环组合起来使用。

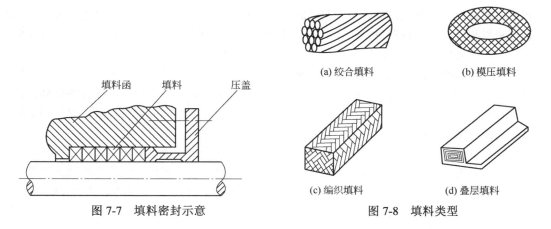

图 7-7 填料密封示意

(a) 绞合填料　(b) 模压填料　(c) 编织填料　(d) 叠层填料

图 7-8 填料类型

（三）机械密封

机械密封是由至少一对垂直于旋转轴线的端面在流体压力和补偿机构弹力（或磁力）的作用以及辅助密封的配合下保持贴合并相对滑动而构成的防止流体泄漏的装置。机械密封具有密封性好，使用寿命长，运转中不用调整，功率损耗小，耐震性强，密封参数高等优点，在化工、石油化工、造纸、制药、食品、冶金、机械、航空和原子能等领域均有着广泛的应用。但是由于其结构复杂、对拆装人员的技术水平要求较高，因此成本相对较高。

1. 机械密封的结构与原理

机械密封的结构形式很多，最常见的结构如图 7-9 所示。图中动环随轴转动，因此其与轴之间无相对运动，它们之间的密封为静密封。同时，图中静环始终保持静止，因此其与不发生运动的端盖间的密封也为静密封。在上述两个密封的基础上，机械密封工作时动环与静环的接合面在介质压力与弹簧作用力的共同作用下紧贴在一起，并发生相对滑动，其间由一层极薄的液膜润滑，从而达到密封效果。可以发现机械密封的实质就是将原本容易出现泄漏的轴向动密封改变为不容易泄漏的端面密封与静密封，以此实现更好的密封效果。

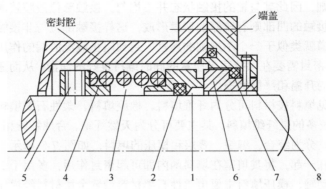

图 7-9　机械密封

1—补偿环；2—补偿环辅助密封圈；3—弹簧；4—弹簧座；5—紧固螺钉；
6—非补偿环；7—非补偿环辅助密封圈；8—防转销

2. 机械密封的分类

机械密封的种类众多。按密封端面的对数来分类，可分为单端面、双端面和多端面机械密封；按密封流体作用在密封端面上的压力是否可以平衡来分类，可分为平衡式机械密封和非平衡式机械密封；按密封流体在密封端面间的泄漏方向是否与离心力方向一致分类，可分为内流式机械密封和外流式机械密封；按弹簧的数量分类，可分为单弹簧式机械密封和多弹簧式机械密封；按弹性元件进行分类，可分为弹簧压紧式和波纹管式机械密封。

另外按照动环、静环端面是否直接接触可分为接触式机械密封和非接触式机械密封。接触式机械密封是由弹簧等弹性元件和介质压力使密封端面紧密贴合，形成实质接触的机械密封；而非接触式机械密封是指靠流体静压或动压作用，使密封端面间的流体膜完整，密封端面完全不存在固相接触的机械密封。

其中，使用流体静压的非接触式机械密封一般通过在密封端面上开环形沟槽和小孔，依靠外部引入压力流体或被密封介质产生流体静压效应来实现；使用流体动压的非接触式机械密封一般将密封端面设计成特殊的几何形状，利用端面相对旋转，自行产生流体动压效应实现密封，如螺旋槽干气机械密封，如图 7-10 所示。

（四）胶密封

胶密封是指使用密封胶作为密封填料实现的密封。密封胶也称液体垫片（填料）或高分子液体密封剂，是一种呈液态或膏状，具有良好的耐热、耐压、耐油、耐化学试剂等特性的密封胶黏剂。它可以有效填充在设备各部件的接合面之间或泄漏点处，起到密封作用。密封胶不易流淌但具有流动性，因此不需要像垫片一样需要初始压缩来形成初始密封，同样也没有由内应力、松弛、蠕变和弹性疲劳破坏等导致泄漏的因素。目前，胶密封技术可在不停车不改变现有工作状态的情况下，通过注胶枪将密封胶注入泄漏点周围预先设置好的专用卡具内，待密封胶固化后堵塞泄漏通道，实现不停车的带压堵漏密封，还可对连接接合面、泄漏点，如管道、容器上的孔洞、裂纹进行涂胶贴补，加强密封效果。

（五）其他常见密封结构

其他常见密封结构有间隙密封、浮环密封、迷宫密封、磁流体密封及全屏蔽密封等。

1. 间隙密封

间隙密封的基本结构如图 7-11 所示，其原理是利用密封环或套筒等密封元件将泄漏通道的间隙变小，以形成较大的流动阻力，从而减小或阻止泄漏，形成密封。由于密封元件必须考虑轴的偏转、变形、跳动，因此其与轴之间的间隙相对较大，因此常适用于对密封要求不高、允许较大泄漏率的场合。

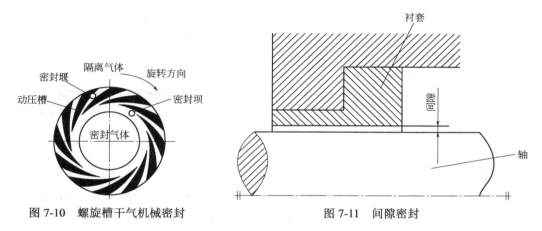

图 7-10　螺旋槽干气机械密封　　　　图 7-11　间隙密封

2. 迷宫密封

迷宫密封的结构如图 7-12 所示，其原理与间隙密封相似，是通过在转轴周围设若干阻碍结构使泄漏通道复杂化，变为一系列截流间隙与膨胀空腔，使被密封介质在通过时产生节流效应而达到阻漏的目的。其与间隙密封相似，常用于允许较大泄漏率的场合，或可用于组合型密封的前置密封。

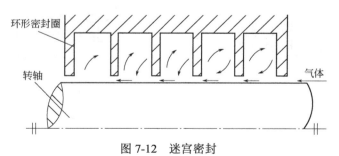

图 7-12　迷宫密封

3. 浮环密封

浮环密封的基础结构如图 7-13 所示。其向浮环与转动件所在的腔体内注入压力较高的封液，让封液充满整个中部腔体并挤入浮环和转动件之间，通过由封液构成的液膜形成密封。良好运行时，液膜流动产生动压将浮环抬起，浮环和轴面不直接接触，且介质与外界的泄漏通道被封液完全隔开，理论上可以完成"绝对密封"，因此适用于介质为易燃、易爆或有毒气体的场合。

4. 磁流体密封

磁流体密封原理如图 7-14 所示，其由圆环形永久磁铁、极靴和转轴所构成的磁性回路，将放置在轴与极靴顶端缝隙间的磁流体集中，使其形成"O"形环，将缝隙通道堵死而达到密封的目的。由于介质被磁流体完全隔开，在密封介质与磁流体不产生混合的情况下，良好运行的磁流体密封可以达到"零泄漏"状态。但由于聚集的磁流体在较大的内外压差作用下容易破溃形成泄漏，故磁流体密封多用在常压下，如计算机硬盘驱动轴的防尘或一些真空设备的转轴密封上。

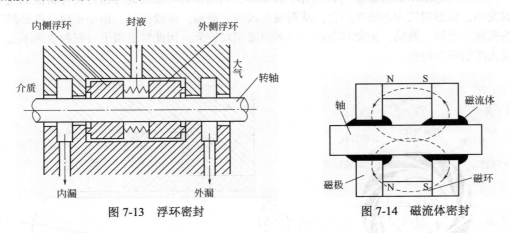

图 7-13   浮环密封   图 7-14   磁流体密封

5. 全屏蔽密封

全屏蔽密封不同于上述密封，其是将系统内外的泄漏通道使用隔膜等方式完全隔断，或者将工作机与原动机置于同一密闭系统内利用磁力等非接触方式驱动，以完全杜绝介质向外泄漏，如图 7-15 所示的屏蔽泵密封与隔膜泵密封。全屏蔽密封在涉及放射性、剧毒或稀有物质生产等需要达到"零泄漏"的场合有着广泛的应用。

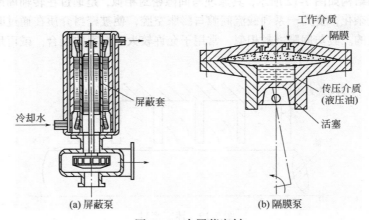

(a) 屏蔽泵   (b) 隔膜泵

图 7-15   全屏蔽密封

第三节   防腐技术

腐蚀是指材料在周围环境作用下产生损耗与破坏的现象。对于化工设备来说，由于其生产环境的特殊性，相关腐蚀的预防与控制就更为重要，必须依靠设计、制造、使用维护、管理等人员相互协作才能解决。因此相关专业人员必须具有对腐蚀原理、防腐技术手段的基本认知方可做到"全面化的腐蚀控制"，促进我国化工生产腐蚀控制水平的提高。

一、金属腐蚀的分类及评定

对于非金属材料，腐蚀主要指非金属受到环境的化学或物理作用，导致非金属构件变质或破坏的现象，如水泥制品在酸、碱和大气的环境中的开裂、粉化，高分子材料在有机溶剂中的溶解、在空气中的氧化与老化等；对于金属材料，腐蚀主要指金属材料与环境相互作用，在界面处发生化学、电化学和（或）生化反应而被破坏的现象。随着化工设备不断向大型化、高参数、长周期化发展，越来越多的非金属材料被用于化工设备中，但是金属制化工设备依旧占据核心地位，因此本节主要针对金属腐蚀。

（一）金属腐蚀的分类

金属腐蚀的现象和机理比较复杂，但大致可以按照腐蚀机理、腐蚀形态、腐蚀应力负荷和腐蚀环境等四种方式进行分类。

金属腐蚀按照腐蚀机理可分为化学腐蚀、电化学腐蚀、物理腐蚀。化学腐蚀通常是指金属材料在干燥气体和非电解质溶液中发生化学反应生成化合物产生的腐蚀，在腐蚀过程中没有电流产生，如高温下碳钢表面氧化造成的腐蚀。电化学腐蚀则是金属与电解质溶液接触时形成原电池的电极反应而产生的，在腐蚀过程中有电流产生。物理腐蚀主要指冲刷、磨损、碰撞、辐照等物理变化引起的腐蚀。在化工设备的腐蚀中，绝大多数腐蚀为电化学腐蚀。

金属腐蚀按照腐蚀形态可分为全面腐蚀与局部腐蚀。全面腐蚀是指腐蚀发生在整个金属表面上，全面腐蚀的腐蚀分布相对较均匀。与全面腐蚀相反，局部腐蚀就是指腐蚀在金属表面局部区域上进行，其余大部分区域腐蚀轻微或几乎不腐蚀。典型的局部腐蚀包括电偶腐蚀、点蚀、缝隙腐蚀、晶间腐蚀及应力腐蚀等，如图 7-16 所示。由于局部腐蚀具有一定的隐蔽性同时难以预测，因此容易造成比较严重的事故。根据日本三菱化工机械公司对其十年内所发生的 166 起设备腐蚀破损事故的调查，这些事故中由均匀腐蚀引起的占 5%，高温腐蚀占 9%，局部腐蚀的占比则高达 86%，由此可见局部腐蚀的严重性。

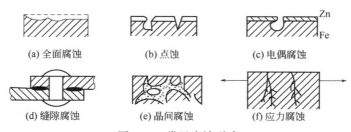

图 7-16 常见腐蚀形式

金属腐蚀按照腐蚀应力负荷进行分类可分为无应力负荷腐蚀与有应力负荷腐蚀，其本质区别在于金属结构承载时其内部应力是否导致腐蚀过程加速。常见的无应力负荷腐蚀有全面腐蚀、电偶腐蚀、点蚀、晶间腐蚀、氢脆等。常见的有应力负荷腐蚀有应力腐蚀、疲劳腐蚀、磨损腐蚀等。

金属腐蚀若按其腐蚀环境进行分类则相对繁杂。举例来说，如按所在自然环境可分为大气腐蚀、土壤腐蚀等；按照工业环境可分为酸性环境腐蚀、碱性环境腐蚀等；按照腐蚀介质可分为氯化物腐蚀、氢氧化物腐蚀等；按照腐蚀介质的化学性质可分为电解质溶液腐蚀、非电解质溶液腐蚀等。

（二）金属腐蚀评定

为更好地预测可能发生的金属腐蚀并进行预防，需对不同环境条件下的不同金属材料的腐蚀程度进行评定。评定一般可分为定性法和定量法两大类。

对金属试件腐蚀前后进行的宏观或微观的观察属于定性方法。宏观检查主要指针对金属材料在腐蚀前后及去除腐蚀产物前后的形态进行肉眼观察，除上述观察外还应注意腐蚀产物的形态、分布、特性以及腐蚀产物在溶液中形态、颜色等。微观观察主要指对受腐蚀的试样进行金相检查或断口分析，或者用扫描电镜、透射电镜、俄歇电子能谱仪等仪器进行微观组织结构和相成分的分析。微观观察往往可以从微观角度对腐蚀的特征和过程动力学进行研究，从而加深对腐蚀机理的认识。

由于定性法较为主观，往往依赖观察者的技术与经验，因此在工程中很难用于不同试样间的比较。因此在工程评定中常使用定量方法。

1. 全面腐蚀的定量评定

金属的全面腐蚀在定量方法中常使用重量法与电流密度法。

重量法通常可分为增重法与失重法。当腐蚀产物很容易被除去而不损伤主体金属时，可以采用失重法，其计算公式如式（7-3）所示：

$$v^- = \frac{m_0 - m_1}{St} \tag{7-3}$$

式中　v^-——金属失重腐蚀速度，$g/(m^2 \cdot h)$；

　　　m_0——腐蚀前金属的质量，g；

　　　m_1——腐蚀后金属的质量，g；

　　　S——暴露在腐蚀介质中的表面积，m^2；

　　　t——试样的腐蚀时间，h。

当腐蚀产物紧密覆盖在主体金属上不易去除时，可以采用增重法，其计算公式如式（7-4）所示：

$$v^+ = \frac{m_2 - m_0}{St} \tag{7-4}$$

式中　v^+——金属增重腐蚀速度，$g/(m^2 \cdot h)$；

　　　m_2——金属腐蚀后包括腐蚀产物的总质量，g。

在增重法计算后需根据腐蚀产物的成分进一步换算方可得到金属实际的腐蚀速度。

可以发现，失重法可以较为直观地表现金属被腐蚀的速率，而增重法虽然操作简单，但不够直观。但对于全面腐蚀，由于重量的变化往往与构件材料的密度相关，因此使用单位面积的重量腐蚀速度不容易直接作为设计参数，因此往往使用更为直观的腐蚀深度来表现。腐蚀深度由重量法下获得的腐蚀速度通过如式（7-5）转换获得：

$$v_L = \frac{24 \times 365}{1000} \times \frac{\bar{v}}{\rho} = 8.76 \frac{\bar{v}}{\rho} \tag{7-5}$$

式中　v_L——金属年腐蚀深度，mm/a；

　　　ρ——金属密度，g/cm^3。

以此作为依据，金属全面腐蚀耐蚀性可使用三级评定，如表 7-2 所示。

表 7-2　腐蚀速率与耐蚀等级对照表

级别	腐蚀速率/(mm/a)	耐蚀性等级
1	< 0.1	耐蚀
2	0.1～1	可用
3	> 1	不可用

除重量法外，由于在电化学腐蚀过程中，金属与电解质溶液进行电化学反应将伴随电流产生，因此还可通过测量金属腐蚀溶解时电流的密度对金属腐蚀速率进行计算。

2．局部腐蚀的评定

由于局部腐蚀的具体形式和原理不尽相同，因此需要根据具体腐蚀的形式来决定相应的测试方法，如点蚀常采用化学浸泡法或电化学测量方法；对于不锈钢晶间腐蚀常依据相关标准采用 T 法（硫酸-硫酸铜-铜屑法）、X 法（65%沸腾硝酸法）等方法进行评定；应力腐蚀破裂往往采用恒载荷、恒变形、慢应变速率法等方式结合宏观、微观及力学性能测试进行评定。

二、化工设备的常见腐蚀形式及其防腐方法

化工设备由于其安全性以及长周期运行的需要，必须确保其部件在使用寿命内不因为腐蚀而导致设备失效出现安全问题。由于金属腐蚀形式各异，因此需要采取不同的手段来控制腐蚀。

（一）全面腐蚀

全面腐蚀，如图 7-16（a）所示，该类型腐蚀在整个金属表面上进行，腐蚀分布相对均匀，速度相对稳定容易预测，且在每次检修过程中均可进行测量，因此在设备设计中常在满足设备强度壁厚的基础上进一步增加由腐蚀速率与设备使用寿命确定的腐蚀裕量来提高设备壁厚，同时也可以根据设备接触环境设计采用易钝化金属、耐蚀合金或使用非金属覆盖层等方式进一步减小腐蚀。同时对于一些结构简单的化工设备或者化工管道在腐蚀性不大的环境中产生的全面腐蚀还可采用电化学保护中的阴极保护。

这里电化学保护手段是指通过改变被腐蚀金属的电极电位从而控制金属腐蚀的手段，常分为阴极保护和阳极保护。阴极保护是人为给金属提供多余的电子，使金属表面正电位部分电位下降，最终使金属表面各点电位达到一致，消除阳极以减缓腐蚀，其分为牺牲阳极保护和外加电流阴极保护两种。前者是依靠电位较负的金属（例如锌）作为阳极逐渐溶解来提供保护所需的电流；而后者则依靠外部的电源来提供保护所需的电流，将被保护的金属变为阴极。阳极保护的原理是将被保护的金属构件与外加直流电源的正极相连，在电解质溶液中使金属构件阳极极化至一定电位，使其建立并维持稳定的钝态，显著降低腐蚀速度来保护设备。

（二）点蚀

点蚀，如图 7-16（b）所示，是在金属上产生小孔的一种极为局部的腐蚀形态，由于其孔径通常较小且表面常有腐蚀产物，而其他地方的腐蚀轻微，因此很难发现。经常出现在具有自钝化能力的金属或合金上，并且在介质含有氯离子、溴离子或氧化性金属离子时更容易出现。出现原因常为金属表面钝化膜局部区域被破坏。点蚀通常沿重力方向生长，且一旦发生，其内部金属的溶解速度很快，容易导致事故的发生。

防治点蚀可在设计时使用耐点蚀的合金作为设备材料，并在制造时注意保证设备与介质接

触表面的钝化膜不被破坏。在实际生产过程中应尽量降低介质中氯离子、溴离子或氧化性金属离子的含量，或在工艺条件允许的情况下在介质中加入少量能减缓或阻止金属腐蚀的缓蚀剂，从而增加钝化膜的稳定性。也可以适当加大介质流速让溶解氧流向金属表面，帮助钝化膜的形成和修复。同时也可以使用电化学保护手段，如阴极保护。

（三）电偶腐蚀

电偶腐蚀，如图 7-16（c）所示，是电位较负的金属腐蚀与电位较正的金属相互接触并共同浸入电解质溶液中常出现的腐蚀现象。电偶腐蚀会使得电位较负的金属在接触区域产生严重的腐蚀。如碳钢管路与不锈钢阀门连接时，如图 7-17 所示，由于碳钢相对钝化后的不锈钢其电位为负，属于阳极，因此会在与不锈钢阀门接触的位置产生严重的腐蚀。

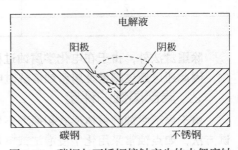

图 7-17　碳钢与不锈钢接触产生的电偶腐蚀

为防止电偶腐蚀，在设计时应尽量使用电位相差不大的金属进行连接，若无法避免则尽量使用小阴极与大阳极的面积组合，这样可以最大限度地减小通过阳极的电流，从而降低其腐蚀速率。同时需考虑阳极部件的维修或更换的便利性。另外也可在不同电位金属连接处使用绝缘材料阻隔两金属间的导电通路，或在工艺条件允许时，向介质中加入缓蚀剂。

（四）缝隙腐蚀

缝隙腐蚀，如图 7-16（d）所示，其形成通常是由于多个零件构成的设备中零件间出现较为狭小的缝隙导致的。在缝隙中介质不易流动呈现滞留状态，由于滞留状态的影响，缝隙内的氧被氧化还原反应消耗后无法得到补充，而缝隙外则可以得到补充。因此缝隙内外出现了氧的浓度差，形成了氧浓度差电池，缝隙内为阳极，缝隙外为阴极。随着腐蚀的发展，缝隙内的腐蚀产物堆积在缝隙入口位置，进一步形成闭塞电池产生自催化效果从而加速腐蚀形成间隙腐蚀。大多数金属或合金均会产生间隙腐蚀，只不过其敏感性有所不同，具有自钝化特性的金属或合金敏感性高，而不具备自钝化特性的金属或合金的敏感性则相对较低。

为防止缝隙腐蚀，在设计时应尽量消除缝隙，如避免铆接或螺栓连接。尽量设计好排液孔，避免出现积液死区。如设备采用法兰连接则尽量避免选择吸湿垫片，如石棉、纸质垫片等，可使用聚四氟乙烯等非吸湿垫片。同时可以采用阴极保护来防止缝隙的腐蚀。

（五）晶间腐蚀

晶间腐蚀，如图 7-16（e）所示，是金属材料中沿着晶界发生和发展的局部腐蚀形式。由于晶间腐蚀存在于晶界而非金属表面，因此往往在外部宏观形态上没有变化，但其内部晶粒间的结合力大大下降，已经丧失承载能力。由于这种腐蚀的隐蔽性，如果在化工设备中不能及时发现，往往会造成灾难性的事故。

不锈钢、镍基合金、铝合金、镁合金等材料均是晶间腐蚀敏感性高的材料。如在奥氏体不锈钢中含有少量的碳，而碳在不锈钢中的溶解度随温度的下降而降低。因此当奥氏体不锈钢经高温固溶处理后，其中的碳处于过饱和状态，而当其在敏化温度（500～850℃）范围内受热时（如焊接过程）奥氏体中过饱和的碳就会向晶界扩散，与铬形成碳化物 $Cr_{23}C_6$ 而析出。由于铬元素本身扩散速度较慢，因此在晶界周围得不到及时的补充，导致严重的贫铬，如图 7-18 所示。晶界周围狭窄的贫铬区与周围的非贫铬区形成小阳极与大阴极的局部腐蚀电池，从而导致贫铬区受到腐蚀，丧失晶粒间的结合力。

晶间腐蚀的防止手段主要从材料入手，主要的手段是降低钢材中的碳含量，如使用超低碳不锈钢或在不锈钢中加入固碳的元素，如钛或铌等，从而降低碳析出的可能。

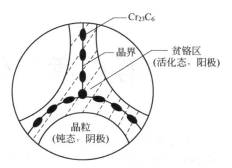

图 7-18　奥氏体不锈钢的晶间腐蚀

（六）应力腐蚀

应力腐蚀，如图 7-16（f）所示，是由拉应力和某些特定腐蚀环境的联合作用导致的腐蚀。在出现应力腐蚀时，微裂纹在特定腐蚀环境的腐蚀和一定大小拉应力间的相互促进下沿材料内部扩展，并在扩展到一定程度时在拉应力作用下急剧生长，直接导致断裂的出现。由于化工设备中承受内压的设备多受拉应力作用，因此应力腐蚀在化工设备中更需要加以避免。

应力腐蚀涉及因素较多，需从多个角度进行防护。首先需要选择合适的材料，由于合金通常在特定介质中才会发生应力腐蚀，如铝合金在氯化物中、低碳钢在沸腾的氢氧化钠中、不锈钢在沸腾的氯化物中等。因此在设计时就需要选择在工艺环境中应力腐蚀敏感性低的材料。其次，可以通过热处理消除制造过程（如冷加工、焊接）中产生的残余应力，或通过滚压、锻打等方式给予金属表面一定压缩应力来改变金属表面的应力方向。在设计过程中也应该合理设计结构，以降低设备局部的拉应力水平，避免焊缝区域的聚集以减小焊接残余应力的叠加。在工艺条件允许时，可向介质中加入降低对应材料应力腐蚀敏感性的缓蚀剂。同时也可以采用电镀、喷镀形成金属保护层或使用以涂料为主体的非金属保护层来进行防护。此外，由于应力腐蚀源于电化学腐蚀，因此依旧可以采用电化学保护手段，如阴极保护方式进行防护。

第八章 化工过程安全技术

化工生产过程中潜在的不安全因素较多，易发生各类生产事故并造成巨额的经济损失，严重的生产事故还会造成人员的伤亡和环境污染等问题。本章将从危险化学品、化工反应、化工单元操作和化工工艺等几个方面分析化工生产的危险性及相关的安全技术。通过对化工过程安全的分析，采取有效的安全措施，进而提升安全风险防范整体能力和水平。

第一节 危险化学品

一、危险化学品的分类及危险性

危险化学品，是指具有毒害、腐蚀、爆炸、燃烧、助燃等性质，对人体、设施、环境具有危害的剧毒化学品和其他化学品。危险化学品受到外界因素的影响，可能会引发火灾、爆炸等严重事故。危险化学品的生产、存储、运输和使用有严格要求、规定和法规，化工生产中凡接触这些物质的有关人员，必须经过严格培训，掌握使用中的安全规程，有能力采用多种事故防范措施来减轻危险化学品可能产生的伤害，了解急救处理等方面的专业知识。

（一）危险化学品的分类

危险化学品种类繁多，性质各不相同，一种化学品往往具有多种危险性。2021年联合国发布了第九版《全球化学品统一分类和标签制度》（简称GHS），按危险类型对化学品类型进行了分类并就统一危险公示要素（包括标签和安全数据表）提出了建议，以便加强化学品处理、运输和使用过程中的人类健康和环境保护。目前，我国对危险化学品有《化学品分类和危险性公示 通则》（GB 13690—2009）、《危险货物分类和品名编号》（GB 6944—2012）、《化学品分类和标签规范》（GB 30000—2013）、《危险化学品目录（2022调整版）》等分类标准。其中，依据《危险货物分类和品名编号》（GB 6944—2012）进行分类，危险化学品主要包括爆炸品、气体、易燃液体、易燃固体、易于自燃的物质、遇水放出易燃气体的物质、氧化性物质和有机过氧化物、毒性物质和感染性物质、放射性物质、腐蚀性物质、杂项危险物质和物品等（图8-1）。

1. 爆炸品

爆炸性物质是指固体或液体物质（或物质混合物），自身能够通过化学反应产生气体，其温度、压力和速度高到能对周围造成破坏。烟火物质即使不放出气体，也包括在内。

爆炸品可划分为6项。

（1）有整体爆炸危险的物质和物品。整体爆炸是指瞬间能影响到几乎全部载荷的爆炸。

（2）有迸射危险，但无整体爆炸危险的物质和物品。

（3）有燃烧危险并有局部爆炸危险或局部迸射危险，或这两种危险都有，但无整体爆炸危险的物质和物品。包括满足下列条件之一的物质和物品。

图 8-1　危险化学品标识

① 可产生大量热辐射的物质和物品。

② 相继燃烧产生局部爆炸或迸射效应或两种效应兼而有之的物质和物品。

（4）不呈现重大危险的物质和物品。

① 包括运输中万一点燃或引发时仅造成较小危险的物质和物品。

② 其影响主要限于包件本身，并预计射出的碎片不大、射程也不远，外部火烧不会引起包件几乎全部内装物的瞬间爆炸。

（5）有整体爆炸危险的非常不敏感物质。

① 包括有整体爆炸危险性但非常不敏感，以致在正常运输条件下引发或由燃烧转为爆炸的可能性极小的物质。

② 船舱内装有大量本项物质时，由燃烧转为爆炸的可能性较大。

（6）无整体爆炸危险的极端不敏感物品。

① 包括仅含有极端不敏感爆炸物质并且其意外引发爆炸或传播的概率可忽略不计的物品。

② 本项物品的危险仅限于单个物品的爆炸。

2．气体

包括压缩气体、液化气体、溶解气体和冷冻液化气体，一种或多种气体与一种或多种其他类别物质的蒸气混合物，充有气体的物品和气雾剂。

（1）压缩气体是指在-50℃下加压包装供运输时完全是气态的气体，包括临界温度小于或等于-50℃的所有气体。

（2）液化气体是指在温度大于-50℃下加压包装供运输时部分是液态的气体，可分为高压液化气体和低压液化气体。

① 高压液化气体：临界温度在-50～65℃的气体。

② 低压液化气体：临界温度大于65℃的气体。

(3) 溶解气体：加压包装供运输时溶解于液相溶剂中的气体。

(4) 冷冻液化气体：包装供运输时由于其温度低而部分呈液态的气体。

气体可划分为 3 项。

(1) 易燃气体：包括在 20℃和 101.3kPa 条件下满足下列条件之一的气体。

① 爆炸下限小于或等于 13%的气体。

② 不论其爆燃性下限如何，其爆炸极限（燃烧范围）大于或等于 12%的气体。

(2) 非易燃无毒气体。

① 窒息性气体、氧化性气体以及不属于其他项别的气体。

② 在温度 20℃时的压力低于 200kPa 并且未经液化或冷冻液化的气体。

(3) 毒性气体：包括满足下列条件之一的气体。其毒性或腐蚀性对人类健康造成危害的气体；急性半数致死浓度 LC_{50} 值小于或等于 $5000mL/m^3$ 的毒性或腐蚀性气体。

3. 易燃液体、液态退敏爆炸品

(1) 易燃液体是指易燃的液体或液体混合物，或是在溶液或悬浮液中有固体的液体，其闭杯试验闪点不高于 60℃，或开杯试验闪点不高于 65.6℃。易燃液体还包括满足下列条件之一的液体。

① 在温度等于或高于其闪点的条件下提交运输的液体。

② 以液态在高温条件下运输或提交运输并在温度等于或低于最高运输温度下放出易燃蒸气的物质。

(2) 液态退敏爆炸品是指为抑制爆炸性物质的爆炸性能，将爆炸性物质溶解或悬浮在水中或其他液态物质后，而形成的均匀液态混合物。

4. 易燃固体、易于自燃的物质、遇水放出易燃气体的物质

(1) 易燃固体、自反应物质和固态退敏爆炸品。

① 易燃固体：易于燃烧的固体和摩擦可能起火的固体。

② 自反应物质：即使没有氧气（空气）存在，也容易发生激烈放热分解的热不稳定物质。

③ 固态退敏爆炸品：为抑制爆炸性物质的爆炸性能，用水或酒精湿润爆炸性物质或用其他物质稀释爆炸性物质后，而形成的均匀固态混合物。

(2) 易于自燃的物质。

① 发火物质：即使只有少量与空气接触，不到 5min 时间便燃烧的物质，包括混合物和溶液（液体或固体）。

② 自热物质：发火物质以外的与空气接触便能自己发热的物质。

(3) 遇水放出易燃气体的物质：是指遇水放出易燃气体，且该气体与空气混合能够形成爆炸性混合物的物质。

5. 氧化性物质和有机过氧化物

(1) 氧化性物质指本身未必燃烧，但通常因放出氧可能引起或促使其他物质燃烧的物质。

(2) 有机过氧化物指含有两价过氧基（—O—O—）结构的有机物质。

6. 毒性物质和感染性物质

(1) 毒性物质指经吞食、吸入或与皮肤接触后可能造成死亡或严重受伤或损害人类健康的物质。

(2) 感染性物质指已知或有理由认为含有病原体的物质。

感染性物质分为 A 类和 B 类。

（1）A 类：以某种形式运输的感染性物质，在与之发生接触（发生接触，是在感染性物质泄漏到保护性包装之外，造成与人或动物的实际接触）时，可造成健康的人或动物永久性失残，或有生命危险，或致命疾病。

（2）B 类：A 类以外的感染性物质。

7. 放射性物质

本类物质是指任何含有放射性核素并且其活度浓度和放射性总活度都超过 GB 11806—2019 规定限值的物质。

8. 腐蚀性物质

腐蚀性物质是指通过化学作用使生物组织接触时会造成严重损伤，或在渗漏时会严重损害甚至毁坏其他货物或运载工具的物质。根据腐蚀性物质的危险程度划定三个包装类别。

（1）Ⅰ类包装：非常危险的物质和制剂。

（2）Ⅱ类包装：显示中等危险性的物质和制剂。

（3）Ⅲ类包装：显示轻度危险性的物质和制剂。

9. 杂项危险物质和物品

（1）以微细粉尘吸入可危害健康的物质。

（2）会放出易燃气体的物质。

（3）锂电池组。

（4）救生设备。

（5）一旦发生火灾可形成二噁英的物质和物品。

（6）在高温下运输或提交运输的物质，是指在液态温度达到或超过 100℃，或固态温度达到或超过 240℃条件下运输的物质。

（7）危害环境物质，包括污染水生环境的液体或固体物质，以及这类物质的混合物（如制剂和废物）。

（8）不符合毒性物质和感染性物质定义的经基因修改的微生物和生物体。

（9）其他。

（二）危险化学品的危险性

危险化学品的危险性分为物理危险、健康危险和环境危险三大类。三大类细分为若干小类，每一小类均有相应的国家标准。

1. 物理危险

有物理危险的物质有 16 项（表 8-1）。

表 8-1　危险化学品的物理危险类别及对应国标

类别	对应国标
爆炸物	GB 30000.2—2013
易燃气体	GB 30000.3—2013
气溶胶	GB 30000.4—2013
氧化性气体	GB 30000.5—2013
加压气体	GB 30000.6—2013
易燃液体	GB 30000.7—2013

类别	对应国标
易燃固体	GB 30000.8—2013
自反应物质和混合物	GB 30000.9—2013
自燃液体	GB 30000.10—2013
自燃固体	GB 30000.11—2013
自热物质和混合物	GB 30000.12—2013
遇水放出易燃气体的物质和混合物	GB 30000.13—2013
氧化性液体	GB 30000.14—2013
氧化性固体	GB 30000.15—2013
有机过氧化物	GB 30000.16—2013
金属腐蚀剂	GB 30000.17—2013

2. 健康危险

健康危险分为 10 项（表 8-2）。

表 8-2　危险化学品的健康危险类别及对应国标

类别	对应国标
急性毒性	GB 30000.18—2013
皮肤腐蚀/刺激	GB 30000.19—2013
严重眼损伤/眼刺激	GB 30000.20—2013
呼吸道或皮肤致敏	GB 30000.21—2013
生殖细胞致突变性	GB 30000.22—2013
致癌性	GB 30000.23—2013
生殖毒性	GB 30000.24—2013
特异性靶器官毒性　一次接触	GB 30000.25—2013
特异性靶器官毒性　反复接触	GB 30000.26—2013
吸入危险	—

（1）急性毒性是指经口或经皮肤给予物质的单次剂量或在 24h 内给予的多次剂量，或者 4 h 的吸入接触发生的急性有害影响。急性毒性的化学品的术语、定义、分类标准、判定逻辑和标签见 GB 30000.18—2013。

（2）皮肤腐蚀对皮肤造成不可逆损伤，即施用试验物质达到 4h 后，可观察到表皮和真皮坏死。典型的腐蚀反应具有溃疡、出血、血痂的特征，而且在 14d 观察期结束时，皮肤、完全脱发区域和结痂处由于漂白而褪色。应通过组织病理学检查来评估可疑的病变。皮肤刺激是施用试验物质达到 4h 后对皮肤造成可逆损伤的结果。皮肤腐蚀/刺激的化学品的术语、定义、分类标准、判定逻辑和标签见 GB 30000.19—2013。

（3）严重眼损伤是将受试物施用于眼睛前部表面进行暴露接触，引起了眼部组织损伤，或出现严重的视觉衰退，且在暴露后的 21d 内尚不能完全恢复。眼刺激是将受试物施用于眼睛前部表面进行暴露接触后，眼睛发生的改变，且在暴露后的 21d 内出现的改变可完全消失，恢复正常。严重眼损伤/眼刺激的化学品的术语、定义、分类标准、判定逻辑和标签见 GB 30000.20—2013。

（4）呼吸道致敏物是吸入后会导致呼吸道过敏的物质。皮肤致敏物是皮肤接触后会导致过敏的物质。致敏包括两个阶段：第一个阶段是个体因接触某种过敏原而诱发特定免疫记忆；第二个阶段是引发，即某一过敏个体因接触某种过敏原而产生细胞介导或抗体介导的过敏反应。就呼吸道致敏而言，诱发之后是引发阶段，这一特性与皮肤致敏相同。对于皮肤致敏，需有一个让免疫系统做出反应的诱发阶段；如随后的接触足以引发可见的皮肤反应（引发阶段），就可能出现临床症状。就皮肤致敏和呼吸道致敏而言，引发所需的量一般低于诱发所需的量。呼吸道或皮肤致敏的化学品的术语、定义、分类标准、判定逻辑和标签见 GB 30000.21—2013。

（5）生殖细胞致突变性是指化学品引起人类生殖细胞发生可遗传给后代的突变。"突变"定义为细胞中遗传物质的数量或结构发生永久性改变。生殖细胞致突变性的化学品的术语、定义、分类标准、判定逻辑和标签见 GB 30000.22—2013。

（6）致癌物是指可导致癌症或增加癌症发生率的化学物质或混合物。在实施良好的动物实验性研究中诱发良性和恶性肿瘤的物质和混合物，也被认为是假定的或可疑的人类致癌物，除非有确凿证据显示肿瘤形成机制与人类无关。将物质或混合物按具有致癌危害分类，是根据物质本身的性质，并不提供使用该物质或混合物可能产生的人类致癌风险高低的信息。致癌性的化学品的术语、定义、分类标准、判定逻辑和标签见 GB 30000.23—2013。

（7）生殖毒性是指对成年雄性和雌性的性功能和生育能力的有害影响，以及对子代的发育毒性。生殖毒性被细分为两个主要方面：对性功能和生育能力的有害影响以及对子代发育的有害影响。生殖毒性的化学品的术语、定义、分类标准、判定逻辑和标签见 GB 30000.24—2013。

（8）"特异性靶器官毒性　一次接触"是指一次接触物质和混合物引起的特异性、非致死性的靶器官毒性作用，包括所有明显的健康效应，可逆的和不可逆的、即时的和迟发的功能损害。"特异性靶器官毒性　一次接触"的化学品的术语、定义、分类标准、判定逻辑和标签见 GB 30000.25—2013。

（9）"特异性靶器官毒性　重复接触"是指反复接触物质和混合物引起的特异性、非致死性的靶器官毒性作用，包括所有明显的健康效应，可逆的和不可逆的、即时的和迟发的功能损害。"特异性靶器官毒性　重复接触"的化学品的术语、定义、分类标准、判定逻辑和标签见 GB 30000.26—2013。

（10）"吸入"特指液态或固态化学品通过口腔或鼻腔直接进入或者因呕吐间接进入气管和下呼吸系统。吸入危险的分类、警示标签和警示性说明见 GB 30000.27—2013。

3. 环境危险

环境危险包括对水生环境的危害和臭氧层的危害。

危害水生环境标签要素的分配见表 8-3 和表 8-4，危害臭氧层标签要素的分配见表 8-5。对水生环境的危害和臭氧层的危害的化学品的术语和定义、分类标准、判定逻辑和标签见 GB 30000.28—2013 和 GB 30000.29—2013。

表 8-3　水生毒性（急性）危险公示及标签要素

危险类别	急性 1	急性 2	急性 3
符号		—	—
信号词	警告	—	—
危险说明	对水生生物毒性极大	对水生生物有毒	对水生生物有害

表 8-4　水生毒性（慢性）危险公示及标签要素

危险类别	慢性 1	慢性 2	慢性 3	慢性 4
符号			—	—
信号词	警告	—	—	—
危险说明	对水生生物毒性极大，且具有长期持续影响	对水生生物有毒，且具有长期持续影响	对水生生物有害，且具有长期持续影响	可对水生生物造成长期持续有害影响

表 8-5　危害臭氧层标签要素的分配

危险类别	类别 1	类别 2	类别 3	类别 4
符号		—	—	—
信号词	警告	—	—	—
危险说明	破坏高层大气中的臭氧，危害公共健康和环境	—	—	—

二、危险化学品的安全技术

（一）危险化学品标签和安全技术说明书

危险化学品安全管理的基础是对其危险性的认知和评价。许多事故案例表明，对于危险化学品的危险特性、物理化学性质、健康危害、急救方法、基本防护措施、泄漏处理、储存注意事项等方面知识了解少，是事故发生的重要原因之一。化学品安全标签是传递危险化学品信息的媒介，是国内外化学品流通过程中的必备文件。

1. 化学品安全标签

化学品安全标签能够简明扼要地对流通的化学品进行危险性标示，提出安全使用注意事项，向作业人员传递安全信息，以预防和减少化学危害，保障安全。国内有相关的标准，如《化学品安全标签编写规定》（GB 15258—2009），对安全标签的内容和格式有相应的规定。主要包括：名称与标志，编号，警示词，危险特性概述，安全措施，灭火，提示向生产销售企业索取安全技术说明书，化学品生产企业的名称、地址、邮政编码、应急咨询电话号码等。安全标签由生产企业在货物出厂前粘贴、挂拴、喷印在包装或容器的明显位置，若改换包装，则由改换单位重新粘贴、挂拴、喷印。

2. 化学品安全技术说明书

国际上将化学品安全技术说明书简称为 SDS（safety data sheet），是一份关于化学品燃、爆、毒性和生态危害及安全使用、泄漏应急处置、主要理化参数、法律法规等方面信息的综合性文件。SDS 主要包括 16 部分内容：

（1）化学品及企业标识，包括主要标明化学品名称，生产企业名称、地址、邮编、电话、应急电话、传真和电子邮件地址等信息。

（2）成分/组成信息，标明该化学品是纯化学品还是混合物。纯化学品，应给出其化学品名称或商品名和通用名。混合物，应给出危害性组分的浓度或浓度范围。无论是纯化学品还是混合物，如果其中包含有害性组分，则应给出化学文摘索引登记号。

（3）危险性概述，指简要概述本化学品最重要的危害和效应，主要包括：危害类别、侵入途径、健康危害、环境危害、燃爆危险等信息。

（4）急救措施，指作业人员意外受到伤害时，所需采取的现场自救或互救的简要处理方法，包括：眼睛接触、皮肤接触、吸入、食入的急救措施。

（5）消防措施，主要表示化学品的物理和化学特殊危险性，合适的灭火介质，不合适的灭火介质以及消防人员个体防护等方面的信息，包括：危险特性、灭火介质和方法、灭火注意事项等。

（6）泄漏应急处理，指化学品泄漏后现场可采用的简单有效的应急措施、注意事项和消除方法，包括：应急行动、应急人员防护、环保措施、消除方法等内容。

（7）操作处置与储存，主要是指化学品操作处置和安全储存方面的信息资料，包括：操作处置作业中的安全注意事项、安全储存条件和注意事项。

（8）接触控制/个体防护，在生产、操作处置、搬运和使用化学品的作业过程中，为保护作业人员免受化学品危害而采取的防护方法和手段。包括：最高容许浓度、工程控制、呼吸系统防护、眼睛防护、身体防护、手防护、其他防护要求。

（9）理化特性，主要描述化学品的外观及理化性质等方面的信息。

（10）稳定性和反应性，主要叙述化学品的稳定性和反应活性方面的信息，包括：稳定性、禁配物、应避免接触的条件、聚合危害、分解产物。

（11）毒理学资料，提供化学品的毒理学信息，包括：不同接触方式的急性毒性、刺激性、致敏性、亚急性和慢性毒性，致突变性、致畸性、致癌性等。

（12）生态学资料，主要陈述化学品的环境生态效应、行为和转归，包括：生物效应、生物降解性、生物富集、环境迁移及其他有害的环境影响等。

（13）废弃处置，指对被化学品污染的包装和无使用价值的化学品的安全处理方法，包括废弃处置方法和注意事项。

（14）运输信息，指国内、国际化学品包装、运输的要求及运输规定的分类和编号，包括：危险货物编号、包装类别、包装标志、包装方法、UN 编号及运输注意事项等。

（15）法规信息，主要是化学品管理方面的法律条款和标准。

（16）其他信息，主要提供其他对安全有重要意义的信息，包括：参考文献、填表时间、填表部门、数据审核单位等。

（二）危险化学品的储存安全

根据危险化学品的性能分区、分类存储，注意防火防爆，应明确储存量及储存安全，按照严格的出入库管理，并对入库的危险化学品进行日常养护和防火管理。

与危险化学品储存相关的主要法律法规及国家标准包括：《危险化学品安全管理条例》（2013年修订）、《中华人民共和国消防法》（2021 年修订）、《危险化学品经营企业安全技术基本要求》（GB 18265—2019）、《易燃易爆性商品储存养护技术条件》（GB 17914—2013）、《毒害性商品储存养护技术条件》（GB 17916—2013）、《腐蚀性商品储存养护技术条件》（GB 17915—2013）、《危险化学品仓库储存通则》（GB 15603—2002）等。

1. 危险化学品的储存形式

危险化学品的储存方式分为隔离储存、隔开储存和分离储存三种：

（1）隔离储存是指在同一房间或同一区域内，不同的物料之间分开一定距离，非禁忌物料间用通道保持空间的存储方式。

(2) 隔开储存是指在同一建筑或同一区域内，用隔板或墙，将其与禁忌物料分开的存储方式。

(3) 分离储存是指在不同的建筑物或远离所有建筑的外部区域内的储存方式。

2. 危险化学品的储存场所要求

(1) 建筑结构应符合国家的相关规定；

(2) 严格控制火源；

(3) 控制温度和湿度；

(4) 防止超期超量存储；

(5) 加强管理，严禁违章操作；

(6) 加强平安检查和保养；

(7) 加强消防教育训练；

(8) 危险化学品必须有专用仓库，专人管理。

（三）危险化学品的装卸安全

装卸人员必须经过严格的专项安全教育培训，并通过安全知识考核，具备一定的危险化学品装卸知识、自我保护意识及防范措施，应熟悉危险化学品性能和熟练装卸业务。

(1) 对于压缩气体、液化气体，储存压缩气体和液化气体的钢瓶是高压容器，装卸搬运作业时，应用抬架或搬运车，防止撞击、拖拉、摔落，不得溜坡滚动；搬运前应检查钢瓶阀门是否漏气，搬运时不要把钢瓶阀门对准人身，注意防止钢瓶安全帽跌落；装卸有毒气体钢瓶时应穿戴防毒用具，剧毒气体钢瓶要当心漏气，防止吸入毒气；搬运氧气钢瓶时，工作服和装卸工具不得沾有油污；易燃气体严禁接触火种，在炎热季节搬运作业应安排在早晚阴凉时。

(2) 对于易燃液体，装卸搬运作业前应先进行通排风；装卸搬运过程中不能使用黑色金属工具，必须使用时应采取可靠的防护措施；装卸机具应装有防止产生火花的防护装置；在装卸搬运时必须轻拿轻放，严禁滚动、摩擦、拖拉；夏季运输要安排在早晚阴凉时间进行作业；雨雪天作业要采取防滑措施；在搬运过程中严禁使用抛扔、挤压方式损坏容器；罐车运输要有接地链。

(3) 对于易燃固体，由于易燃固体燃点低，对热、撞击、摩擦敏感，容易被外部火源点燃，而且燃烧迅速，并散发出有毒气体，因此在装卸搬运时除按易燃液体的要求处理外，作业人员禁止穿带铁钉的鞋；不可与氧化剂、酸类物资共同搬运；搬运时散落在地面上和车厢内的粉末，要随即以湿黄沙抹擦干净；装运时要捆扎牢固，使其不摇晃。

(4) 对于遇水燃烧物品，要注意防水、防潮，雨雪天没有防雨设施不准作业；若有汗水应及时擦干，绝对不能直接接触遇水燃烧物品；在装卸搬运中不得翻滚、撞击、摩擦、倾倒，必须做到轻拿轻放，防止引起火花；不得与其他类别危险化学品混装混运。

(5) 对于氧化剂，在装运时除了注意以上规定外，应单独装运，不得与酸类、有机物、自燃、易燃、遇湿易燃的物品混装混运，一般情况下氧化剂也不得与过氧化物配装。

(6) 对于毒害物品，在装卸搬运时，要严格检查包装容器是否符合规定，包装必须完好；作业人员必须穿戴防护服、胶手套、胶围裙、胶靴、防毒面具等；装卸剧毒物品时要先通风，再作业，作业区要有良好的通风设施；剧毒物品在运输过程中必须派专人押运；装卸要平稳，轻拿轻放，严禁肩扛、背负、冲撞、摔碰，以防止包装破损；严禁作业过程中饮食；作业完毕后必须更衣洗澡；防护用具必须清洗干净后方能再用；装运剧毒品的车辆和机械用具，都必须彻底清洗，才能装运其他物品；装卸现场应备有清水、苏打水和稀醋酸等，以备急用；腐蚀物品装载不宜过高，严禁架空堆放；腐蚀品运输时，需套木架或铁架。

（四）危险化学品的事故防范

1. 危险化学品中毒、污染事故预防措施

（1）替代，选用无毒或低毒的化学品替代有毒有害化学品，选用难燃化学品替代易燃化学品。

（2）变更工艺，采用新技术，消除或降低化学品危害。

（3）隔离，将生产设备封闭起来，或设置屏障，避免作业人员直接暴露于有害环境中。

（4）通风，借助于有效的通风，使作业场所有害物质浓度降低。通风分局部排风和全面通风两种。局部排风适用于点式扩散源，将污染源置于通风罩控制范围内；全面通风适用于面式扩散源，通过提供新鲜空气将污染物分散稀释。

（5）个体防护，作为一种辅助性措施，是一道阻止有害物质进入人体的屏障。防护用品主要有呼吸防护器具、头部防护器具、眼防护器具、身体防护器具、手足防护用品等。

（6）卫生，包括保持作业场所清洁和作业人员个人卫生两个方面。经常清洗作业场所，对废物、溢出物及时处置；作业人员应养成良好的卫生习惯，防止有害物质附着在皮肤上。

2. 危险化学品火灾爆炸事故预防措施

（1）防止可燃可爆混合物的形成，监控、防止可燃物质外溢泄漏；采取惰性气体保护；加强通风。

（2）控制工艺参数，将温度、压力、流量、物料配比等工艺参数严格控制在安全限度范围内，防止超压、超温、物质泄漏。

（3）消除点火源，远离明火、高温表面、化学反应热、电气设备，避免撞击摩擦、静电火花、光线照射，防止自燃发热。

（4）限制火灾爆炸蔓延扩散，采用阻火装置、阻火设施、防爆泄压装置及隔离措施。

（五）危险化学品的事故应急

1. 危险化学品的应急处置基本原则

危险化学品的应急处置要做到"一防二撤三洗四治"。一是做好呼吸、皮肤和眼睛防护；二是判断毒源与方向，沿上风或上侧风路线，朝着远离毒源的方向撤离现场；三是到达安全地点后，及时脱去被污染的衣服，用流动的水冲洗身体；四是迅速拨打急救电话120，将中毒人员送医救治。

2. 危险化学品烧灼伤事故应急

化学腐蚀物品对人体有腐蚀作用，易造成化学灼伤。腐蚀物品造成的灼伤与一般火灾的烧伤烫伤不同，开始时往往感觉不太疼，但发觉时组织已灼伤。所以对触及皮肤的腐蚀物品，应迅速采取淋洗等急救措施。对化学性皮肤烧伤，应立即移离现场，迅速脱去受污染的衣裤、鞋袜等，并用大量流动的清水冲洗创面20~30min（强烈的化学品要更长），以稀释有毒物质，防止继续损伤和通过伤口吸收。新鲜创面上严禁任意涂抹油膏或红药水、紫药水，不要用脏布包裹；黄磷烧伤时应用大量清水冲洗、浸泡或用多层干净的湿布覆盖创面。如发生化学性眼烧伤，要在现场迅速用流动的清水进行冲洗。

3. 危险化学品急性中毒的现场急救

若为沾染皮肤中毒，应迅速脱去受污染的衣物，用大量流动的清水冲洗至少15min。若为吸入中毒，应迅速脱离中毒现场，向上风方向移至空气新鲜处，同时解开患者的衣领，放松裤带，使其保持呼吸道畅通，并要注意保暖，防止受凉。若为口服中毒，中毒物为非腐蚀性物质时，可用催吐方法使其将毒物吐出。误服强碱、强酸等腐蚀性强的物品时，催吐会使食道、咽

喉再次受到严重损伤，可服牛奶、蛋清、豆浆、淀粉糊等，此时不能洗胃，也不能服碳酸氢钠，以防胃胀气引起穿孔。现场如发现中毒者发生心跳、呼吸骤停，应立即实施人工呼吸和体外心脏按压术，使其维持呼吸、循环功能。

4. 危险化学品火灾事故处置措施

危险化学品火灾事故处置采取先控制，后消灭的策略。针对危险化学品火灾的火势发展蔓延快和燃烧面积大的特点，积极采取统一指挥、以快制快；堵截火势、防止蔓延；重点突破、排除险情；分割包围、速战速决的灭火战术。扑救人员应占领上风或侧风阵地进行火情侦察，火灾扑救、火场疏散的人员应有针对性地采取自我防护措施，如佩戴防护面具、穿戴专用防护服等。应迅速查明燃烧范围、燃烧物品及其周围物品的品名和主要危险特性，火势蔓延的主要途径，燃烧的危险化学品及燃烧产物是否有毒等，并以此正确选择最适当的灭火剂和灭火方法。火势较大时，应先堵截火势蔓延，控制燃烧范围，然后逐步扑灭火势。对有可能发生爆炸、爆裂、喷溅等特别危险需紧急撤退的情况，应按照统一的撤退信号和撤退方法及时撤退。火灾扑灭后，仍然要派人监护现场，消灭余火。

5. 危险化学品泄漏事故处置措施

进入泄漏现场进行处理时，应注意安全防护，进入现场的救援人员必须配备必要的个人防护器具。必须做到：

(1) 如果泄漏物是易燃易爆的，事故中心区应严禁火种、切断电源、禁止车辆进入、立即在边界设置警戒线。根据事故情况和事故发展，确定事故波及区人员是否需要撤离。

(2) 如果泄漏物是有毒的，应使用专用防护服、隔绝式空气面具，立即在事故中心区边界设置警戒线，根据事故情况和事故发展，确定事故波及区人员是否需要撤离。

(3) 应急处理时严禁单独行动，要有监护人，必要时用水枪、水炮掩护。泄漏源应控制关闭阀门、停止作业或改变工艺流程、物料走副线、局部停车、减负荷运行等。堵漏时，应采用合适的材料和技术手段堵住泄漏处。

泄漏物处理分为以下几种方式：

(1) 围堤堵截。围堤堵截泄漏液体或者引流到安全地点。贮罐区发生液体泄漏时，要及时关闭雨水阀，防止物料沿明沟外流。

(2) 稀释与覆盖。向有害物蒸气云喷射雾状水，加速气体向高空扩散。对于可燃物，可以在现场施放大量水蒸气或氮气，破坏燃烧条件。对于液体泄漏，为降低物料向大气中的蒸发速度，可用泡沫或其他覆盖物品覆盖外泄的物料，在其表面形成覆盖层，抑制其蒸发。

(3) 收容（集）。对于大型泄漏，可选择用隔膜泵将泄漏出的物料抽入容器内或槽车内；当泄漏量小时，可用沙子、吸附材料、中和材料等吸收中和。

(4) 废弃。将收集的泄漏物运至废物处理场所处置。用消防水冲洗剩下的少量物料，冲洗水排入污水系统处理。

第二节　化工反应安全

一、化工反应过程的危险性

化工生产是以化学反应为主要特征的生产过程，具有易燃、易爆、有毒、有害、有腐蚀性等特点。化工生产中最常见的化学反应有氧化反应、还原反应、氯化反应、硝化反应、磺化反应、催化反应、聚合反应、裂解反应、电解反应、烷基化反应、重氮化反应等。每种化学反应有各自的反应条件、操作规程、危险性以及相应的安全技术要求。

（一）氧化反应的危险性

氧化反应的危险性主要包括火灾和爆炸危险方面。

（1）氧化反应需要加热，但反应过程又会放出大量热量，如果温度控制不当，易导致温度过高，发生爆炸。

（2）化工生产中的氨、乙烯和甲醇等原料，配比要考虑其爆炸极限，若比例控制不当，易产生爆炸起火。

（3）氧化剂具有危险性，例如高锰酸钾、过氧化氢等，在高温环境、受到撞击时，易引起火灾和爆炸。过氧化物大部分都是易燃易爆物质，对温度敏感。

（4）氧化产品的危险性，如乙烯氧化制环氧乙烷，环氧乙烷易燃及在空气中有非常宽的爆炸浓度范围（3%～100%），甲醛水溶液也是易燃液体，其蒸气爆炸极限为（7.7%～73%）。

（二）还原反应的危险性

化工生产中常见的还原反应有催化加氢、电解还原反应、化学还原反应等。如乙苯脱氢制苯乙烯中，会有氢气等易燃易爆气体产生。常用的还原剂有锌粉、连二亚硫酸钠（保险粉）、硼氢化钠、氢化铝锂等。

（1）很多还原反应都会生成氢气，且反应条件需要高温高压，因此如果操作失误或设备缺陷，极易与空气形成爆炸性混合物。

（2）还原过程中使用的催化剂在空气中具有自燃风险，如氢化铝锂等。

（3）还原反应的固体还原剂，如保险粉、硼氢化钾等，遇水自燃。

（4）一些还原反应的中间体具有爆炸风险，如硝基化合物的还原中间体。

（5）高温高压下氢对金属有腐蚀作用。

（三）氯化反应的危险性

在有机化学反应中，氯化反应一般包括置换氯化、加成氯化和氧化氯化；在冶金工业中，利用氯气或氯化物提炼某些金属也称氯化；在水中投氯或含氯氧化物以达到氧化和消毒等目的的过程也称为氯化。

氯化反应的危险性主要包括以下几点。

（1）氯气的安全使用。氯气作为最常用的氯化原料，在氯气的使用、储存和运输过程中要密切注意外界温度和压力的变化，防止氯气的泄漏。

（2）氯化反应是放热过程，尤其在高温下，氯化反应更加剧烈，要预防泄漏和火灾。

（3）氯化过程中的原料大多是易燃物和强氧化剂，要严格控制各种火源，电气设备要满足防火防爆的要求。

（4）氯气及有机燃料的混合可能具有高的能量并且不稳定。

（5）分子式中含氮的有机化合物（胺、酰胺、氰化物）用氯气氧化生成不稳定的氯胺，最终生成十分不稳定的三氯化氮，有爆炸的风险。

（6）氯化过程往往伴有氯化氢气体生成，对设备腐蚀严重，易引起物料泄漏等安全事故。

（四）硝化反应的危险性

硝化过程大部分在液相中进行，通常采用釜式反应器。根据硝化剂和介质的不同，可采用搪瓷釜、钢釜、铸铁釜或不锈钢釜。用混酸硝化时为了尽快地移去反应热以保持适宜的反应温度，除可利用夹套冷却外，还在釜内安装冷却蛇管。产量小的硝化过程大多采用间歇操作。产量大的硝化过程可连续操作，采用釜式连续硝化反应器或环型连续硝化反应器，实行多台串联完成硝化反应。硝化反应的危险性主要包括以下几点。

（1）被硝化的物质大多为易燃物质，有的兼具毒性，如苯、甲苯、脱脂棉等，使用或储存不当时，易造成火灾。

（2）硝化剂是强氧化剂，硝化反应又是放热反应，温度越高，硝化反应速度越快，放出的大量热量极易造成温度失控，会促使硝酸大量分解，引起突沸冲料或爆炸。

（3）混酸具有强烈的腐蚀性，与有机物特别是不饱和有机物接触即能引起燃烧，会导致设备的强烈腐蚀。

（4）硝化产品大都具有火灾、爆炸的危险性，尤其是多硝基化合物和硝酸酯，在受热、摩擦和撞击的情况下可能引起爆炸或着火。

（5）硝化剂如硝酸等对呼吸道有强烈的刺激作用，硝酸蒸气会引起黏膜和上呼吸道的刺激症状。如流泪、咽喉刺激感、咳嗽，并伴有头疼、头晕和胸闷等症状。

（五）催化反应的危险性

催化反应是在催化剂的作用下进行的化学反应。按反应机理进行分类，可将催化反应分为酸碱型催化反应、氧化还原型催化反应；按反应类型分类，可分为加氢、脱氢、氧化、羰基化、聚合、卤化、裂解、水合、烷基化、异构化等。

（1）催化反应分为单相反应和多相反应两种。单相反应是在气态下或液态下进行的，反应过程中的温度、压力及其他条件较易调节，危险性较小。在多相反应中，催化作用发生于相界面及催化剂的表面上，这时温度、压力较难控制，危险性较大。

（2）催化反应的爆炸危险性。原料气中某种能与催化剂发生反应的杂质含量增加，可能成为爆炸危险物。例如，在乙烯催化氧化合成乙醛的反应中，由于催化剂体系中常含有大量的亚铜盐，若原料气中含乙炔过高，则乙炔就会与亚铜盐反应生成乙炔铜。乙炔铜为红色沉淀，是一种极敏感的爆炸物，自燃点在 $260\sim270℃$，干燥状态下极易爆炸，在空气作用下易氧化成暗黑色，并易于起火。

（3）催化反应的火灾危险性。在催化过程中若催化剂选择不正确或加入不适量，易导致局部反应激烈；另外，由于催化反应大多需在一定温度下进行，若散热不良、温度控制不好等，很容易发生超温爆炸或着火事故。

（4）在催化反应过程中有的产生氯化氢，有腐蚀和中毒危险;有的产生硫化氢，则中毒危险性更大。另外，硫化氢在空气中的爆炸极限较宽，生产过程还有爆炸危险性。在产生氢气的催化反应中，有更大的爆炸危险性，尤其在高压下，氢的腐蚀作用会使金属高压容器脆化，从而造成破坏性事故。

（六）聚合反应的危险性

聚合反应是把低分子量单体转化成高分子量聚合物的过程，聚合物具有低分子量单体所不具备的可塑、成纤、成膜、高弹等重要性能，可广泛地用作塑料、纤维、橡胶、涂料、黏合剂以及其他用途的高分子材料。常用的聚合方法有本体聚合、悬浮聚合、溶液聚合和乳液聚合等。

（1）聚合反应中使用的单体、溶剂、引发剂、催化剂等大多是易燃、易爆物质，使用或储存不当时，易造成火灾、爆炸。如聚乙烯的单体乙烯是可燃气体，顺丁橡胶生产中的溶剂苯是易燃液体，引发剂金属钠是遇湿易燃危险品。

（2）许多聚合反应在高压条件下进行，单体在压缩过程中或在高压系统中易泄漏，发生火灾、爆炸。

（3）聚合反应中加入的引发剂都是化学活性很强的过氧化物，一旦配料比控制不当，容易使反应器压力骤增，导致引起爆炸。

（4）聚合物分子量高，黏度大，聚合反应热不易导出，一旦遇到停水、停电、搅拌故障时，容易挂壁和堵塞，造成局部过热或反应釜飞温，发生爆炸。

（七）裂化反应的危险性

裂化是指通过高热能将一种物质转变为一种或几种物质的化学变化过程。广义上凡是有机化合物在高温条件下发生分解的反应都称为裂化。而石油化工中所谓的裂化主要是以重油为原料，在加热、加压或催化剂作用下，分子量较高的烃类发生分解反应生成分子量较小的烃类，再经分馏而得到裂化气、汽油、煤油和残油等产品。

裂化可分为热裂化、催化裂化、加氢裂化3种类型。

（1）热裂化是在加热和加压下进行，根据所用压力的大小分为高压热裂化和低压热裂化。热裂化装置的主要设备有管式加热炉、分馏塔、反应塔等。热裂化在高温高压下进行，装置内的油品温度一般超过自身自燃点，一旦泄漏则会立即着火。热裂化过程产生大量的裂化气，如泄漏会形成爆炸性气体混合物，遇加热炉等明火会发生爆炸。

（2）催化裂化在高温和催化剂的作用下进行，用于重油生产轻油或裂化气的工艺。催化裂化装置主要由反应再生系统、分馏系统、吸收稳定系统组成。它是在460~520℃的高温和0.1~0.2MPa的压力下进行，火灾、爆炸的危险性也较大。操作不当时，再生器内的空气和火焰可进入反应器，引起恶性爆炸事故。U型管上的小设备和阀门较多，易漏油、着火。裂化过程中会产生易燃的裂化气。活化催化剂不正常时，可能出现一氧化碳气体。

（3）加氢裂化是在催化剂及氢气存在的条件下，使重油发生催化裂化反应，同时伴有烃类加氢、异构化等反应，从而将原料转化为质量较好的汽油、煤油和柴油等轻质油的过程。加氢裂化的类型按照反应器中催化剂放置方式不同可分为固定床、沸腾床等。加氢裂化在高温高压下进行，且需要大量氢气，是强烈的放热反应，一旦油品和氢气泄漏，极易发生火灾爆炸。同时，氢气在高压下与钢接触会使钢材内的碳分子与氢气反应生成碳氢化合物，使钢的强度降低，产生"氢脆"现象。

（八）电解反应的危险性

以氯碱工业为例，电解反应的危险性主要包括以下几方面。

（1）电解食盐水过程中产生的氢气是易燃易爆气体，爆炸极限是4.0%~75.6%（体积分数）。产生的氯气是毒性很强的气体，且两种气体混合后极易发生爆炸。

（2）电解溶液中的氢氧化钠、氯气、盐酸、次氯酸钠均具有强烈的腐蚀性。

（3）液氯的生产、储存、运输等过程中因外界温度和压力的变化，引起氯气的泄漏。

（4）盐水中存在的铵盐超标，有可能会与氯作用生成氯化铵，其与氯还会反应生成黄色油状的三氯化氮。三氯化氮是一种爆炸性极强的物质，与有机物接触、受热、撞击或摩擦时，会发生剧烈的分解导致爆炸。

二、化工反应的安全技术

化工生产是以化学反应为主要特征的生产过程，不同类型的化学反应因其反应特点不同，潜在的危险性亦不同。通过认识各种化工反应过程中的危险性，采取相应的安全措施，可保证安全生产。

（一）氧化反应的安全技术

氧化反应需要氧化剂，且有的反应物是有机物，氧化反应的危险性主要包括火灾和爆炸危险两个方面。

（1）氧化反应的主要工艺参数有温度、压力、搅拌速率、氧化剂的流量、反应原料的配比等，根据不同的反应需要严格控制工艺参数，并安装温度和压力的信号报警装置和安全联锁装置。

（2）氧化反应过程中应严格控制反应物原料的配比，尤其是有爆炸风险的原料，应严格控制原料和产品在爆炸极限之外。

（3）使用空气作为氧化剂时，应严格控制空气中的杂质，通常需要气体净化装置，进而避免降低催化剂的活性，减少起火和爆炸的风险。

（4）为了防止火灾或爆炸，应在反应器前后管道上安装阻火器，以防止火焰蔓延，并采用自动控制或自动调节装置。应设置泄压装置、信号报警装置和安全联锁装置，并尽可能采用自动控制或调节。

（5）在设置系统中宜设置氮气、水蒸气灭火装置，以便能及时扑灭火灾。

（6）由于过氧化物有分解爆炸的危险，对热、冲击或摩擦极为敏感，应当对其进行钝化处理，添加填充物或稀释剂，必须经常吹洗和清洗设备，防止过氧化物产生不稳定的沉淀物。

（二）还原反应的安全技术

多数还原反应的反应过程比较缓和，但不少还原反应会产生或使用氢气或氢化物，增加了发生火灾爆炸的危险性。如：钠、钾、钙及氢化物，与水或水蒸气会发生程度不同的水敏性放热反应，释放出氢气；氮、硫、碳、硼、硅、砷、磷类化合物与水或水蒸气反应，会生成挥发性氢化物；苯和氢气生成环己烷的反应中，还原剂本身就具有燃烧爆炸的危险性。氢气的爆炸极限为 4.0%～75.6%（体积分数），当反应不仅有氢气存在，而且又在加温加压条件下进行时，若操作不当或设备泄漏，就极易引发爆炸，所以操作中要严格控制温度、压力和流量。

1. 金属还原剂的安全技术

金属还原剂有很高的反应活性，在潮湿的空气中或与酸性气体接触会引发自燃。如硝基苯在盐酸溶液中被铁粉还原成苯胺，反应时酸碱的浓度要控制适宜，反应温度也不宜过高，反应过程中应注意搅拌效果，以防止铁粉、锌粉下沉，防止造成冲料。反应结束后，反应器应放入室外储槽中，需先加冷水稀释并导出氢气后再加碱中和，不要急于中和以防燃烧爆炸。

2. 催化加氢的安全技术

催化反应过程中，雷尼镍和钯碳是常用的催化剂。雷尼镍和钯碳在空气中吸潮后有自燃的危险，钯碳更易自燃，平时不能暴露在空气中。反应前必须用氮气置换反应器中的全部空气，经测定证实含氧量降低到符合要求后，方可通入氢气。反应结束后，应先用氮气把氢气置换掉，并以氮封保存。

催化加氢通常是在氢气存在，并在加热、加压的条件下进行。操作中要严格控制温度、压力和流量。厂房的电气设备必须符合防爆要求，且应采用轻质屋顶，开设天窗或风帽，使氢气易于飘逸。尾气排放管要高出房顶并设阻火器。加压反应的设备要配备安全阀，反应中产生压力的设备要装设爆破片。

3. 其他还原剂的安全技术

硼氢化钠、氢化铝锂、氢化钠、保险粉、异丙醇铝等均是常用的还原剂，这些还原剂遇水会燃烧，在潮湿的空气中能自燃，或遇水和酸能放出大量的氢气和热量，所以应储存于干燥的密闭环境中。采用还原性强而危险性又小的新型还原剂对安全生产具有重要意义，近年来已在推广使用。

（三）氯化反应的安全技术

（1）氯气的安全使用。在化工生产中，氯气一般以液氯形式进行储存和运输，同时要密切关注外界温度和压力的变化，防止氯气的泄漏。通常把储存氯气的钢瓶或槽车当作储罐，使用时需防止氯化有机物倒流进入钢瓶或槽车而引起爆炸。因此可在氯化器设置氯气缓冲罐，防止氯气断流或压力减小引起的倒流。

（2）氯化反应中大部分原料是有机物，易燃易爆，因而应严格控制各种火源，相应的电气设备应符合防火防爆的要求。氯化反应是放热过程，若在高温下进行，反应更为剧烈，需加入冷却系统，并严格控制氯气的流量，避免因升温过快而引起事故。氯化反应大都有氯化氢的生成，因此设备和管路等应选择合适的防腐材料。

（四）硝化反应的安全技术

1. 混酸配置的安全技术

硝化反应多采用混酸，不同酸进行混合时会放出大量的热量，当温度大于90℃时，硝酸会发生分解生成二氧化氮，如有硝基物生成时，高温下可能会发生爆炸，所以配置混酸需要进行冷却，严格控制酸的配比，一般要求温度控制在40℃以下，并加以搅拌以减少硝酸的挥发和分解。由于混酸具有很强的氧化性和腐蚀性，因此要严格避免接触有机物，防止发生燃烧和爆炸，同时必须防止触及人体和衣物。

2. 硝化反应器的安全技术

硝化设备分为间歇式反应器和多段式硝化器。硝化反应器要有良好的冷却和搅拌装置，要有灵敏的温度控制和报警系统。同时，硝化反应的腐蚀性很强，要注意设备、管道的防腐蚀性能，以防渗漏酿成事故。此外，硝化反应器应设有泄爆管和紧急排放系统，一旦温度失控，可将物料紧急排放到安全地点。

3. 硝化过程的安全技术

硝化反应器应有良好的搅拌和冷却装置，具备硝化反应过程中停水断电及搅拌系统发生故障的应急预案；硝化过程应严格控制加料速度，控制硝化反应温度；硝化反应器应安装严格的温度自动调节、报警及自动连锁装置，当超温或搅拌故障时，能自动报警并停止加料。应仔细配制反应混合物并除去其中易氧化的组分，避免因强烈氧化而发生燃烧爆炸。处理硝化产物时，应避免摩擦、撞击、高温、日晒。

此外，由于硝基化合物具有爆炸性，必须要考虑此类物质在反应过程中的危险性。

（五）催化反应的安全技术

催化反应的主要危险性是在高温高压下进行，发生火灾、爆炸的危险性较大。

（1）催化反应应正确选择催化剂，催化剂加量适当，保证散热良好，防止局部反应激烈，并注意严格控制温度。如果催化反应过程能够连续进行，可采用温度自动调节系统，以减少其危险性。

（2）严格控制原料的纯度，以防杂质反应生成爆炸物。

（3）加强对设备的检查，定期更换管道、设备，加热和压力要控制平稳，防止局部过热。

（4）对于加氢的催化裂化反应，还要考虑氢气在高压下与钢接触，生成碳氢化合物，使钢的强度降低，产生氢脆现象。

（六）聚合反应的安全技术

（1）聚合反应大都是易燃易爆物质，为防止单体的泄漏，应设置气体报警器，一旦发现设备、管道有可燃气体泄漏，将自动停车。

（2）严格控制配料比例，防止过热引起的压力骤增。反应釜应有温度和压力检测和联锁装置，发现异常能够自动停止进料。

（3）防止因聚合反应热未能及时导出，造成局部过热或反应釜飞温而发生爆炸。

（4）高压分离系统应设置爆破片、导爆管，并有良好的静电接地系统，一旦出现异常，可及时泄压。

（5）要加强对催化剂、引发剂储存、运输、调配、注入等工序的严格管理。

（七）裂化反应的安全技术

（1）由于管式炉经常在高温下运转，要采用具有高强度、高韧性、耐磨、耐腐蚀、耐高温的高镍铬合金钢制造。

（2）裂解炉炉体应设有防爆门，备有蒸汽吹扫管线和其他灭火管线，以防止炉体爆炸或用于应急灭火。设置紧急放空管和放空罐，以防止因阀门不严或设备漏气而造成事故。

（3）设备系统应有完善的消除静电和避雷措施。高压容器和分馏塔等设备均应安装安全阀和事故放空装置，低压系统和高压系统之间应有止逆阀，配备固定的氮气装置、蒸汽灭火装置。

（4）应备有双路电路和水源，保证高温裂解气直接喷水急冷时的用水和用电，防止烧坏设备，发现停水或气压大于水压时，要紧急放空。

（八）电解反应的安全技术

（1）严格控制盐水的相关指标，防止生成爆炸物。

（2）电解工艺安全控制的基本要求包括：电解槽温度、压力、液位、流量的报警和联锁；电解供电整流装置与电解槽供电的报警和联锁；紧急联锁切断装置；事故状态下氯气吸收中和系统；可燃有毒气体检测报警装置等。

（3）设置安全阀、高压阀、紧急排放阀、液位计、单向阀及紧急切断装置等。

第三节　化工单元操作安全

化工单元操作是指将各种化学生产过程中以物理为主的处理方法概括为具有共同物理变化特点的基本操作，化工单元操作包括：流体流动过程，包括流体输送、过滤、固体流态化等；传热过程，包括热传导、蒸发、冷凝等；传质过程，包括气体吸收、蒸馏、萃取、吸附和干燥等；热力过程，包括液化、冷冻等；机械过程，包括固体输送、粉碎、筛分等。本节讨论化工单元操作的危险性和相应的安全技术。

一、化工单元操作的危险性

（一）输送单元操作的危险性

在化工生产过程中，经常需要将各种原材料、中间体、产品以及副产品和废物，由前一个工序输往后一个工序，由一个车间输往另一个车间，或输往储运地点，这些输送过程就是物料输送。

1. 固体物料的输送危险性

固体物料分为块状和粉状，大多采用皮带输送、螺旋输送、链斗输送、刮板输送和气力输送等形式。在设备运行过程中，皮带、皮轮、链条等部位容易造成人身伤害。对于气力输送而言，主要的危险因素是管路堵塞和静电引起的粉尘爆炸。

2. 液体物料的输送危险性

液体物料的输送主要采用各种泵，如离心泵、往复泵、旋转泵等进行输送。用各种泵类输送易燃可燃液体时，流速过快能产生静电积累，静电产生火花引起火灾，因此要考虑到与空气形成爆炸性混合物的可能。

3. 气体物料的输送危险性

气体物料的输送主要采用压缩机、风机和真空泵等。输送可燃气体物料的管道有可能进入空气，形成爆炸性混合物。输送气体的管路一般需要加压，高压力会导致设备或管路因强度不够而发生爆炸，引起气体泄漏。同时要预防输送物料与输送材质发生化学反应从而引起的不安全因素。

（二）传热单元操作的危险性

传热，即热量的传递，是自然界和工程技术领域中普遍存在的一种现象。传热单元操作主要有加热、蒸发、熔融、冷却和冷凝等。

1. 加热操作的危险性

加热一般有直接加热、蒸汽加热、电加热等形式，加热反应温度若升高过快易引起反应剧烈，容易发生冲料，并有可能会引起燃烧、爆炸等；若化学反应是放热反应，易因散热不及时造成安全隐患；对于易挥发的加热物料，很容易达到爆炸极限，引起燃烧和爆炸事故；使用电加热，易发生电气伤害；采用亚硝酸盐、硝酸盐等无机盐作为加热载体时，与有机物接触可能会发生氧化还原反应引起燃烧和爆炸；用高压蒸汽加热时，对设备耐压要求高，易泄漏或与物料混合，造成事故；当加热温度接近或超过物料的自燃点时，若该加热温度接近物料分解温度，易引起燃爆事故。

2. 蒸发操作的危险性

蒸发是借加热作用使溶液中所含之溶剂气化，以提高溶液中溶质浓度，或使溶质析出。蒸发过程中的主要危险因素有：介质对设备的腐蚀作用，热敏性物质分解产生的爆炸隐患，操作过程中因结晶、沉淀和污垢堵塞管道等。

3. 熔融操作的危险性

熔融过程是指在化工生产中常常需要将某些固体物料进行熔融。熔融设备一般分为常压操作与加压操作两种。熔融过程的主要危险来源于被熔融物料的化学性质、杂质、熔融时的黏稠程度、熔融中副产物的生成、熔融设备以及加热方法等方面。

4. 冷却和冷凝操作的危险性

冷却与冷凝是化工生产基本操作之一，主要区别在于被冷却的物料是否发生相的改变，若发生相变则成为冷凝，如无相变只是温度降低则为冷却。冷却法可分为直接冷却法和间接冷却法，冷凝法可分为直接冷凝法和间接冷凝法。冷却和冷凝操作的危险性主要有以下几点：冷却介质的中断引起的积热可导致温度和压力快速升高，引发爆炸；操作过程中物料遇冷，黏度增大，堵塞管道和设备。

（三）传质单元操作的危险性

物质从一相转移到另外一相的转移过程，称为物质的传递过程，主要包括干燥、蒸发与蒸馏、吸收、萃取和结晶等。

1. 干燥操作的危险性

干燥指借热能使物料中水分（或溶剂）汽化，并由惰性气体带走所生成的蒸汽的过程。干燥按热量的供给方式，可分为传导干燥、对流干燥、辐射干燥和介电加热干燥等形式。操作形式有间歇式干燥和连续式干燥。干燥的热源有热空气、过热蒸汽、烟道气和明火等。干燥过程中局部过热或含有其他有害杂质可造成物料分解爆炸。干燥过程中散发出来的易燃易爆气体或粉尘，会与明火和高温表面接触发生火灾。在气流干燥中产生的静电会产生火花，形成危险因素。

2. 蒸馏操作的危险性

蒸馏是根据液体混合物中各组分沸点的不同来分离液体混合物，使其分离为纯组分的操作。其过程是通过加热、蒸发、分馏、冷凝，得到不同沸点的产品。按操作方法，蒸馏分为间歇蒸馏和连续蒸馏；按操作压力，可分为常压蒸馏、减压蒸馏、加压蒸馏。此外，还有特殊蒸馏，如蒸汽蒸馏、萃取蒸馏、恒沸蒸馏和分子蒸馏。实践中，要根据物料的特性，选择正确的蒸馏方法和设备。

对于蒸馏操作，主要的危险因素有易燃液体的自燃；管道、阀门被凝固点较高的物质凝结堵塞，导致塔内压力升高而引起爆炸；设备的腐蚀；物料的泄漏、分解、爆炸和聚合。

3. 吸收操作的危险性

吸收是利用气体在溶剂中溶解度的不同，使混合气体组分得以分离的一种单元操作，可以分为物理吸收和化学吸收。按被吸收组分的不同，可分为单组分吸收和多组分吸收。吸收操作过程中吸收剂在高速流动时会大量汽化扩散，产生静电，有可能导致静电火花的危险；液流的失控会造成严重事故；此外还有吸收剂蒸气排出、气相中溶质载荷的突增、液体流速的波动等。

4. 萃取操作的危险性

萃取是利用系统中组分在溶剂中有不同的溶解度来分离混合物的操作，即利用物质在两种互不相溶（或微溶）的溶剂中溶解度或分配系数的不同，使溶质物质从一种溶剂内转移到另外一种溶剂中的方法，广泛应用于化学、冶金、食品等工业。萃取过程主要需关注物料本身的危险，萃取需分离的组分浓度很低且沸点比稀释剂高，用精馏方法需蒸出大量稀释剂，要密切关注火灾和爆炸风险；溶液要分离的组分若是热敏性物质，要注意受热后可能分解、聚合或发生其他化学变化。

5. 结晶操作的危险性

结晶通常是指溶质从溶液中析出然后形成晶体的一个过程，是获得纯净固体物质的重要方法之一。当反应器内存在易燃液体蒸气和空气的爆炸性混合物时，火灾危险性特别大；搅拌混合不匀，最后突然反应会引起猛烈冲料，甚至爆炸起火；搅拌器的机械强度不够引发变形，与反应器器壁摩擦造成事故。

（四）冷冻单元操作的危险性

在工业生产过程中，蒸气、气体的液化，某些组分的低温分离，以及某些物品的输送、储藏等，常需将物料降到比水或周围空气更低的温度，这种操作称为冷冻或制冷。一般说来，冷冻程度与冷冻操作技术有关，凡冷冻范围在-100℃以内的称冷冻；而-200～-100℃或更低的温度，则称深度冷冻，简称深冷。冷冻单元操作的主要危险性如下。

（1）某些制冷剂易燃且有毒。如氨，应防止制冷剂泄漏。

（2）对于制冷系统的压缩机、冷凝器、蒸发器以及管路，应注意耐压等级和气密性，防止泄漏。

（五）过滤单元操作的危险性

在生产中欲将悬浮液中的液体与悬浮固体微粒有效分离，一般采取过滤的方法。过滤操作是使悬浮液中的液体在重力、真空、加压及离心力的作用下，通过多细孔物体将固体悬浮微粒截留进行分离的操作。重力过滤是依靠悬浮液本身的液柱压差进行过滤；加压过滤是在悬浮液上面施加压力进行过滤；真空过滤是在过滤介质下面抽真空进行过滤；离心过滤是借悬浮液高速旋转所产生的离心力进行过滤。

悬浮式过滤操作具有的危险性，例如过滤布进裂会使得未过滤的悬浮液通过，滤液在一定条件下可能会发生化学反应。间歇式过滤操作周期长，需要人工操作，劳动强度大且可能会接触毒物。离心式过滤操作运转时间长会引起转鼓磨损，启动速度高，均会引发事故；对于悬式离心机，如果负荷不均匀时，会发生剧烈振动，不仅磨损轴承，而且能使转鼓撞击外壳而发生事故；转鼓速度过高时，也有可能使外壳飞出而造成事故。若离心机防护装置不严密，杂物进入后易引起转鼓振动，甚至飞出伤人。

二、化工单元操作的安全技术

（一）输送单元操作的安全技术

1. 固体物料输送

固体物料输送设备除在运行中本身会发生故障外，还容易造成人身伤害。因此除要加强对机械设备的常规维护外，还应对皮带、齿轮、链条等部位采取防护措施。具体包括传动结构的防护措施（皮带传动、齿轮传动、轴、联轴器、键及固定螺钉等），开停车操作及输送设备的日常维护。对于气力物料的输送，要消除管路堵塞和静电引起粉尘爆炸等潜在风险。为避免堵塞，要合理选择布置形式，确定合适的输送速度，管内要光滑，管路弯曲和变径应平缓，输送过程保持平稳，定期吹扫管壁，预防物料在管路中的累积。为避免产生静电，应选用导电好的材料，采用接地措施。

2. 液体物料输送

输送液体物料采用离心泵，叶轮要采用有色金属制造，以防撞击产生火花。设备和管道应有接地，以防静电产生火花。对于易燃液体，应采用惰性气体压送。输送可燃液体时，应控制管内流速，防止静电聚集。使用各种泵输送可燃液体时，要避免产生负压，以防空气进入导致火灾和爆炸。

3. 气体物料输送

可燃气体的输送管道应保持正压，以防空气进入导致火灾和爆炸。设备和管道应有接地，以防静电产生火花。为避免压缩机气缸、储气罐以及输送管路因压力增高而引起爆炸，要求这些部分要有足够的强度，要安装经核验准确可靠的压力表和安全阀（或爆破片）。气体抽送、压缩设备上的垫圈易损坏漏气，应注意经常检查，及时换修。输送特殊气体时，要采取相应的预防措施，如输送乙炔气体，不能使用铜材质的管路和设备。根据实际需要安装逆止阀、水封和阻火器等安全装置。

（二）传热单元操作的安全技术

1. 加热操作的安全技术

加热操作的安全技术主要是针对加热过程存在的危险性而采用的安全对策、措施和安全设施，主要的目的是防止加热操作过程中产生对人的伤害和物的损失。

　　加热操作过程中，温度是控制的重要条件，操作的要点是按规定严格控制温度变化速度和温度波动范围。温度过高会使化学反应速度加快，若是放热反应，则放热量增加，一旦散热不及时，温度失控，发生冲料，甚至会引起燃烧和爆炸。另外，升温速度过快不仅容易使反应超温，而且还会损坏设备。

　　化工生产中的加热方式有直接火加热（包括烟道气加热）、蒸汽或热水加热、载体加热以及电加热。加热温度在100℃以下的，常用热水或蒸汽加热；100~140℃用蒸汽加热；超过140℃则用加热炉直接加热或用热载体加热；超过250℃时，一般用电加热。

　　加热温度若接近或超过物料的自燃点，应采用惰性气体保护。若加热温度接近物料分解温度，采用负压环境或加压操作，以降低系统危险性。用高压蒸汽加热时，对设备耐压要求高，须严防泄漏或与物料混合，避免造成事故。使用热载体加热时，要防止热载体循环系统堵塞、破损，造成热油喷出，酿成事故。采用硝酸盐等无机盐作为加热载体，要预防与有机物的接触进而引起燃烧和爆炸。使用电加热时，电气设备要符合防爆要求。采用油夹套加热时，应严格密封，不能出现热油泄漏。使用水蒸气加热时，应装设压力计和安全阀，与水会发生反应的物料不宜采用水蒸气或热水加热。

2. 蒸发操作的安全技术

　　对于蒸发操作，要根据物料的黏度、发泡性、腐蚀性、热敏性等性质，合理选择蒸发器，防止物料因结垢和结晶等因素堵塞管路和设备。另外，对蒸发设备加热部分要经常清洗，严格控制蒸发温度。针对腐蚀性液体的蒸发，需要采取防腐措施和采用特种设备。为防止热敏性物质的分解，可采用真空蒸发的方法，降低蒸发温度，或采用高效蒸发器，增加蒸发面积，减少停留时间。

3. 熔融操作的安全技术

　　针对熔融过程中的液体飞溅到皮肤上或眼睛里会造成的灼伤，应对设备和操作人员采取相应的防护措施。尽量除掉物料中无机盐等杂质，以防这些无机盐因不熔融会造成局部过热、烧焦，致使熔融物喷出进而造成烧伤。熔融过程为防止局部过热，必须不间断地搅拌。

4. 冷却和冷凝操作的安全技术

　　根据被冷却物料的性质，选择合适的冷却剂和冷却设备；针对冷却剂对设备的腐蚀，选用耐腐蚀材料的冷却设备；注意设备的密封性，防止泄漏；为保证不凝气体的排空，可充惰性气体保护；此外，应经常检查冷却设备，彻底清洗，更换损坏部件。

（三）传质单元操作的安全技术

1. 干燥操作的安全技术

　　干燥过程中要严格控制温度，防止局部过热，以免造成物料分解爆炸；当干燥物料中含有自燃点很低或含有其他有害杂质时必须在烘干前彻底清除掉，干燥室内也不得放置容易自燃的物质；干燥室具备良好的通风设备，电气设备应防爆或将开关安装在室外；在干燥室或干燥箱内操作时，应防止可燃的干燥物直接接触热源，以避免引起燃烧；采用洞道式、滚筒式干燥器干燥时，主要是防止机械伤害；滚筒干燥过程中，刮刀有时和滚筒壁摩擦会产生火花，因此，应该严格控制干燥气流风速，并将设备接地。

2. 蒸馏操作的安全技术

　　对不同的物料应选择正确的蒸馏方法和设备。在处理难于挥发的物料时（常压下沸点在

150℃以上）应采用真空蒸馏，这样可以降低蒸馏温度，防止物料在高温下分解、变质或聚合。在处理中等挥发性物料（沸点为100℃左右）时，采用常压蒸馏。对沸点低于30℃的物料，则应采用加压蒸馏。

蒸馏设备应具有很好的气密性，应严格地进行气密性检查，对于加压蒸馏设备，应进行耐压试验检查，并安装安全阀和温度、压力调节控制装置，严格控制蒸馏温度与压力；对于腐蚀液体的蒸馏，选择防腐耐高温的材料，降低燃烧、爆炸等风险；蒸馏高沸点物料时应严格控制温度和压力，防止物料的分解、自燃；在蒸馏易燃液体时，应注意系统的静电，设备和管路要接地。对于易燃、易爆物料的蒸馏，其厂房应符合防火、防爆要求，有足够的泄压面积，室内电气设备均应符合场所的防爆要求；蒸馏操作应严格按照操作程序进行，避免因开车、停车和运行过程中的误操作导致事故的发生。

3. 吸收操作的安全技术

吸收操作过程中，应控制吸收剂的流量和组成，液流的失控会造成严重事故；应在设计限度内控制入口气流，检测其组成；应控制出口气的组成；应选择适于与溶质和吸收剂的混合物接触的材料；应在进气口流速、组成、温度和压力的设计条件下操作；应避免吸收剂蒸气逸出；为监控气相中溶质载荷的突增、液体流速的波动等异常情况，应采用自动报警装置。

4. 萃取操作的安全技术

萃取过程常常用到易燃易爆的稀释剂或萃取剂，需要用到泵输送等操作，因此要消除静电，设备和管路要接地；注意热敏性物料，需要严格控制温度，以防发生火灾和爆炸。另外，对于放射性化学物料的处理，可采用机械密封的脉冲塔。

5. 结晶操作的安全技术

结晶过程中的搅拌容易产生静电积聚和放电，因此设备和管路要接地以消除静电；当反应器内存在易燃液体蒸气和空气的爆炸性混合物时，要注意通风，预防发生火灾和爆炸。结晶过程中，搅拌器要注意如下安全问题：加强生产设备的管理，定期检修；避免搅拌轴漏油，因为油漏入反应器会发生危险；对于危险易燃物料不得中途停止搅拌，否则会造成冲料，有燃烧、爆炸危险。

（四）冷冻单元操作的安全技术

（1）应根据被冷却物料的温度、压力、理化性质以及所要求冷却的工艺条件，正确选用冷却设备和冷却剂。冷冻剂要稳定性好，不燃不爆，气化潜热应尽可能大，价廉质优。对需要特殊处理的，如盐水对金属的腐蚀作用，需要选择特殊的材料或加入缓蚀剂。

（2）应严格注意冷却设备的密闭性，防止物料进入冷却剂中或冷却剂进入物料中。在冷却操作过程中，冷却介质不能中断，否则会造成积热，使反应异常，导致系统温度、压力升高，引起火灾或爆炸。最后，对于开车过程，应先清除冷凝器中的积液，再通入冷却介质，然后通入高温物料。停车时先停物料，后停冷却系统。在对高凝固点物料冷却时要注意控制温度，防止物料卡住搅拌器或堵塞设备及管道。此外，要注意低温对设备的影响，防止金属的低温脆裂。

（五）过滤单元操作的安全技术

过滤尽可能采用连续自动操作，避免操作人员与有毒物料接触；加压过滤能散发有害或爆炸性气体时，应采用密闭式过滤机，并以压缩空气或惰性气体保持压力；设备选材和焊接质量要可靠；设备不能超时间、超负荷运转，以免转鼓磨损或腐蚀、启动速度过高导致事故发生；

清理器壁要停车，并停稳；开停离心机时，不要用手接触以防发生事故；对具有易燃易爆危险的过滤场所应选用防爆型电气设备，并经常维护检查。

第四节　化工工艺安全

化工生产过程涉及原物料处理、化学反应、产品的分离和精制等，化工工艺包括选择生产方法、工艺流程、设备选型及设计、单元布置、管道布置、设备安装、安全环保要求、合适的工艺条件及操作规程等。前面已经介绍了危险化学品、化工反应及单元操作的危险性及安全技术，本节将从化工工艺的角度分析化工生产的危险性和相应的技术。

一、化工工艺的危险性

化工工艺需要综合考虑原材料、工艺、设备、环保和安全等多方面的因素，保证化工生产的顺利有效开展。在工艺方面应考虑全面因素，对不同的工艺进行对比选择，充分考虑或理解工艺本身可能存在的安全风险。如化工工艺的不合理会直接影响到化工生产效率和质量，严重情况下甚至会导致火灾、中毒、爆炸等严重事故。

根据危险化工工艺的概念，划分出危险化工工艺的种类，对工艺进行风险分析，从而确认风险程度并划分风险等级。在基于危险化工工艺的风险上合理地选择指标，然后从化工工艺所需使用的物质危险性、装置设备的危险性、反应危险性、工艺条件以及安全控制等方面着手，建立指标体系。

二、化工工艺的安全技术

在化工工艺设计过程中，应该把安全设计作为设计的核心原则，对化工工艺流程可能出现的偏差或异常状况进行充分分析，对可能产生的后果进行科学模拟，并对相应的安全设施进行反复论证，同时对相应的安全设施进行反复论证以确保设计的安全可靠。

（一）工艺路线的选择

化工工艺路线反映了由原料到产品的全过程，要从多个设计方案中选优，选优的标准不仅是经济合理和技术先进，而且要考虑到职业健康、与环境友好及低碳节能等因素，同时考虑综合评价，保障化工生产的安全性。

同一化工产品可以选择不同的原料生产，这称为原料路线的选择。主要原料不同，生产方法可能有根本性的区别。如乙醇可以用发酵法制取，也可以用乙烯水合法制取；一氯甲烷可以由甲烷（天然气）氯化的方法获得，也可以用甲醇和 HCl 制取。同一种原料，经过不同的加工，又可以得到不同的产品。即使采用同一种原料和相同的工艺过程，而工艺条件不同，也可以得到不同的产品。原料路线、工艺路线和产品品种的多样性使得在工艺路线的选择与设计方案的确定时，需要考虑多方面的因素，确保合理性、安全性、科学性。

原料路线确定后，在加工过程中，其中某一步骤可以选择不同的处理方法，称为化工单元操作的选择。每种单元操作均有相应的操作规范和技术。

此外，在确定每个单元过程的具体任务后，在工艺路线设计中应充分考虑以下因素，避免出现安全隐患。例如，每个生产过程之间如何连接，设备的作用和主要工艺参数，如何实现安全运行；明确操作条件，确定正确的控制方案、安全生产措施；采用的工艺运行条件分析，物料的合理利用，安全操作条件，安全控制系统的选择，工艺流程的优化、节能和环保等。

（二）工艺控制点、管道与设备布置与安全

1. 工艺控制点设置与安全

工艺流程图包括设备、管道、阀门、管件、管道附件及仪表控制点，是设备布置和管道布置设计的依据，也是施工、操作、运行及检修的指南。其中，工艺流程设计中很重要的是控制点的设计，控制点包括控制阀门、化工仪表及自动控制装置等。控制点是根据工艺指标控制的需要确定的，不仅需要满足生产的要求，而且要依据安全的要求设置。控制点设计，包括确定应当设置何种类型的控制点，包括选择其型号、规格及具体安装位置等，如设备示意图应注写设备位号及名称，管道流程线包括带阀门的管道流程线、仪表控制点（测温、测压、测流程及分析点等）、注写管道代号、对阀门等管件和仪表控制点的图例符号说明等。

2. 设备布置与安全

设备布置必须满足工艺、经济、操作、维修、外观等方面的要求，同时设备布置应考虑安全生产的要求。在设备布置中，要考虑设备的主导风向以决定某些设备的位置，如由工艺流程图中物料的流动顺序来确定设备的平面图；有催化剂需要置换等要求必须要抬高设备等；设备、建筑物、构筑物之间应达到规定间距；若场地受到限制，则要求在危险设备的周围三边设置混凝土墙，敞开口一边对着空地；高温设备与管道应布置在操作人员不能触及的地方或采用防烫保温措施；明火设备及控制室的位置要考虑全年最小频率风向的问题，要远离泄漏可燃气体的装备，并布置在其上风口；烟囱排出的烟气不应吹向压缩机或控制室；配电室宜布置在能漏出易燃易爆气体场所的上风侧。

生产厂房内各类装置的竖向布置也很重要，重及振动较大的设备应布置在底层；而放出大量热量或有害气体的生产装置，宜布置在单层建筑内或多层建筑物的高层，如必须布置在下层时，应采取有效措施预防污染上层工作环境；从安全生产和职工健康考虑，工作介质为易燃、易爆、有毒及可能散发腐蚀性气体的工艺生产装置、设备，都应尽可能地按生产特点集中布置在室外，在室外不合适的工艺生产装置、设备，都应尽可能地布置在敞开或半敞开式的建（构）筑物中，以相对降低其危险性、毒害性和事故的破坏性。设备之间要留足安全距离，以便检修和事故发生时人员疏散，同时也有利于防止事故蔓延。

3. 管道布置与安全

管道布置必须符合管道仪表流程图的设计要求，要考虑安全可靠、经济合理，并满足施工、操作、维修等方面的要求；管道布置必须遵守安全及环保的法规，对防火、防爆、安全防护、环保等方面进行检查；管道布置应满足热胀冷缩所需的柔性；对于动设备的管道，应注意控制管道的固有频率，避免发生共振；管道布置应严格按照管道等级表和特殊件表选用管道组成件。

管道布置的一般要求包括管道布置的净空高度、通道宽度、基础标高等；应按国家现行标准中许用最大支架间距的规定进行管道布置设计；管道尽可能架空敷设，如必要时，也可埋地或管沟敷设；管道布置应考虑操作、安装及维护方便，不影响起重机的运行；在建筑物安装孔的区域不应布置管道；管道布置设计应考虑便于做支吊架的设计，使管道尽量靠近已有建筑物或构筑物，但应避免使柔性大的构件承受较大的荷载。

对于直接排放到大气中去的、温度高于物料自燃温度的烃类气体泄放阀出口管道，应设置灭火用的蒸汽或氮气管道，并由地面上控制；烃类液体储罐外应设置水喷淋的防火措施，阀门

应设在火灾时可接近的地方；在输送酸性、碱性及有害介质的各种管道和设备附近应配备专用的洗眼和淋浴设施，该设施应布置在使用方便的地方，还要考虑淋浴器的安装高度，使水能从头上喷淋；在寒冷地区户外使用时，应对该设施采取防冻措施；对输送有静电危害的介质的管道，必须考虑静电接地措施，且应符合国家现行标准《防止静电事故通用导则》（GB 12158—2006）的规定。

（三）化工工艺过程安全控制

1. 化工工艺过程安全控制

化工工艺过程安全控制包括物料的安全控制，点火源的控制、工艺参数的控制、联锁系统或紧急停车程序、冗余系统设置和物理保护措施等。其中物料的安全控制在本章第一节和第二节已详细分类讨论。联锁系统或紧急停车程序在随后化工自动化系统中介绍。

（1）点火源的控制。点火源是指能够使可燃物与助燃物（包括某些爆炸性物质）发生燃烧或爆炸的能量来源。这种能量来源常见的是热能，还有电能、机械能、化学能、光能等。根据产生能量的方式的不同，点火源可分成七类：明火焰（有焰燃烧的热能）；高温物体（无焰燃烧或载热体的热能）；电火花（电能转变为热能）；撞击与摩擦（机械能转变为热能）；绝热压缩（机械能转变为热能）；光线照射与聚焦（光能转变为热能或光引发连锁反应）；化学反应放热（化学能转变为热能），具体控制方法见第六章第三节防火防爆的基本技术措施。

（2）工艺参数的控制。化学生产过程中的工艺参数包括有关控制点的温度、压力、流量、物料成分和液位等参数的控制指标，这些参数的调节和控制是保证化工安全生产的重要措施之一。温度控制是化工生产的主要控制参数之一，在危险化学品的储存和运输、化工反应和单元操作中都有严格的要求。例如，在化学反应温度控制方面采用消除反应热、选择合适的传热介质、防止搅拌中断等措施；压力的安全控制有尾气系统排压装置、设置安全阀和调节器等；液位的安全控制有不超装、不超储、不超投料、防止假液面等；加料控制主要有配比、速率、顺序、加料量和物料的纯度等。

（3）冗余系统设置。系统冗余是重复配置系统中的一些部件、设备、子系统等，当系统发生故障时，由冗余配置的部件、设备、子系统介入并承担故障部件的工作，由此减少系统的故障时间。

在化工生产过程中，为了保障系统的安全，冗余设置的范围是非常广泛的，如管路上控制阀设置旁路系统，装置中设置备用泵、备用换热器、备用电源、备用冷却系统、备用的控制系统，或者一个冗余的安全阀、液位计和压力表。正产生产过程中使用原有设备，而在事故状态下，则使用备用设备、冗余系统。一方面可以使生产过程顺利进行，另一方面在发生事故时，可以帮助终止事故，达到安全操作的目的。

（4）物理保护措施。为了减小化工生产过程中事故造成的损失和影响，使用一些物理设施对装置进行保护是不可或缺的措施。常用的物理保护措施有：防止火灾爆炸蔓延的装置、安全泄放装置、防静电和雷电设施、能量外泄防护装置等。

2. 安全操作规程

安全操作规程包括岗位安全操作规程和设备安全操作规程。安全操作规程应当包括正常操作、非正常操作、开停车及工艺事故、安全事故、停电停水等各种事故处理的操作程序。内容的确定应在前期对岗位调研收集整理的资料基础上，依据安全生产标准化的要求进行，编写前事先确定岗位安全的禁止性要求、需特别强调的岗位个性化安全要求等重点内容。岗位安全操作规程的基本结构六要素（图8-2）：岗位应急要求，岗位作业安全要求，岗位劳动防护用品佩

戴要求，岗位主要危险、有害因素，岗位安全作业职责
和岗位适用范围。根据确定的各岗位安全操作规程的结
构，确定各岗位安全操作规程。

　　设置适用范围的目的，是明确岗位安全操作规程的
适用岗位范围，避免其他岗位人员误用。

　　设置岗位安全作业职责的目的，是确定本作业岗位
的安全职责并进行具体描述：应简要规定岗位人员负责
的安全职责，通常包括本岗位日常事故隐患自我排查治
理、按岗位安全操作规程安全作业、设备保养过程按规
定安全作业、本岗位事故和紧急情况的报告和现场处置
等。特殊的岗位还应包括巡视、检查等职责。

　　设置岗位主要危险、有害因素的目的，是通过岗位
安全操作规程，提示岗位存在的风险，以确保岗位人员

图 8-2　岗位安全操作规程要素

熟悉本岗位风险，树立风险意识，从而自觉执行岗位安全操作规程：应列出岗位涉及的主要危
险危害因素，所谓主要危险危害因素，应归纳为岗位最常见的且风险相对较大的事故风险和职
业危害风险，数量不限，通常在 3～10 个为宜，其他风险可提示岗位人员见本企业或本部门的
危险源风险识别清单。

　　设置岗位劳动防护用品佩戴要求的目的，是明确规定岗位作业过程中需佩戴的劳动防护
用品，防止岗位人员出现不使用防护用品的隐患。应具体列出各类活动分别应佩戴的具体劳
动防护用品，如：岗位作业人员进入作业区域应穿戴工作服、工作帽，长发应盘在工作帽内，
袖口及衣服角应系扣；进入变配电设施现场进行检修、倒闸及维修作业应穿戴绝缘靴；带电
检修和倒闸时应戴绝缘手套；某设备操作岗位作业时需佩戴防噪声耳塞，班后清扫设备时需
戴防尘口罩等。

　　设置岗位作业安全要求的目的，是规范作业全过程的安全要求，是岗位安全操作规程的核
心内容。应具体规定作业前、作业过程中和作业后的岗位安全作业要求，包括隐患自查自改、
各类活动的安全要求和禁止性要求等。因编写的具体内容较多，可根据岗位实际，选择文字描
述或列表的方法。

　　设置岗位应急要求的目的，是将岗位涉及的现场应急要求列出，即使本岗位不需编制现场
处置方案时，也能确保岗位人员熟悉和执行应急处置措施。其内容应提示岗位可能发生的紧急
情况、事故征兆、事件事故，并简要规定岗位第一时间进行处置的方法。

　　科学制定工艺参数和安全操作规程，是事关企业安全生产的大事。工艺指标与操作规程
的确定属于化工设计的一环，是有严格的科学依据，经过了科学实验和生产实践反复验证，
一定要严格执行，绝不能随意变动。通过了解、熟悉科学的依据，操作人员能更自觉地遵守
工艺纪律。

（四）化工自动化系统

　　生产过程自动化系统一般包括自动检测、自动保护、自动操纵及自动开停车、自动控制等
方面的内容。

　　（1）自动检测系统。利用各种化工测量仪表对各种工艺参数进行测量、指示或记录的，称
为自动检测系统。它代替了操作人员，对工艺参数不断进行观察与记录，起到人的眼睛的作用。
例如在硝化反应中，硝化反应器的冷却水为负压，为了防止器壁泄漏造成事故，在冷却水排出

口装有带铃的导电性测量仪，若冷却水中混有酸，导电率提高，则会响铃示警。信号报警装置只能提醒操作者注意已发生的不正常情况或故障，但不能自动排除故障。

(2) 自动保护系统。生产过程中，有时由于一些偶然因素的影响，导致工艺参数超出允许的变化范围而出现不正常情况时，就有引起事故的可能。为此，常对某些关键性参数设有自动信号联锁装置。当工艺参数超过了允许范围，在事故即将发生以前，信号系统就自动地发出声光信号，告诫操作人员注意，并及时采取措施。如工况已到达危险状态时，联锁系统立即自动采取紧急措施，打开安全阀或切断某些通路，必要时紧急停车，以防止事故的发生和扩大。它是生产过程中的一种安全装置。例如某反应器的反应温度超过了允许极限值，自动信号系统就会发出声光信号，报警给工艺操作人员以及时处理生产事故。由于生产过程的强化，往往靠操作人员处理事故已成为不可能，因为在一个强化的生产过程中，事故常常会在几秒钟内发生，由操作人员直接处理是根本来不及的。自动联锁保护系统可以圆满地解决这类问题，如当反应器的温度或压力进入危险界限时，联锁系统可立即采取应急措施，加大冷却剂量或关闭进料阀门，减缓或停止反应，从而可避免引起爆炸等生产事故。

根据对安全生产的重要程度将工艺联锁分为 A、B 两级并实行分级管理。A 级联锁为直接引发某一个工艺系统或某一台关键设备联锁动作，并造成该生产单元紧急停车的联锁；或为能直接引发一个生产单元联锁紧急停车并造成该生产装置非计划停工的联锁。B 级联锁为除 A 级以外的工艺联锁。其仅引起一个系统或一台设备联锁动作，不会造成单元或装置停车，能够迅速恢复系统正常运行。

(3) 自动操纵及自动开停车系统。自动操纵系统可以根据预先规定的步骤自动地对生产设备进行某种周期性操作。例如合成氨造气车间的煤气发生炉，要求按照吹风、上吹、下吹制气、吹净等步骤周期性地接通空气和水蒸气，利用自动操纵机可以代替人工，自动按照一定的时间程序扳动空气和水蒸气的阀门，使它们交替接通煤气发生炉，从而极大减轻了操作工人的重复性体力劳动。自动开停车系统可以按照预先规定好的步骤，令生产过程自动地投入运行或自动停车。

(4) 自动控制系统。生产过程中各种工艺条件不可能是一成不变的。特别是化工生产，大多数是连续性生产，各设备相互关联着，当其中某一设备的工艺条件发生变化时，都可能引起其他设备中某些参数或多或少地波动，偏离了正常的工艺条件。为此，就需要用到一些自动控制装置，对生产中某些关键性参数进行自动控制，使它们在受到外界干扰（扰动）的影响而偏离正常状态时，能自动回到规定的数值范围内，为此目的而设置的系统就是自动控制系统。自动控制系统的基本组成包括测量仪表、控制器和执行器，其分类可以按照被控制变量（如液位、压力、温度、流量等）来分类，也可以按控制器具有的控制规律（如比例、比例积分、比例微分、比例积分微分等）来分类。

由以上所述可以看出，自动检测系统只能完成"了解"生产过程进行情况的任务；信号联锁保护系统只能在工艺条件进入某种极限状态时，采取安全措施，以避免生产事故的发生；自动操纵系统只能按照预先规定好的步骤进行某种周期性操纵；只有自动控制系统能自动地排除各种干扰因素对工艺参数的影响，使它们始终保持在预先规定的数值上，才能保证生产维持在正常或最佳的工艺操作状态。

第九章 工业毒物与职业卫生

化工生产的特殊性使工人更容易受到工业毒物的损害，因此怎样区别工业毒物、控制工业毒物、完善职业卫生防护标准、避免工业毒物对人体健康造成危害是极为重要的。本章将从工业毒物的分类与毒性评价、工业毒物对人体的危害、防毒技术措施和职业卫生等几个方面展开介绍。

第一节 工业毒物的分类与毒性评价

工业毒物是指以原料、半成品、成品、副产品或废物的形式存在于工业生产中的少量物质，在进入人体后，破坏人体正常生理功能，引起功能障碍、疾病甚至死亡的化学物质。在化工生产中，常接触到许多有毒物质，这些毒物来源广、种类繁多，因此如何预防化工生产过程的中毒是极为重要的。

一、工业毒物的分类

（一）按物理形态分类

可分为粉尘、烟尘、雾、蒸气、气体等。

（1）粉尘是指可较长时间飘浮于空气中的固体悬浮物。粉尘按颗粒直径可以分为降尘、飘尘和总悬浮颗粒。根据粉尘的性质可分为无机性粉尘、有机性粉尘和混合性粉尘。

（2）烟尘又叫烟雾或烟气，是指悬浮在空气中的烟状固体微粒，直径小于 $0.1\mu m$。

（3）雾是指悬浮于空气中的微小液滴。多系蒸汽冷凝或液体喷散而成。烟尘和雾统称为气溶胶。

（4）蒸气是指由液体蒸发、沸腾或固体升华而形成的气体。

（5）气体是指在常温常压下呈气态的物质，如各种有毒气体，氯、氨、一氧化碳、二氧化碳等。

（二）按化学类属和用途分类

（1）无机毒物主要包括金属与金属盐、酸、碱及其他无机化合物，如铅、汞等。

（2）有机毒物包括脂肪族化合物、芳香族化合物及其他有机物，前者如醇、酮，后者如农药、有机溶剂等。

（三）按毒物作用性质分类

按毒物作用性质可分为刺激性、窒息性、麻醉性、溶血性、腐蚀性、致敏性、致癌性、致畸胎性等。

（四）按其作用的性质和损害的器官或系统加以区分

毒物按其作用的性质和损害的器官或系统可分为神经毒性、肝脏毒性、血液毒性、肾脏毒性、全身毒性等。有的工业毒物主要有一种作用，有的具有多种作用。

二、工业毒物的毒性评价

（一）评价指标

毒性是用来表示毒性物质的剂量与毒害作用之间关系的一个概念。剂量-作用关系是指毒性物质在生物个体内所起作用与毒性物质剂量之间的关系。通用的毒性反应是由动物实验测定的，使毒物经口或经皮肤及呼吸进入实验动物体内，再根据实验动物的死亡数对应的剂量或浓度对应值来作为评价依据。常用的评价指标有以下几种（表 9-1）。

表 9-1　工业毒物的毒性评价指标及定义

指标名称		符号	定义
绝对致死剂量或浓度		LD_{100} 或 LC_{100}	引起一组受试动物全部死亡的最低剂量或浓度
半数致死剂量或浓度		LD_{50} 或 LC_{50}	引起一组受试动物中半数动物死亡的剂量或浓度
最小致死剂量或浓度		MLD 或 MLC	引起一组受试动物中个别死亡的剂量或浓度
最大耐受剂量或浓度		LD_0 或 LC_0	引起一组受试动物全部存活的最高剂量或浓度
半数有效剂量		ED_{50}	能使 50%实验动物产生反应所需要的有效剂量
阈剂量或浓度	急性阈剂量		一次染毒后，引起机体某种有害作用的最小剂量浓度
	慢性阈剂量		长期多次染毒引起机体反应的最小剂量或浓度

（二）急性毒性分级

急性毒性是指机体（实验动物或人）一次接触或 24h 内多次接触一定剂量外源化合物后在短期（最长 14 天）内所引起的机体的毒性效应（包括一般行为、外观改变、大体形态变化等），以及死亡效应。急性毒性分级是将外来化合物的毒性分为不同等级，以表示外来化合物急性毒性高低的分级方法。各国际组织及各国提出的急性毒性分级并不一致。如世界卫生组织推荐分为极毒、剧毒、高毒、中等毒、低毒五级。美国环境保护局规定分为剧毒、高毒、中等毒、低毒四级。我国对农药、工业毒物及食品毒性也提出了类似的标准（表 9-2）。

表 9-2　化学物质的急性毒性分级

毒性分级	大鼠一次经口 LD_{50}/(mg/kg)	6 只大鼠吸入 4h 死亡 2~4 只的浓度/(mg/kg)	兔涂皮时 LD_{50}/(mg/kg)	对人可能致死量	
				致死量/(g/kg)	总量（60kg 体重）/g
剧毒	<1	<10	<5	<0.05	0.1
高毒	1~50	10~100	5~44	0.05~0.5	3
中等毒	50~500	100~1000	44~340	0.5~5	30
低毒	500~5000	1000~10000	340~2810	5~15	250
微毒	5000~15000	>10000	2810~22590	>15	>1000

第二节　工业毒物对人体的危害

工业毒物对人体的作用可分为局部作用和全身作用。本节将从毒物进入人体的途径、毒物在体内的过程、毒物对人体的主要危害等几个方面进行介绍。

一、毒物进入人体的途径

在化工生产中，毒物主要经呼吸道和皮肤进入体内，亦可经消化道进入。

（一）经呼吸道进入

呼吸道是毒物进入体内最常见的途径，凡是以气体、蒸气、雾、烟、粉尘形式存在的毒物，均可经呼吸道侵入体内。从鼻腔到肺泡，整个呼吸道各部分结构不同，因此对毒物的吸收也不同，部位越深，停留时间越长，吸收量越大。另外，吸收量的大小与毒物的粒径、水溶性、存在形态和浓度等有关。水溶性强的毒物，易被上呼吸道黏膜吸收；水溶性较差的毒物，容易在进入肺泡后被吸收。毒物呈气体、蒸气、烟等粒子很小的形态时，毒物更易于到达肺泡，且吸收更快。粒径大的雾和粉尘，容易被截留在鼻腔和上呼吸道，且通过呼吸道时易被上呼吸道的黏液所溶解而不易到达肺泡，但在毒物的浓度高等特殊情况下，仍有部分可到达肺泡。

尤其需要注意的是，毒物被肺泡吸收可不经肝脏的解毒作用，很快就会进入血液循环并被运送到全身，产生毒作用，所以有更大的危险性。

（二）经皮肤进入

在生产中，毒物经皮肤吸收引起中毒亦比较常见。皮肤吸收毒物主要通过两条途径，即通过表皮屏障及通过毛囊进入，在个别情况下，也可通过汗腺导管进入。

经表皮进入体内的毒物要经三种屏障，第一道是皮肤的角质层，一般分子量大于 300 的物质，不易透过无损的皮肤；第二道是位于表角质层下面的连接角质层，其细胞膜富有磷脂，故对非脂溶性物质具有一定的屏障作用；第三道是表皮与真皮连接处的基膜，脂溶性毒物经表皮吸收后，还需有水溶性才能进一步扩散和吸收。毒物进入毛囊后，可绕过表皮的屏障直接透过皮脂腺细胞和毛囊壁进入真皮，再从下面向表皮扩散。另外，当皮肤的完整性遭到破坏时（外伤、灼伤等），会显著增加毒物的渗透吸收率。

（三）经消化道进入

毒物单纯从消化道吸收而引起中毒的情况比较少见，往往是在毒物通过呼吸道时，一部分混于分泌物中而被吞入。在生产中，大部分毒物被消化道吸收是由于个人卫生习惯不良，未遵守相关的操作规程，如手沾染的毒物随进食、饮水或吸烟等进入消化道。毒物在消化道中的吸收主要受胃肠道的酸碱度和毒物脂溶性的影响。由于胃液呈现弱酸性，对弱酸性毒物具有更高的吸收率。毒物进入消化道后，大多随粪便排出，其中一部分在小肠内被吸收，经肝脏解毒转化后被排出，只有一小部分能够进入血液循环系统。

二、毒物在体内的过程

（一）分布与蓄积

毒物被吸收后，随血液循环（部分随淋巴液）分布到全身各组织或器官。由于毒物破坏了人的正常生理机能，导致中毒。中毒可分为急性中毒、亚急性中毒和慢性中毒。毒物在体内各部位的分布是不均匀的，同一种毒物在不同的组织和器官分布量也不同。有些毒物相对集中于某组织或器官中，如铅、汞、砷主要集中在骨髓、肝、肾等组织；苯、二硫化碳多分布于骨髓等富于脂肪的组织中并可通过富于类脂质的血脑屏障作用于中枢。

毒物进入体内的总量超过可被转化和排出总量时，体内的毒物就会逐渐增加，这种现象称为毒物的蓄积。毒物蓄积后，可大量进入血液循环而引起急性中毒。毒物也可因接触毒物的时间逐渐延长累积而发生慢性中毒。

（二）转化

毒物被吸收后参与体内生化过程（如氧化、还原、水解及结合），其化学结构发生一定改变，称为毒物的生物转化。转化过程可能会降低毒物的毒性，也有可能在体内转化过程中发生毒性增强的现象。例如，苯胺会在体内氧化转化为毒作用较强的物质。

（三）排出

进入体内的毒物可不经转化或经过转化后由呼吸道、肾脏和肠道等途径排出。气态毒物可以经呼吸道排出，如在体内不易分解的气体或易挥发性毒物（如一氧化碳、苯等）。毒金属和类金属、芳香烃等许多毒物，可经肾脏随尿排出。铅、汞、砷等毒物还可经毛发、唾液、乳汁和月经排出。

三、毒物对人体的主要危害

毒物对人体的危害主要为中毒。接触毒物不同，中毒的部位不同，引起的病症也不同。毒物主要对呼吸系统、神经系统、血液系统、消化系统、泌尿系统、其他系统或器官造成影响。

（一）呼吸系统

在工业生产中，毒物特别是刺激性毒物一旦吸入呼吸道，轻者引起呼吸困难，重者发生中毒。对呼吸系统造成的危害主要有窒息、呼吸道炎症、肺水肿。

1. 窒息

一是呼吸道机械性阻塞，如氨、氯气、二氧化硫等刺激性毒物可引起声门水肿及痉挛，严重时能引起机械性阻塞而窒息；二是呼吸抑制，高浓度毒物的吸入能引起迅速的反射性呼吸抑制，如有机磷等可直接抑制呼吸中枢，甲烷、一氧化碳等能形成高血红蛋白使呼吸中枢因缺氧而受到抑制。

2. 呼吸道炎症

指吸入过量刺激性毒物所致的呼吸道疾病，可分为鼻炎、咽喉炎、声门水肿、气管炎、支气管炎。常见的刺激性毒物有硫酸、盐酸、硝酸、二氧化硫、三氧化硫、氟化氢、氯化氢、溴化氢、硫化氢、氨、卤素、五氯化磷、三氯化磷、甲醛、丙烯醛等。主要症状有上呼吸道刺激症状、咳嗽和咳痰、胸闷及胸痛、呼吸困难等。按病程可分为急性和慢性，其中中毒性慢性支气管炎易导致阻塞性肺气肿。

3. 肺水肿

肺水肿是毒物作用于肺泡和肺毛细血管，使其通透性增加，或通过神经作用使肺腺体分泌增加所致的疾病。能引起肺水肿的毒物有光气、二氧化氮、氯、氨、羰基镍、溴甲烷、丙烯醛等刺激性气体。刺激性气体中毒后，会出现咳嗽、气短、呼吸困难、紫绀、咯粉红痰，两肺有湿啰音。

另外，毒物对人体的慢性影响包括：长期接触铬及砷化合物，可引起鼻黏膜糜烂、溃疡甚至发生鼻中隔穿孔；长期吸入低浓度刺激性气体或粉尘，可引起慢性支气管炎，重者可发生肺气肿；某些对呼吸道有致敏性的毒物，如甲苯二异氰酸酯、乙二胺等，可引起哮喘。

（二）神经系统

毒物可引起神经系统结构或功能的损害，主要有中毒性脑病、中毒性周围神经炎、神经衰弱候症群，表现形式为短期急性效应，也可表现为长期慢性效应。

1. 中毒性脑病

神经系统代谢旺盛，葡萄糖和氧的消耗量大，易受毒物的干扰。当接触毒物后，会引起中枢神经系统功能和器质性病变，可出现各种不同的临床表现。脑病理变化可有弥漫性充血，水肿，点状出血，神经细胞变性、坏死，神经纤维脱髓鞘等。病变由大脑皮质向下扩展，大脑皮质出现脑萎缩等。一氧化碳、氰化物、硫化氢、二氧化碳、甲烷、氮等会使脑组织缺氧，并通过反应性脑血管变化以及细胞膜钠、钾泵障碍引起严重的脑水肿。铅、四乙基铅、汞、锰、二硫化碳等直接对神经系统有选择性毒性。

病毒性脑病轻重差别很大。既有高热不退者，也有仅为低热者。通常都有不同程度的头痛、呕吐，精神面色不好，困倦多睡。重者可有惊厥、昏迷、肢体瘫痪、呼吸节律不规整等表现，严重者可发生脑疝而死亡。

2. 中毒性周围神经炎

中毒性周围神经炎是指化学毒物所致周围神经病，可表现为单神经炎或多神经炎。常见的毒物损害有铅中毒、三氯乙烯中毒、一氧化碳中毒、有机磷中毒等。

单神经炎为毒物损害某一周围神经，如铅中毒的桡神经麻痹、三氯乙烯中毒的三叉神经麻痹。多神经炎可在急性中毒最初几天发生，但在很多情况下，多在发病后2～3周才出现。临床表现有受累肢体远端感觉异常，如针刺、蚁走、电灼、麻木等感觉，多呈手套、袜套型分布；运动障碍以远端为重，肌张力降低，腱反射减弱，肌肉萎缩，也可伴有植物神经功能障碍、肢体远端皮肤温度降低、紫绀、多汗、水肿等。

3. 神经衰弱候症群

常见于某些轻度急性中毒、中毒后的恢复期，以慢性中毒的早期症状最为常见，如头疼、头昏、失眠和心悸等。

（三）血液系统

毒物对血液系统的毒性主要是引起白细胞数的变化、血红蛋白变性和贫血等症状。

中毒性白细胞减少症是毒物引起外周白细胞数减少的疾病，可能为粒细胞缺乏或再生障碍性贫血的早期表现，苯、二硝基酚、巯基乙酸、氯苯、砷、草酸二乙酯等可能引起本症。

血红蛋白变性常以高铁血红蛋白症为最多，血红蛋白的变性导致输氧功能受到障碍，症状主要有缺氧、头昏、乏力等。按其作用机理，可分为直接或间接氧化物两大类。直接氧化物主要有亚硝酸戊酯、亚硝酸钠、硝酸甘油、次硝酸铋、硝酸铵、硝酸银、氯酸盐及苯醌等。间接氧化剂大多为硝基和氨基化合物，包括硝基苯、乙酰苯胺、三硝基甲苯、间苯二酚等。

贫血有中毒性巨幼红细胞贫血、中毒性溶血性贫血、中毒性再生障碍性贫血等。临床上以贫血、出血及感染性发热为主要表现。苯及其衍生生物（如三硝基甲苯、二硝基酚）、砷及重金属、四氯化碳等均可引起中毒性再生障碍性贫血；慢性砷中毒可引起中毒性巨幼红细胞贫血；砷化氢可引起中毒性溶血性贫血。

（四）消化系统

毒物对消化系统的危害主要表现有急性肠胃炎、中毒性肝炎等。急性肠胃炎临床表现主要为恶心、呕吐、腹痛、腹泻、发热等。中毒性肝炎是由化学毒物（如磷、砷、四氯化碳等）所引起的肝炎或所致的肝脏病变，表现为食欲不振、恶心、呕吐、腹痛、肝大、血清转氨酶增高，严重者出现暴发性肝衰竭。慢性中毒性肝炎，起病隐匿，症状不明显，表现类似慢性病毒性肝炎。

（五）泌尿系统

泌尿系统由肾脏、输尿管、膀胱及尿道组成。肾脏因血流量丰富，是毒物随尿排出体外的最重要途径，容易受到损害。对肾脏的损害以重金属和卤代烃最为突出，如汞、铅、铊、镉、四氯化碳、六氟丙烯、二氯乙烷、溴甲烷、溴乙烷、碘乙烷等。泌尿系统各部位都可能受到有毒物质损害，如慢性铍中毒常伴有尿路结石、杀虫脒中毒可出现出血性膀胱炎等。

（六）其他系统或器官

除了以上列举的毒物对人体的主要危害以外，毒物对皮肤、眼睛等部位也可以产生伤害。

当某些毒物和皮肤接触时，可使皮肤保护层脱落，而引起皮肤干燥、粗糙、疼痛。

毒物和眼部接触导致的伤害轻为轻微的、暂时性的不适，重至永久性的伤残，伤害严重程度取决于中毒的剂量和采取急救措施的快慢。

此外，长期接触氟可引起氟骨症；磷中毒可引起下颌改变，严重者发生下颌骨坏死；长期接触氯乙烯可导致肢端溶骨症；镉中毒可引起骨软化；苯以及某些刺激性和窒息性气体会对心肌造成损害；长期接触一氧化碳可增加动脉粥样硬化风险等。

第三节　防毒技术措施

一、生产工艺与装置的防毒技术措施

（一）替代或排除有毒或高毒物料

在选择原料和辅料时，尽量采用无毒或低毒物质，用无毒物料代替有毒物料，用低毒物料代替高毒或剧毒物料。例如，在合成氨工业中，原料气的脱硫、脱碳过去一直采用砷碱法，而砷碱液中的主要成分为毒性较大的三氧化二砷。现在改为本菲尔特法脱碳和蒽醌二磺酸钠法脱硫，都取得了良好效果，并彻底消除了砷的危害。甲苯及二甲苯都与苯的性质相似，但毒性较小，在需要以苯为溶剂等许多场合下，可以作为苯的替代物来使用。

需要注意的是，这些代替多是以低毒物代替高毒物，并不是无毒操作，因此仍要采取适当的防毒措施。

（二）采用危害性较小的工艺

选择安全的、危害性小的工艺代替危害性较大的工艺，通过工艺选择，尽量避免使用有毒特别是毒性较大的物质。如在环氧乙烷生产中，以乙烯直接氧化制环氧乙烷代替了用乙烯、氯气和水生成氯乙醇进而与石灰乳反应生成环氧乙烷的方法，从而消除了有毒有害原料氯和中间产物氯化氢的危害；无氰电镀工艺从根本上杜绝了电镀作业中的氰化物中毒事故；在聚氯乙烯生产中，以乙烯的氧氯化法生产氯乙烯单体，代替了乙炔和氯化氢以氯化汞为催化剂生产氯乙烯的方法。

（三）密闭化、机械化、连续化措施

1. 密闭化

将生产设备本身以及生产过程各个环节密闭化，使其在生产过程中不能散发出来，可以有效避免敞开式加料、搅拌、反应、测温、取样、出料、存放等造成的有毒物质的散发，是控制毒物造成危害的有效措施之一。生产设备的密闭化，往往可与减压操作和通风排毒措施互相结合使用，以提高设备密闭的效果，消除或减轻有毒物质的危害。

2. 机械化

机械化代替笨重的手工劳动，可以大大减轻工人的劳动强度、降低生产成本，还具有容易实现自动化控制、产品的质量和产量稳定等优点。对于化工生产尤其重要的是，其可以减少工人与毒物的接触，可以有效避免毒物对人体的危害。如以泵、压缩机、皮带、链斗等机械输送代替人工搬运，以破碎机、球磨机等机械设备代替人工破碎、球磨，以各种机械搅拌代替人工搅拌，以机械化包装代替手工包装等。

3. 连续化

连续生产一定程度上突破了间歇生产在传质和传热方面的局限性，具有很多间歇反应无法比拟的优势：连续生产容易实现自动化控制，产品的质量和产量稳定，间歇生产难以实现自动控制且费用昂贵；连续生产能够缩短反应时间，提高生产效率，而间歇生产需要花费时间调整温度和压力、投料、准备下一批投料等；物料流动有利于反应热及时导出，而且反应物的浓度较低，可有效防止副反应发生；连续操作能够实现节能等。此外，过程的连续化减少了有害物料泄漏，为降低空气中有害毒物的浓度创造了条件。

（四）隔离操作

因生产设备条件的限制，无法将有毒气体浓度降低到国家卫生标准时，可采取隔离操作的措施。常用的方法是把生产设备单独安装在隔离室内，将操作人员与可能释放有毒物质的生产设备隔离，并结合通风技术降低隔离室或车间内有毒物质的浓度，可以有效避免毒物中毒。

二、通风排毒与净化处理

通风与净化吸收是降低毒物浓度的控制技术，是预防中毒、窒息、火灾、爆炸等事故的重要技术，也是预防职业病、为职工创造安全舒适工作环境的重要技术。

（一）通风排毒

通风按其动力，分为自然通风和机械通风；按工作场所换气原则，可分为局部通风和全面通风；根据通风的方向，可以分为送风和排风。

1. 按通风动力分类

（1）自然通风。自然通风是指利用室内外空气的密度差引起的热压或室外大气运动引起的风压来引进室外新鲜空气，达到通风换气作用的一种通风方式。在实际建筑中的自然通风，是风压和热压共同作用的结果，两种作用，有时相互加强，有时相互抵消。由于风压受到天气、室外风向、建筑物形状、周围环境等因素的影响，风压与热压共同作用时，并不是简单的线性关系。

利用自然通风的建筑在设计时，应考虑如下因素：自然通风的效果与建筑设计有密切关系。利用穿堂风进行自然通风的建筑，其迎风面与夏季最多风向宜成 60°～90° 角，且不应小于 45°，

同时应考虑可利用的春秋季风向以充分利用自然通风。如夏季自然通风的进风口，宜采用门洞、对开窗、天窗和立式中轴窗；冬季自然通风的进风口，宜采用下沿离地大于 4m 的窗户。建筑群平面布置应重视有利自然通风的因素，如优先考虑错列式、斜列式等布置形式。自然通风应采用阻力系数小、噪声低、易于操作和维修的进排风口或窗扇。严寒寒冷地区的进排风口还应考虑保温措施。采用自然通风的建筑，自然通风量的计算应同时考虑热压及风压的作用。若散发比空气密度小的毒物气体，采用天窗进行自然通风更合适。

与机械通风相比，自然通风不消耗机械动力。同时，在适宜的条件下又能获得巨大的通风换气量，是一种经济又安全的通风方式。设置在露天或敞开、半敞开式建筑中，可有效利用自然通风降低有害气体浓度。自然通风的缺点是对于密度较大的气体通风效果较差，或在车间内空气不易流动的地方，即使是密度较小的有害气体，通风效果也差，在这种地方作业时必须将机械通风和自然通风相结合。

（2）机械通风。机械通风主要是靠风机作为通风的动力，风机的高速旋转产生的风压强迫室内的空气流动，以达到通风的目的。机械通风适用于粉尘、有害气体浓度较高的车间厂房，当采用自然通风不能得到满意效果时，可通过机械强制通风来解决。

2. 按工作场所换气原则分类

分为局部通风和全面通风。

（1）局部通风。局部通风一般采用机械通风。局部通风是指毒物比较集中或工作人员经常活动的局部地区的通风。局部通风包括局部送风、局部排风、局部送排风系统。

① 局部送风。局部送风是指向局部工作地点送风，以提高工作地点的风速，使局部地带获得良好的空气环境或较低的空气温度。

在一些大型厂房，尤其是有大量余热的高温房间，采用全面通风难以保证室内所有地方都达到适宜的程度，而采用局部送风的办法可使车间中某些局部地区的环境得到改善，这是比较经济而又实惠的方法。当车间中操作点的温度达不到卫生要求时，应设置局部送风。局部送风可实现对局部地区的降温，而且增加空气流速可以改善局部地区的环境。局部送风宜设隔离操作室，人员和控制仪表在室内，设备在室外，操作室与厂房之间是半密闭状态。这种风送入室内，操作室内保持微正压状态，称为正压室。

② 局部排风。局部排风是指在集中产生有害物的局部地点，设置捕集装置将有害物排走，以控制有害物向室内扩散。

局部排风是直接从污染源处排除污染物的一种局部通风方式。当污染物集中于某处发生时，局部排风是最有效的治理污染物对人体和环境危害的通风方式。如果这种场合采用全面通风方式，反而使污染物在室内扩散；当污染物发生量大时，所需的稀释通风量过大而难以实现。

局部排风采用的形式有设置隔离室、通风橱或吸气罩。毒物集中产生的设备可以安装于隔离室内，隔离室内采用引风机排风并保持负压。采用吸气罩或通风橱比隔离室从成本上来看更节约。在通风橱或吸气罩附近空间保持微负压，有害物产生后立刻被引风机吸入并随空气排至室外。

局部排风系统的划分应该遵循下面的原则：毒物性质相同或相似、工作时间相同且毒物散发点相距不远时，可合为一个系统；不同毒物相混可产生或可燃、或易爆、或有毒、或有腐蚀性、或容易蒸汽凝结并积聚粉尘时，应各自成为一个独立的系统，并且系统还应有阻燃、防爆、防腐蚀、防结露和排出冷凝水的措施。

③ 局部送排风。在化工生产中，有时为了满足需要，采用既有送风又有排风的通风设施，

既有新鲜空气的送入，又有污染空气的排出。这样，可以在局部地区形成一片风幕，阻止有害气体进入室内，比单纯局部排风更有效。

此外，对于化工生产过程中针对泄漏事故、火灾抢险等特殊情况时，宜采用泄漏事故排风和火灾事故抢救排烟等措施。当发生大量气体泄漏事故等紧急情况时，启动事故排风装置，将泄漏气体排出室外以避免二次事故。当发生火灾事故时，火灾事故抢救排烟可快速将烟尘排至室外，降低人员的伤亡。

（2）全面通风。全面通风又称稀释通风，它是对厂房进行通风换气。其原理是用一定量的清洁空气进入房间，稀释室内毒物，使其浓度达到卫生规范的允许浓度，并将等量的室内空气连同污染物排到室外。全面通风可采用全面排风、全面送风或二者结合的通风方式。全面送风与全面排风相结合的通风方式，往往用在门窗密闭、自行排风和进风比较困难的场所。

全面通风不适合用于产生粉尘、烟尘和烟雾的场所；对于低毒有害气体、有害气体散发量不大或操作人员离毒源比较远的厂房，采用全面通风能满足要求。对于有害气体毒性大、数量多及产生粉尘、烟尘、烟雾的场所，采用全面通风往往不能满足要求，需联合开展全面通风和局部通风。

（二）有毒物质的净化处理

净化处理通过采用燃烧、冷凝、吸收和吸附等净化工艺，处理含有毒物质的工艺气体，降低有毒物质的浓度，是一种重要的工艺措施。其还可结合环境保护工作，对于企业排放的废气、废液和固体废物中的有毒物质，进行无害化处理。

1. 燃烧净化

燃烧净化是指将有害气体、蒸气或烟尘等毒物通过焚烧使之变为无害物质，主要应用于碳氢化合物和有机溶剂的净化处理。常用的燃烧净化形式有直接燃烧、热力燃烧及催化燃烧等。

2. 冷凝净化

冷凝净化是把蒸汽从空气中冷却凝结为液体的一种净化方法。该方法只适用于蒸汽状态的有害毒物。净化形式主要有直接法和间接法，直接法使用的是接触冷凝器，间接法一般使用表面冷凝器。该方法的优点是所需设备和操作条件比较简单，缺点是单独使用冷凝法难以达到卫生要求，越高的净化程度所需要的冷凝温度越低，操作费用也越大。因此一般与其他处理工艺相结合。

3. 吸收和吸附

吸收是化学工业中重要的单元操作之一，在有毒物质的净化处理中也有重要应用。利用气相混合物中的溶质在吸收剂中的溶解度不同，从而选择性地吸收有毒物质，防止对人体的毒害及对环境的污染。

吸附清除空气中低浓度的气体毒物时，通常采用吸附剂进行吸附。一般要求吸附剂有良好的选择吸附性能、大的比表面积以保证吸附量、良好的再生能力和使用寿命。

第四节　职业卫生

一、职业卫生技术

化工企业的职业卫生主要包括防尘，防毒，物理性危害的防护（辐射、噪声等）和防灼伤等。

（一）防尘技术

1. 粉尘及其危害

粉尘是指能较长时间悬浮在空气中的微小固体颗粒，是污染作业环境、损害劳动者健康的重要职业性有害因素，可引起多种职业性疾患。按照生产性粉尘的性质，可概括为两大类：无机粉尘和有机粉尘。粉尘主要通过呼吸道进入体内，可使机体产生不同的病理改变。粉尘作业可导致的职业病主要有尘肺、职业性急性变态反应性肺泡炎、棉尘病等。

2. 粉尘危害防护

粉尘的防护对策应对工艺、工艺设备、物料、操作条件及方式、职业健康防护设施、个人防护用品等技术措施进行优化、组合，采取综合治理。

（1）采用新工艺、新技术，在工艺和物料方面选用不产生粉尘的选择，使生产过程中不产生或少产生粉尘。

（2）限制、抑制粉尘和粉尘扩散。采取密闭管道输送、密闭设备加工，并在负压状态下生产，以防止粉尘泄漏到环境中。对亲水性、弱黏性粉尘应尽量采取加湿、喷雾、喷蒸汽等措施，减少在粉碎、运输、筛分、混合过程中的粉尘量。

（3）局部排风，对空气中的粉尘浓度进行稀释，并将污染的空气排出室外，使作业场所的有害粉尘稀释到相应的最高容许浓度。

（4）个人防护，作业环境粉尘浓度仍然达不到标准要求的，必须采取佩戴呼吸防护器等个人防护措施，是防尘技术实施中重要的辅助措施，也是防止粉尘进入人体的最后屏障。尤其是在其他防尘措施跟不上的情况下，正确穿戴和使用防护用品尤为重要，因此要教育职工在工作中必须正确穿戴和使用防护用品。

（5）对作业环境的粉尘浓度实施定期检测，目的是检查作业环境的粉尘浓度是否在国家标准规定的允许范围之内。

（6）释放粉尘的设备最好单独集中布置，对作业场所的粉尘危害情况和粉尘设施进行定期检测，发现问题要及时处理。

（二）辐射危害及防护

辐射根据其产生的原理一般分为电离辐射和非电离辐射两类。电离辐射包括α、β、γ射线，X射线等。非电离辐射是指能量比较低，并不能使物质原子或分子产生电离的辐射。非电离辐射包括低能量的电磁辐射，有紫外线、光线、红外线、微波及无线电波等。

1. 电离辐射危害及防护

在电离辐射作用下，机体的反应程度取决于电离辐射的种类、剂量、照射条件及机体的敏感性。电离辐射是对机体的全身性反应，会导致几乎所有器官、系统均发生病理改变，以神经系统、造血器官和消化系统的损伤最为明显。电离辐射对机体的损伤可分为急性放射性损伤和慢性放射性损伤。短时间内接受一定剂量的照射，可引起机体的急性放射性损伤。而较长时间内分散接受一定剂量的照射，可引起慢性放射性损伤，如皮肤损伤、造血障碍、白细胞减少、生育力受损等。另外，过量的辐射还可以致癌，或引起胎儿的死亡和畸形。

对于电离辐射的危害，主要有以下几点防护措施。

（1）屏蔽防护。屏蔽防护是最重要的防护措施，储存和使用放射性物质时都必须对其进行屏蔽。选择屏蔽材料的种类和厚度取决于辐射物类型及屏蔽外面允许的剂量率等。常用的屏蔽材料有铅、钢筋水泥、铅玻璃等。

（2）距离防护。放射性物质的辐射强度与距离的平方成反比，与放射源的距离越大，受到的照射量就越小。所以在工作中要尽量远离放射源，来达到防护目的。

（3）时间防护。不论何种照射，人体受照累计剂量的大小与受照时间成正比。接触射线时间越长，放射危害越严重。因此要尽量缩短从事放射性工作时间，以达到减少受照剂量的目的。

（4）个人防护。进入有辐射污染的场所时应穿戴防护服、手套、鞋帽、面罩、目镜，有时需戴呼吸器等保护措施；工作期间禁止进食、饮水；离开时要彻底清洗身体暴露部分等。

（5）报警防护。设置自动报警装置，电离辐射强度超标时，报警装置启动，保证人员能够及时撤离。

2. 非电离辐射危害及防护

紫外线照射皮肤时，可引起血管扩张，出现红斑，过量照射可产生弥漫性红斑，并可形成小水泡和水肿，长期照射可使皮肤干燥、失去弹性和老化。为预防紫外线的危害，应增大与辐射源的距离；佩戴专用的防护面罩或眼镜及适宜的防护手套，不得有裸露的皮肤；临时操作时，应使用移动围幕围住作业区，以免人员受到紫外线照射。

红外线照射皮肤时，大部分被皮下组织吸收使局部加热，皮肤温度升高，血管扩张，出现红斑反应，反复照射时局部可出现色素沉着。过量的红外线照射，可引起皮肤急性灼伤，短波红外线的灼伤作用较长波红外线强。预防红外线伤害主要依靠穿戴防护服和防护帽，严禁裸眼看强光。生产中应戴绿色玻璃防护镜，镜片中需含有氧化亚铁或其他过滤红外线的有效成分。

激光能灼伤生物组织，尤其对视网膜的灼伤最多见。因此严禁裸眼观看激光束，确定操作区及危险带并要有醒目的警告牌，要佩戴合适的防护眼镜、防护手套。防激光罩要用耐火材料制成，防激光罩的开启应与光束制动阀、光束放大系统截断装置联动。

总之，非电离辐射的防护需要对辐射源进行屏蔽，其次是加大操作距离、缩短工作时间及加强个人防护。

（三）噪声危害防护

1. 噪声的危害

噪声对人体的危害是全身性的，可以引起听觉系统的变化，也可以对非听觉系统产生影响。影响的早期主要是生理性改变，长期接触比较强烈的噪声可以引起病理性改变，可能对神经系统、内分泌系统、心血管系统、视觉系统和消化系统产生影响，诱发多种疾病。

（1）暂时性听阈位移。暂时性听阈位移是指人或动物接触噪声后引起暂时性的听阈变化，脱离噪声环境后经过一段时间听力可恢复到原来水平。

（2）永久性听阈位移。永久性听阈位移指噪声或其他有害因素导致的听阈升高，不能恢复到原有水平。出现这种情况的原因是听觉器官发生器质性的变化。永久性听阈位移又可分为听力损失、噪声性耳聋以及爆震性声损伤。

2. 噪声的防护

① 声源控制。采用合理操作方法等，降低声源的噪声功率，例如通过技术革新，把发声机器改造为不发声或发小声的机器。

② 传播途径控制。一是改变声源发射方向和控制噪声传播方向；二是建立隔声屏障；三是应用吸声材料和吸声结构，将传播中的噪声声能转变为热能。

③ 个人防护。一是佩戴个人防护用品，如耳塞、耳罩和防噪声帽盔；二是减少在噪声环境

中的作业时间。

（四）灼伤及其防治

1. 灼伤及其分类

（1）热力烧伤。包括由火焰、热水、蒸汽、爆炸、热气流、热液、电火花和直接接触热物（如火炉）所引起的损伤，称之为热力烧伤。

（2）化学烧伤。是由身体接触到腐蚀性化学物质而引起的损伤，主要是强酸强碱。由于酸很快使蛋白质凝固形成屏障，且易于被组织液中和，而碱则使蛋白水解、液化，继发感染，因此碱烧伤较酸烧伤更难处理。

（3）电烧伤。常引起广泛的组织凝固性坏死。组织的电阻强弱影响其受损的程度，电阻低的组织更易于受损。体内各组织电阻由小到大排列顺序为：血管、神经、肌肉、皮肤、脂肪、肌腱和骨组织。电烧伤的特点是电流入口和出口可能很小，但内部则有广泛的损害，易发生并发症。

2. 灼伤的预防

（1）预防设备管道的腐蚀并做好设备管道的密封工作，防止腐蚀性液体泄漏。

（2）腐蚀性液体物料要防止溢出，必要时可设置液位自动控制或自动溢流装置。

（3）腐蚀性液体的取样口尽量设置在压力较低的容器上，高温物料的取样应经冷却。取样时要小心开启取样阀门，避免大量液体飞溅。

（4）有关操作人员在处理或检修可能发生酸、碱物质喷溅的场所时，应穿戴全身防护衣，戴耐酸碱手套，同时佩戴防护面罩或防护眼镜。

（5）具有化学灼伤危险的作业区，必须设置应急洗眼冲淋装置，如洗眼器、淋洗器等安全防护措施，以便在化学灼伤后能在最短时间内得到冲洗，并设置救护箱。

（五）高温危害及防护

1. 高温危害

在化工生产中，存在大量高温作业岗位。如催化裂化装置的"三机"岗位、焦化装置的渣油泵房；各类加热炉、裂解炉、锅炉、焙烧炉等；烯烃聚合生产过程的聚合岗位和热切粒岗位；化纤装置的牵伸、干燥等岗位；浇铸、锻压等岗位。高温可使人产生不适，工作效率下降，甚至引发衰竭，所以在气温高、湿度大或有强烈辐射热的环境工作时，特别是在炎热夏季，做好防暑降温工作显得尤为重要。

2. 高温防护

消除高温职业危害，应优先改革工艺设计，减少生产过程中热和水蒸气的释放。其次，应采用有利于隔热、通风、降温的设计。

（1）合理设计工艺流程，改进生产设备和操作方法是改善高温作业劳动条件的根本措施。热源应尽量布置在车间外面，实现远距离自动化操作。

（2）隔热是防止热辐射的重要措施，可以利用水或导热系数小的材料进行隔热，其中尤以水的隔热效果最好，水的比热大，能最大限度地吸收辐射热。

（3）通风降温，采用局部或全面机械通风，或强制送入冷风来降低作业环境温度。

（4）个人防护。高温工人的工作服，应以耐热、导热系数小且透气性能好的织物制成。为防止辐射热，可用白帆布或铝箔制的工作服。工作服宜宽大又不妨碍操作。此外，按不同作业的需要，供给工作帽、防护眼镜、面罩、手套、鞋盖、护腿等个人防护用品。特殊高温作业工人，如炉衬热修、清理钢包等工种，为防止强烈热辐射的作用，须佩戴隔热面罩和穿着隔热、阻燃、通风的防热服，如喷涂金属（铜、银）的隔热面罩、铝膜隔热服等。

（六）机械伤害及防护

1. 机械伤害

机械伤害是化工行业比较常见的安全事故，如各种单元操作中常用的机械设备，这些机械设备运动（静止）部件、工具、加工件直接与人体接触后，会造成搅伤、挤伤、压伤、碾伤、被弹出物体打伤、磨伤等伤害。机械伤害的主要原因有以下三点：一是人为的不安全因素；二是机械设备本身的缺陷；三是操作环境不良。

2. 机械伤害的防护

防止机械伤害事故的发生，必须从安全管理工作入手，防止出现人的不安全行为，消除动机械的不安全因素。

（1）针对不同的动机械，制定严格的操作规程，加强技术培训和安全教育。注意操作者个人防护，如穿戴符合要求的防护服和安全帽；在危险部位设置警示和标志。

（2）要加强动机械的管理、维修、保养工作，保证动机械处于安全状态。要特别注意保证动机械的防护设施齐全、有效，如皮带轮防护罩和联锁装置等不可随意拆除。设备应尽可能装设安全联锁装置，如在风险较大的机械伤害操作岗位上，增设保护措施或多方位自动或手动紧急刹车装置。此外，还要消除噪声干扰、照明光线不良、无通风、温湿度不当、场地狭窄、布局不合理等不安全因素。

（3）检修作业过程中也要预防机械伤害，例如，高空作业防止发生砸伤，吊装作业防止发生碰伤等。

（七）电气伤害及防护

1. 电气伤害

电气伤害主要有两种形式：电击和电伤，二者往往同时发生。电击是电流通过人体，破坏人的心脏、中枢神经系统、肺部等重要器官的正常工作，从而对人体造成伤害。人体触及带电导线、漏电设备的外壳等其他带电体，或受到雷击或电容放电，都可能导致电击。人体遭受电击所产生的效应和后果的严重程度受电流大小、持续时间、电流通过人体的路径及电流的种类等的影响，轻者有打击疼痛感，重者致死。

电伤是电流的热效应、化学效应或机械效应对人体造成的伤害。电伤包括电弧烧伤、烫伤，电烙印，电气机械性伤害，电光眼等不同形式的伤害。与电击相比，电伤多属局部性伤害，但电伤往往与电击同时发生。

2. 电气伤害的防护

（1）强电设备或弱电设备，交流设备或直流设备，低压设备或高压设备，均应采用不同方式的接地措施。安全接地措施主要有保护接地、重复接地、防雷接地等。

（2）保护接地是将设备金属外壳接地线、接地体与大地紧密连接起来，其主要作用是将漏电设备外壳的对地电压限制在安全范围之内，防止高电压击伤人体。采用保护接地时，接地电阻必须符合要求。

（3）安装漏电保护装置，以使电路发生故障时能迅速断开。漏电保护只能作为附加保护，即安装漏电保护装置以后不得取消电气设备或电气线路的原有防护措施。漏电保护装置分为电压型、零序电流型、中性点型和泄漏电流型，其主要区别是检测结构的检测信号不同。

(4) 对于低压中性点直接接地的三相四线配电网，电气设备外壳应当采取保护接地或接零措施。

(5) 正确采取屏护隔离和间距措施，以阻止人或车辆接近或进入电气设备，并设置警告牌。

二、劳动防护

劳动防护是人在生产和工作中为防御物理、化学、生物等外界有害因素伤害人体而采取的防护措施。当技术措施尚不能消除生产中的危险和有害因素时，劳动防护是防御外来伤害、保证从业人员安全和健康的最后屏障。

（一）劳动防护用品及分类

1. 头部防护用品

头部防护用品是为了防御头部不受外来物体打击和其他因素危害而配备的个人防护装备。根据防护功能要求，目前主要有一般防护帽、防尘帽、防水帽、防寒帽、安全帽、防静电帽、防高温帽、防电磁辐射帽、防昆虫帽等产品。

2. 眼面部防护用品

眼面部防护用品是预防烟雾、尘粒、金属火花和飞屑、热、电磁辐射、激光、化学飞溅等伤害眼睛或面部的个人防护用品。眼面部防护用品种类很多，根据防护功能，大致可分为防尘、防水、防冲击、防高温、防电磁辐射、防射线、防化学飞溅、防风沙、防强光九类。

3. 听力防护用品

听力防护用品根据其结构形式的不同，大致可分为 3 大类：能插入外耳道的耳塞；能够将整个外耳郭罩住的耳罩；有护耳罩的防噪声帽。听力防护用品能使外来的噪声衰减，以达到保护听力的目的。

4. 呼吸防护用品

呼吸防护用品有多种分类形式，按防护功能主要分为防尘口罩和防毒口罩（面罩）；按形式又分为过滤式和隔离式两类；按供气原理和供气方式分为自吸式、自给式和动力送风式三类；按防护部位及气源与呼吸器官的连接方式分为口罩式、口具式、面具式三类；按人员吸气环境可分为正压式和负压式两类。

5. 手臂防护用品

手的防护是指劳动者根据作业环境中的有害因素佩戴特制手套，以防止各种有害因素伤手事故的发生。手/手臂按防护部位分为防护手套和防护袖套，分别可以保护肘以下（主要是腕部以下）手部和前臂或全臂免受伤害。

按手套形状分为五指手套、三指手套、连指手套、直形手套和手形手套；按使用特性分为带电作业用绝缘手套、耐酸（碱）手套、防 X 射线手套、防机械伤害手套、防静电手套、防热辐射手套和防切割手套。防护袖套按使用特性分为防辐射热袖套和防酸碱袖套。

6. 躯体防护用品

躯体防护用品用于防御物理、化学和生物等外界因素伤害躯体。如阻燃防护服、防静电工作服、防酸工作服、焊接工作服、防水服、防尘服、防热服等。

7. 足腿防护用品

足腿防护用品用于防御作业中物理、化学、生物和机械等外界因素伤害足、小腿部。主要有物体砸伤或刺伤、高低温伤害、化学性伤害、触电伤害与静电伤害等。根据防护部位和防护功能，足腿防护用品分为护膝用品、护腿用品、足护盖用品和防护鞋（靴）四类。如保护足趾安全鞋（靴）、胶面防砸安全靴、防刺穿鞋、电绝缘鞋、防静电鞋、导电鞋、耐酸碱鞋（靴）、高温防护鞋、焊接防护鞋和防震鞋等。

8. 皮肤防护用品

用于防御物理、化学、生物等有害因素损伤皮肤（主要是面、手等外露部分）或经皮肤引起疾病。按照防护性能一般可分为护肤剂、护肤膏和清洁剂。护肤剂涂抹在皮肤的表面，能阻隔化学、物理因素的危害；护肤膏能防止有害物质的伤害，可防水溶性刺激物、防脂溶性刺激物、防溶剂等；清洁剂是为了清洗沾染在皮肤上的有害物质。

9. 坠落防护用品及其他防护用品

根据 GB/T 23468—2009《坠落防护装备安全使用规范》。坠落防护用品主要有安全带、安全绳、安全网三种。

安全带是防止高处作业人员发生坠落或发生坠落后将作业人员安全悬挂在空中的防护用品。在距坠落高度基准面 2m 及 2m 以上，有发生坠落危险的场所作业时，应使用坠落安全带或区域限制安全带。安全带主要由带体、安全配绳、缓冲包和金属配件等组成。安全带按使用方式和使用环境不同，可以分为围杆作业安全带、区域限制安全带和坠落悬挂安全带三类。

安全绳是一种用于连接安全带的辅助用绳，它的功能是二重保护，确保安全。安全绳的种类有普通安全绳、带电作业安全绳、高强度安全绳、特种安全绳等。

安全网是用来防止人、物坠落，或用来避免、减轻坠落及物击伤害的网具。安全网一般由网体、边绳、系绳等组成。在施工中，如工作平面高于坠落高度基准面 3m 及 3m 以上，就应在坠落危险的部位张挂安全平网。在实际作业中，应选择多种坠落防护装备配合使用，以达到更好的坠落防护效果。

此外，劳动防护用品还有如防滑垫、救生衣、反光警示服、登高板等，属于不能按照部位进行分类的防护用品。

（二）劳动防护用品的选用

《中华人民共和国安全生产法》规定："生产经营单位必须为从业人员提供符合国家标准或行业标准的劳动防护用品。"《职业病防治法》规定："用人单位必须采用有效的职业病防护措施，并为劳动者提供个人使用的职业病防护用品"，并且"提供的职业病防护用品必须符合防治职业病的要求，不符合要求的不得使用。"

1. 劳动防护用品的选择

正确选用劳动防护用品是保护劳动者在生产过程中的安全和健康，确保安全生产的前提，是最后一道防线。为了保证劳动防护用品质量，我国特种劳动防护用品的生产实行生产许可证、安全鉴定证和产品合格证三证制度。

要根据工作场所有害因素（粉尘、毒物、物理有害、生物有害等），作业类别，有害物对人体作用部位等选择合适的劳动防护用品。要注意劳动防护用品的使用期限与作业场所环境、劳动防护用品使用频率、劳动防护用品自身性质等多方面因素有关，如耐腐蚀性能、损耗情况和耐用性能等，在不满足使用要求的情况下应予报废。此外，劳动防护用品需要穿戴舒适方便，不影响工作。

2. 劳动防护用品的发放

如何选用劳动防护用品，对于保护从业人员的生命安全与健康非常重要。为了指导用人单位合理配备、正确使用劳动防护用品，国家经济贸易委员会依据《中华人民共和国劳动法》，组织制定了《劳动防护用品配备标准（试行）》。劳动防护用品需要到定点经营单位或生产企业购买特种劳动防护用品，护品必须具有"三证"，即生产许可证、产品合格证和安全鉴定证。购买的护品须经本单位安全管理部门验收。按照护品的使用要求，在使用前对其防护功能进行必要的检查。

按照护品的使用规则和防护要求，劳动者要做到"三会"：会检查护品的可靠性；会正确使用护品；会正确维护保养护品，并进行监督检查。按照产品说明书的要求，及时更换、报废过期和失效的护品。建立、健全护品的购买、验收、保管、发放、使用、更换、报废等管理制度和使用档案，并切实贯彻执行必要的监督检查。

第十章　安全评价

安全评价是一个运用安全系统工程原理和方法，辨识和评价系统、工程中存在的风险的过程，包括危险、有害因素辨识及危险、危害程度评价等内容。作为现代安全管理的重要组成，安全评价体现了"以人为本"和"预防为主"的安全管理理念，是预防事故的重要手段，是生产经营单位安全生产工作的保障，是政府部门安全生产监督管理的需要，更是社会经济发展的必然要求。

第一节　安全评价概述

一、与安全评价相关的基本概念

（一）安全与危险

安全与危险是一对互为存在前提的术语。在安全评价中，主要指人和物的安全与危险。

安全是指系统处于免遭不可接受危险伤害的状态，泛指没有危险。安全的实质就是防止事故发生，消除导致死亡、伤害、急性职业危害及各种财产损失事件发生的条件。如果是从根源上消除或减少危险而不是通过附加的安全防护措施来控制风险，就是本质安全，这是安全生产的最高境界，是"预防为主"的根本体现。

危险是指系统处于容易受到损害或伤害的状态。危险是人们对事物的具体认识，必须明确对象，如危险环境、危险条件、危险物质、危险因素等。

（二）事故

事故是指造成人员死亡、伤害、职业病、财产损失或其他损害的意外事件。意外事件的发生可能造成事故，也可能并未造成任何损失。对于没有造成死亡、伤害、职业病、财产损失或其他损失的事件可称之为"未遂事件"或"未遂过失"。因此，意外事件包括事故事件，也包括未遂事件。

（三）风险

风险是对危险、危害事故发生的可能性与危险、危害事故严重程度的综合度量。衡量风险大小的指标是风险率（R），它等于事故发生的概率（P）与事故损失严重程度（S）的乘积，见式（10-1）。

$$R=PS \tag{10-1}$$

由于概率值难以取得，因此常用频率代替概率，这时式（10-1）可表示为式（10-2）。

$$风险率 = \frac{事故次数}{单位时间} \times \frac{事故损失}{事故次数} = \frac{事故损失}{单位时间} \tag{10-2}$$

式中，单位时间可以是系统的运行周期，也可以是一年或几年；事故损失可以表示为死亡人数、损失工作日数或经济损失等；风险率可以定量表示为百万工时死亡事故率、百万工时总事故率或千人经济损失率等。

（四）事故隐患与危险源

事故隐患是指作业场所、设备及设施的不安全状态，可分为一般事故隐患和重大事故隐患。一般事故隐患是指危害和整改难度较小，发现后能够立即整改排除的隐患。重大事故隐患是指危害和整改难度较大、应当全部或者局部停产停业并经过一定时间整改治理方能排除的隐患，或者因外部因素影响致使生产经营单位自身难以排除的隐患。

危险源是指可能造成人员伤害、疾病、财产损失、作业环境破坏或其他损失的根源或状态。它的实质是具有潜在危险的源点或部位，是爆发事故的源头，是能量、危险物质集中的核心。可能导致重大事故发生的危险源就是重大危险源。《中华人民共和国安全生产法》对重大危险源做出了明确的规定：长期地或者临时地生产、搬运、使用或者储存危险物品，且危险物品的数量等于或者超过临界量的单元（包括场所和设施）。

事故隐患与危险源不是等同的概念。事故隐患的实质是不安全的状态，既包括作业场所、设备设施等"物"的不安全状态，也包括"人"的不安全行为和管理缺陷等。而危险源可能存在事故隐患，也可能不存在事故隐患。当危险源被人为干预而处于实际受控状态时，其"不安全"状态的危险程度大大降低，此时就不一定形成事故隐患。因此对事故隐患的控制管理必定与危险源相联系，对危险源的控制，实际就是消除存在的事故隐患或防止出现事故隐患。

（五）安全对策、措施

安全对策、措施是要求设计单位、生产单位、经营单位在建设项目设计、生产经营、管理中采取的消除或减弱危险、有害因素的技术措施和管理措施，是预防事故发生和保障整个生产、经营过程安全的对策、措施。安全对策、措施包括安全技术措施和安全管理措施两类。

（六）系统和系统安全

系统是由若干个相互联系、为了达到一定目的而具有独立功能的要素所构成的有机整体，其构成包括人员、物质、设备、资金、任务指标和信息六个要素。系统安全则是指在系统寿命周期内应用系统安全工程和管理方法，识别系统中的危险源，定性或定量其危险性，采取控制措施使其危险性最小化，从而使系统在规定的性能、时间和成本范围内达到最佳的可接受程度。因此，在生产中为了确保系统安全，需要按系统工程的方法对系统进行深入分析和评价，及时发现固有的和潜在的各类危险和危害，提出应采取的解决方案和途径。

（七）安全系统工程

安全系统工程是以预测和防止事故发生为中心，以识别、分析、评价和控制安全风险为重点的安全理论和方法体系。它将工程、系统中的安全问题看作一个整体，应用科学的方法对构成系统的各个要素进行全面的分析，判明各种状况下危险因素的特点及其可能导致的灾害性事故，通过定性和定量分析，对系统的安全性作出预测和评价，将系统事故发生的可能性降至最低。因篇幅所限，安全系统工程方面的内容本书不做介绍。

二、安全评价的定义与分类

（一）安全评价的定义

安全评价是以实现工程和系统的安全为目的，应用系统安全工程原理和方法，辨识与分析工程、系统、生产经营活动中的危险、有害因素，预测发生事故和职业危害的可能性及其严重程度，提出科学、合理、可行的安全对策措施、建议，做出评价结论。

（二）安全评价的分类

安全评价通常根据工程、系统生命周期和评价目的分为三类：安全预评价、安全验收评价和安全现状评价。

1．安全预评价

安全预评价是在项目建设前，评价单位根据相关基础资料，运用安全评价的原理和方法，辨识和分析建设项目潜在的危险、有害因素，确定其与安全生产相关法律、法规、规章、标准、规范的符合性，预测发生事故的可能性及其严重程度，提出科学、合理、可行的安全对策、措施、建议，指导建设项目的初步设计，做出安全评价结论。形成的安全预评价报告将作为项目报批的文件之一，同时也是项目最终设计的依据文件之一。安全预评价报告主要提供给建设单位、设计单位、业主、政府管理部门，是落实安全生产"三同时"以及安全生产规划的技术支撑和保障。

2．安全验收评价

安全验收评价是在建设项目竣工、试生产运行正常、正式生产运行前，通过检查建设项目安全设施与主体工程"三同时"情况，检查安全管理措施到位情况、安全生产规章制度健全情况、事故应急救援预案建立情况以及建设项目是否满足相关安全生产法律、法规、规章、标准、规范的要求等，从整体上确定建设项目的运行情况和安全管理情况，做出安全验收评价结论。《中华人民共和国安全生产法》规定：生产经营单位新建、改建、扩建工程项目（以下统称建设项目）的安全设施，必须与主体工程同时设计、同时施工、同时投入生产和使用。安全验收评价是"三同时"的验证，是为安全验收进行的技术准备，形成的安全验收报告将作为建设单位向政府安全生产监督管理机构申请建设项目安全验收审批的依据。

3．安全现状评价

安全现状评价是针对企业在生产经营活动中的事故风险、安全管理等情况，辨识和分析其存在的危险、有害因素，检查确定其与相关安全生产法律、法规、规章、标准、规范要求的符合性，预测发生事故或造成职业危害的可能性及其严重程度，提出科学、合理、可行的安全对策、措施、建议，做出安全现状评价结论。

安全现状评价既适用于建设项目整体，也适用于某一特定的生产方式、生产工艺、生产装置或作业场所的评价。安全现状评价不受行业限制，任何行业、任何运营企业都可以做安全现状评价，这种对在用生产装置、设备、设施、储存、运输等安全管理状态进行的安全评价，是根据政府有关法规的规定或企业安全生产管理的要求进行的。安全现状评价还包括专项安全评价，专项安全评价属于政府在特定的时期内进行专项整治时开展的评价。

三、安全评价的目的和意义

安全评价的目的是通过查找、分析和预测工程或系统存在的危险、有害因素及其可能导致的危险、危害后果和程度，提出合理可行的安全对策、措施，指导危险源监控和事故预防，以达到最低事故率、最少损失和最优的安全投资效益。也就是说，安全评价的目的在于：促进实现本质安全化生产；实现全过程安全控制；建立系统安全的最优方案，为决策者提供依据；为实现安全技术、安全管理的标准化和科学化创造条件。

安全评价的意义在于可有效地预防事故发生，减少财产的损失和人员的伤亡和伤害，是实施国家"安全发展战略"的重要保障。安全评价与日常安全管理和安全监督监察工作不同，安全评价从技术带来的负效应出发，分析、论证和评估由此产生损失和伤害的可能性、影响范围、严重程度及应采取的对策、措施等。因此安全评价的意义包括以下五个方面：安全评价是安全生产管理的一个必要组成部分，有助于建立健全的安全生产责任体系；有助于政府安全监督管理部门对生产经营单位的安全生产实行宏观控制；有助于安全投资的合理选择；有助于提高生产经营单位的安全管理水平；有助于生产经营单位提高经济效益。

四、安全评价的依据

安全评价是一项政策性很强的工作，必须依据我国现行的法律、法规、标准、规范等进行，以保障被评价项目的安全运行，保障劳动者在劳动过程中的安全与健康。化工行业、企业安全评价常用的法律、法规、规章、标准、规范如下。

（一）法律、法规

1. 宪法

宪法的许多条文直接涉及安全生产和劳动保护问题，这些规定既是安全法律法规制定的最高法律依据，又是安全法律法规的一种表现形式。

2. 法律

指由国家立法机构以法律形式颁布实施的，如《中华人民共和国安全生产法》《中华人民共和国劳动法》《中华人民共和国职业病防治法》《中华人民共和国特种设备安全法》《中华人民共和国消防法》等。

3. 行政法规

指由国务院制定的安全生产行政法规，如《危险化学品安全管理条例》《安全生产许可证条例》《建设工程安全生产管理条例》《工伤保险条例》《特种设备安全监察条例》《易制毒化学品管理条例》《中华人民共和国监控化学品管理条例》《生产安全事故报告和调查处理条例》和《使用有毒物品作业场所劳动保护条例》等。

4. 部门规章

指由国务院有关部门制定的专项安全规章，如《建设项目安全设施"三同时"监督管理办法》《建设项目职业卫生"三同时"监督管理暂行办法》《危险化学品建设项目安全监督管理办法》《危险化学品生产企业安全生产许可证实施办法》《危险化学品重大危险源监督管理暂行规定》《生产安全事故应急预案管理办法》《特种设备作业人员监督管理办法》和《防雷减灾管理办法》等。此外还有地方性法规、地方性规章和国际法律文件。

（二）标准、规范

我国现有的安全标准包括国家标准和行业标准，按标准的性质可分为基础标准、管理标准、技术标准、方法标准和产品标准。化工行业企业涉及的安全标准主要有：《生产设备安全卫生设计总则》（GB 5083—1999）、《安全标志及其使用导则》（GB 2894—2008）、《化工企业定量风险评价导则》（AQ/T 3046—2013）、《建筑设计防火规范（2018版）》（GB 50016—2014）、《工业企业总平面设计规范》（GB 50187—2012）、《化工企业总图运输设计规范》（GB 50489—2009）、《石油化工企业设计防火标准》（GB 50160—2008）、《危险化学品重大危险源辨识》（GB 18218—2018）、《消防给水及消火栓系统技术规范》（GB 50974—2014）、《石油化工可燃气体和有毒气体检测报警设计标准》（GB/T 50493—2019）、《危险化学品企业特殊作业安全规范》（GB 30871—2022）、《生产过程安全卫生要求总则》（GB/T 12801—2008）等。

技术规范是由应急管理部等各部门负责颁布的各类安全生产规程，安全生产技术条件，安全评价通则、导则等。我国的安全评价规范体系包括安全评价通则和各类安全评价导则，与化工行业企业相关的有：《安全评价通则》（AQ/T 8001—2007）、《安全预评价导则》（AQ/T 8002—2007）、《安全验收评价导则》（AQ/T 8003—2007）、《危险化学品建设项目安全评价细则（试行）》等。

（三）风险判别指标

风险判别指标或判别准则的目标值是判别风险大小的依据，是用来衡量系统风险大小以及危险、危害性是否可接受的尺度。风险判别指标可以是定性也可以是定量的，常用的有安全系数、可接受指标、安全指标（包括事故频率、财产损失率和死亡概率等）或失效概率等。需要特别说明的是风险的可接受指标。世界上没有绝对的安全，所谓安全就是事故风险达到了合理可行并尽可能低的程度，风险应限定在一个合理的、可接受的水平上。因此风险判别指标往往是根据一个国家或行业的具体情况，对危险、危害后果及其发生的可能性、安全投资水平等因素进行综合、归纳和优化，依据相关标准或统计数据制定出危险、危害等级和指数，并以此作为要实现的目标值。

五、安全评价质量的限制因素

安全评价的结果已经成为生产经营单位安全生产管理以及安全生产监督管理部门进行监督检查的重要参考，但根据经验和预测技术、方法进行的安全评价在理论和实践上都还存在很多限制，因此在安全评价结果的基础上做出的安全管理决策的质量，就会受到对被评价对象的了解、危险可能导致事故的认识程度、采用安全评价方法的准确性等各种因素的影响。

（一）安全评价方法

安全评价方法多种多样，各有其适用对象，各有其优缺点，各有其局限性。许多方法是利用过去发生过的事件的概率和危害程度做出推断，而这些事件往往是高风险事件，高风险事件通常发生概率很小，概率值误差很大，如果利用高风险事件概率和危险度预测低风险事件概率和危险度很可能会得出不符合实际的判断。目前我国采用的评价方法很多来源于国外，一些指标参数并不是很符合我国实际。

（二）安全评价主客体

安全评价的主体是指承担安全评价工作的专家与技术人员。许多安全评价具有高度主观的性质，由于评价人员的业务素养不同，可能会得出不同的结果，结果的可靠性往往与评价人员的技术素质和经验相关。安全评价工作要求出具公正性的评价结论、数据，为保证其客观性、公正性，此工作由独立于政府监督管理部门和被评价单位的第三方中介机构进行。组成这些中介机构的人员素质直接关系到评价工作的质量。

安全评价的客体是安全评价的对象。我国是一个发展中国家，多种经济并存，地域之间发展也不平衡，造成同行业各单位水平不一，给行业、国家制定统一的评价标准带来困难。

第二节 安全评价的程序、内容及安全评价报告的编制

一、安全评价方法简介

（一）安全评价方法分类

安全评价方法是对系统中的危险性、危害性进行定性、定量安全分析评价的工具。安全评

价方法有很多种类，每种方法都有其适用范围和应用条件，对其进行分类的目的是为了根据安全评价对象和评价目标选择适用的评价方法，常用的是按评价结果的量化程度进行分类，可分为定性安全评价方法和定量安全评价方法。

1. 定性安全评价方法

定性安全评价方法是根据经验和直观判断能力对生产系统的工艺、设备、设施、环境、人员和管理等方面状况进行定性的分析，评价结果是一些定性的指标，如是否达到了某项安全指标、事故类别和导致事故发生的因素等。常用的定性安全评价方法有安全检查表、预先危险性分析法、故障假设分析法、故障类型和影响分析法、人的可操作性研究法等。定性安全评价方法评价过程简单，评价结果直观，容易理解，便于掌握，但因依靠经验而导致结果带有一定的局限性。

2. 定量安全评价方法

定量安全评价方法是用系统事故发生概率和事故严重程度来评价，通常基于大量的实验结果和广泛的事故资料统计分析获得的指标或规律（数学模型），对生产系统的工艺、设备、设施、环境、人员和管理等方面的状况进行定量的计算。评价结果是一些定量的指标，如事故发生的概率、重要度、事故的伤害（或破坏）范围、定量的危险性等。常用的方法有故障树分析法，概率安全评价法（事故树分析法、事件树分析法），作业条件危险性分析法，危险指数法等。定量安全评价方法的结果可以量化，具有可比性，便于决策，但评价过程很依赖于基础数据和数学模型，过程烦琐，且计算量大。

（二）安全评价方法简介

1. 安全检查表

安全检查表是指在评价过程中，事先将检查对象按系统或子系统顺序编制成表，再按照相关的法律法规和标准，以提问或打分的形式，对工程和系统中各种设备、设施、物料、工件、操作以及管理和组织措施中的危险和有害因素进行判别检查的方法。这种方法很少用于安全预评价，而常用于安全验收、现状、专项评价，适用于项目建设、运行过程的各个阶段。

2. 预先危险性分析法

预先危险性分析法是在设计、施工、维修和生产前，对危险物质和装置的主要区域进行分析，对系统中存在的危险性类别、出现条件、事故导致的后果进行分析的方法，其目的是识别系统中的潜在危险，确定其危险等级，防止危险发展成事故。该法通常用在对潜在危险了解较少和无法凭经验觉察的工艺项目初期阶段，用于工艺装置的初步设计、研究和开发。

3. 故障假设分析法

故障假设分析法是通过对某一生产工艺或操作过程的假设性提问来识别危险因素，分析可能产生的后果，并根据实际问题提出降低危险性的安全措施及建议的方法。通常由熟悉工艺的人员先审查工艺过程，提出一系列"如果……怎么办"的问题（故障假设），评价人员经过思考、讨论再回答问题，以此来发现可能潜在的事故隐患。该法应用范围很广，可用于工程、系统的任何阶段，它还可以与安全检查表结合，成为故障假设/检查表分析法。

4. 故障类型及影响分析法

故障类型及影响分析是安全系统工程的一种方法，根据系统可以划分为子系统、设备和元件的特点，按实际需要将系统进行分割，然后分析各自可能发生的故障类型及其产生的影响，以便采取相应的对策，提高系统的安全可靠性。该法主要用在产品或系统的设计和研发阶段，在安全评价中常用此法对设备、硬件和装置进行分析评价。

5. 危险和可操作性研究法

危险和可操作性研究法是针对化工装置而开发的危险性评价方法，是以关键词为引导，分析讨论生产过程中工艺参数的偏差、偏差产生的原因和后果及可采取的对策的评价方法。危险和可操作性研究法与其他安全评价方法的明显不同之处是其他方法可由某人单独去做，而危险和可操作性分析则必须由背景各异的专家组成的小组来完成。该法特别适合分析化工系统（连续或间歇化工过程）装置的设计审查和运行过程。

6. 故障树分析法

故障树分析法是以系统可能发生或已发生的事故（称为顶事件）作为分析起点，将导致事故发生的原因事件按因果逻辑关系以树形图表示出来，构成一种逻辑模型，然后定性或定量地分析事件发生的各种可能途径及发生的概率，找出最佳安全方案和对策。其中的顶事件通常是由故障假设、危险和可操作性研究等方法识别出来。该法应用范围广，非常适合重复性高的系统。

7. 事件树分析法

事件树分析法是用来分析普通设备故障或过程波动（称为初始事件）导致事故发生的可能性的方法，它是从一个初始事件开始，交替考虑成功与失败的两种可能性，接着再以这两种可能性为初始事件进行分析，如此持续直至找到最后结果。该法常用于分析系统故障、设备失效、工艺异常等方面。

8. 作业条件危险性评价法

作业条件危险性评价法是作业人员在具有潜在危险性环境中进行作业时的一种危险性半定量评价方法。该评价方法中，影响作业条件危险性的因素是 L（事故发生的可能性）、E（人员暴露于危险环境的频繁程度）和 C（一旦发生事故可能造成的后果）。用这三个因素分值的乘积 $D = L \times E \times C$ 来评价作业条件的危险性，D 值越大，作业条件的危险性越大。该法一般用于作业现场的局部性评价，不适用于整体、系统的完整评价。

9. 危险指数法

危险指数法是通过对几种工艺现状及运行的固有属性进行比较计算，确定各种工艺危险特性的重要性，并根据评价结果，确定进一步评价的对象的评价方法。危险指数法使用形式多样，可用于定性或定量分析，可用于工程项目的各个阶段（可行性研究、设计、运行等）。常用的危险指数法有道化学火灾、爆炸危险指数评价法、蒙德火灾、爆炸、毒性指数评价法等。

二、安全评价的程序和内容

（一）安全评价的程序

安全评价的程序按照《安全评价通则》（AQ/T 8001—2007）、《安全预评价导则》（AQ/T 8002—2007）、《安全验收评价导则》（AQ/T 8003—2007）和《危险化学品建设项目安全评价细则（试行）》等相关要求执行。安全评价的基本程序主要包括：前期准备，辨识与分析危险、有害因素，划分评价单元，定性、定量评价，提出安全对策、措施、建议，做出安全评价结论，编制安全评价报告。

1. 前期准备

明确被评价对象，备齐有关安全评价所需的设备、工具，收集国内外相关法律法规、技术标准及被评价对象的技术资料。

2．辨识与分析危险、有害因素

根据被评价对象的具体情况，辨识和分析危险、有害因素，确定其存在的部位、存在的方式、事故发生的途径及其变化的规律。

3．划分评价单元

在辨识和分析危险、有害因素的基础上，划分评价单元。评价单元的划分应科学、合理，便于实施评价，相对独立且具有明显的特征界限。

4．定性、定量评价

根据评价单元的特征，选择合理的评价方法，对评价对象发生事故的可能性及其严重程度进行定性、定量评价。

5．提出安全对策、措施、建议

依据危险、有害因素辨识结果与定性、定量评价结果，遵循针对性、技术可行性、经济合理性的原则，提出消除或减弱危险、有害因素的技术和对策、措施、建议。对策、措施、建议应具体翔实、具有可操作性。

6．做出安全评价结论

根据客观、公正、真实的原则，严谨、明确地做出评价结论。

7．编制安全评价报告

依据安全评价的结果编制相应的安全评价报告。安全评价报告是安全评价过程的具体体现和概括性总结，是评价对象完善自身安全管理、实现安全运行的技术性指导文件。

（二）安全评价的主要内容

1．危险、有害因素的辨识

危险、有害因素也称危险源。危险因素指能对人造成伤亡或对物造成突发性损害的因素，如火灾、爆炸等；有害因素指能影响人的健康导致疾病，或对物造成慢性损害的因素，如噪声、粉尘等。一般情况下二者并不加以区分而统称为危险、有害因素，主要指客观存在的危险、有害物质或能量超过临界值的设备、设施和场所等。

（1）危险、有害因素的分类。根据《生产过程危险和有害因素分类与代码》（GB/T 13861—2022），生产过程的危险、有害因素可分为人的因素、物的因素、环境因素和管理因素。参照《企业职工伤亡事故分类》（GB 6441—1986），综合考虑起因物、引起事故的诱导性原因、伤害方式等，将危险因素分为 20 类，化工企业可能发生的事故类型主要有物体打击、车辆伤害、机械伤害、起重伤害、触电、淹溺、灼烫、火灾、高处坠落、坍塌、锅炉爆炸、容器爆炸、其他爆炸、中毒和窒息等。

（2）化工过程危险、有害因素的辨识。对于化工生产过程，可以事先对危险、有害因素进行识别，找出可能存在的危险、危害，进而采取相应的措施（如修改设计、增加安全设施等），从而可以大大提高化工生产过程和系统的安全性。危险、有害因素辨识的内容主要包括以下几个方面：①危险的组分（如燃料、爆炸物、毒物的结构材料、压力系统等）；②环境的约束条件（如坠落、冲击、振动、高温、噪声、着火、雷击、静电等）；③系统构成中与安全问题有关的内容（如着火及爆炸的开始、材料的兼容性等）；④使用、试验、维修与应急程序（如人机工程、操作者功能、设备布局、照明要求、紧急出口、营救等）；⑤设施、保障设备（如可能包含毒物、可燃物、爆炸物、腐蚀性等）；⑥安全设备、安全措施和可能的备选方法（如联锁保护、人员防护设备等）。

在进行危险、有害因素的识别时，为防止出现漏项，通常按厂址、总平面布置、道路及运输、建（构）筑物、生产工艺、生产设备和装置、作业环境、安全管理措施等方面进行。识别的过程实际上就是系统安全分析的过程。

① 厂址。从厂址的工程地质、地形地貌、水文、气象条件、周围环境、交通运输条件、自然灾害、消防支持等方面分析识别。

② 总平面布置。从功能分区，防火间距和安全间距，风向，建筑物朝向，危险有害物质设施，动力设施（氧气站、乙炔气站、压缩空气站、锅炉房、液化石油气站等），道路、储运设施等方面进行分析识别。

③ 道路及运输。从运输、装卸、消防、疏散、人流、物流、平面交叉运输和竖向交叉运输等方面进行分析识别。

④ 建筑物。从厂房的生产火灾危险性分类、耐火等级、结构、层数、占地面积、防火间距、安全疏散等方面进行分析识别。从库房储存物品的火灾危险性分类、耐火等级、结构、层数、占地面积、安全疏散、防火间距等方面进行分析识别。

⑤ 生产工艺。对新建、改扩建项目的设计阶段危险、有害因素进行分析识别。在进行安全现状评价时，针对行业、企业特点按照相应的安全标准及规程进行分析识别，还要根据典型的单元操作过程进行危险、有害因素的分析识别。单元操作中的危险性往往是由物料的危险性决定的。

⑥ 生产设备和装置。从高温、低温、高压、腐蚀、振动、关键部位的备用设备、控制、操作、检修和故障、失误时的紧急异常情况等方面进行识别。对机械设备可从运动零部件和工件、操作条件、检修作业、误运转和误操作等方面进行识别。对电气设备可从触电、断电、火灾、爆炸、误运转和误操作、静电、雷电等方面进行识别。另外，应注意识别高处作业设备，特种设备（如锅炉、压力容器和管道、起重设备）等的危险、有害因素识别。

⑦ 作业环境。注意识别存在毒物、噪声、振动、高温、低温、辐射、粉尘及其他有害因素的作业部位。

⑧ 安全管理措施。可以从安全生产管理组织机构、安全生产管理制度、事故应急救援预案、特种作业人员培训、日常安全管理等方面进行识别。

（3）危险化学品重大危险源辨识。防止重大化工生产事故发生的第一步就是辨识或确认企业或建设项目的重大危险源。目前我国采用《危险化学品重大危险源辨识》（GB 18218—2018），对危险化学品重大危险源进行辨识，指标是单元内存在的危险化学品的危险特性及其数量，主要分为以下两种情况。

① 单元内存在的危险化学品为单一品种时，则该危险化学品的数量即为单元内危险化学品的总量，若等于或超过相应的临界量，则定为重大危险源。

② 单元内存在的危险化学品为多品种时，按下式计算，若满足下式，则定为重大危险源：

$$q_1/Q_1 + q_2/Q_2 + \cdots + q_n/Q_n \geq 1$$

式中　q_1，q_2，q_n——每种危险化学品实际存在的量，t；

　　　　Q_1，Q_2，Q_n——与各危险化学品相对应的临界量，t。

危险化学品单位应当对重大危险源进行安全评估并确定重大危险源等级。根据危险程度，重大危险源等级分为一级、二级、三级和四级，一级为最高级别。

2. 评价单元划分

在对一个项目或系统进行安全评价时，一般先按一定原则将其分成若干有限的、范围确定的评价单元，然后分别进行评价，最后再综合整个系统的评价。评价单元划分的目的是方便评价工作的进行，简化评价工作，减少评价工作量，避免遗漏，提高评价的准确性。划分评价单元时，一般将生产工艺、工艺装置、物料的特点和特征与危险、有害因素的类别、分布有机结合来进行，还可以按评价的需要将一个评价单元再划分为若干子评价单元或更细致的单元，也可依据评价方法的规定来划分评价单元。常用的划分方法有以下两类：一是以危险、有害因素的类别为主划分评价单元，如化工厂可将火灾爆炸作为一个评价单元，将有毒物质、粉尘作业作为一个评价单元；二是以装置和物质特征划分评价单元，如按装置的工艺功能划分为原料储存、反应、分离、产品储存和运输装卸等评价单元。

3. 安全对策、措施

在对项目或系统进行了综合的安全评价之后，如果发现了危险、有害的因素，就应在项目设计、生产经营和管理中采取相应的措施，以消除或减弱危险、有害因素。所以，安全对策、措施是安全评价的重要内容之一，制定安全对策、措施是预防事故、控制和减少事故损失、保障整个生产和经营过程安全的重要手段。安全对策、措施主要包括安全技术对策、措施，安全管理对策、措施和事故应急救援预案三个方面。

(1) 安全技术对策、措施。安全技术对策、措施的原则是优先应用无危险或危险性较小的工艺和物料，广泛采用综合机械化、自动化生产装置（生产线）和自动化监测、报警、排除故障和安全联锁保护等装置，实现自动化控制、遥控或隔离操作。尽可能防止操作人员在生产过程中直接接触可能产生危险因素的设备、设施和物料，使系统在人员误操作或生产装置（系统）发生故障的情况下也不会造成事故的综合措施是应优先采取的对策。安全技术对策、措施的主要内容有：厂址、厂区布置对策、措施；防火、防爆对策、措施；机械伤害对策、措施；特种设备对策、措施；电气安全对策、措施；有毒、有害因素对策、措施（包括尘、毒、窒息、噪声和振动等）；其他安全对策、措施（包括高处坠落、物体打击、安全色、安全标志等）。

(2) 安全管理对策、措施。安全管理对策、措施通过一系列管理手段将企业的安全生产工作整合、完善、优化，将人、机、物、环境等涉及安全生产工作的各个环节有机地结合起来，保证企业生产经营活动在安全健康的前提下正常开展，发挥安全技术对策、措施最大的作用。安全管理对策、措施的主要内容有：建立安全管理制度；安全管理的机构和人员编制；安全教育、培训与考核；安全投入和安全设施；安全生产过程控制和管理；安全监督与检查。

(3) 事故应急救援预案。事故应急救援预案是针对可能发生的事故，为迅速有序地开展应急行动而预先制定的方案，在安全评价报告中必须有其相关内容。事故应急救援预案的主要内容有：事故应急救援预案的构成；事故应急救援预案的编制；事故应急救援预案的演练。

三、安全评价报告的编制

安全评价报告是评价对象实现安全运行的技术性指导文件，作为第三方出具的技术性咨询文件，可作为政府安全生产监管部门、行业主管部门等相关单位对评价单位开展安全管理的重要依据。安全评价报告应全面、概括地反映安全评价过程的全部工作，文字叙述应简洁、准确，技术资料应清楚、可靠，安全评价结论应明确、清晰。

对于安全预评价、安全验收评价和安全现状评价，安全评价报告的编制内容可依据相应的技术导则。如化工企业应根据《安全预评价导则》（AQ/T 8002—2007）和《危险化学品建设项目安全评价细则（试行）》等编制安全评价报告，报告的主要内容包括概述、生产工艺简介、主要危险有害因素分析、评价方法的选择和评价单元划分、定性定量安全评价、安全对策、措施及建议、评价结论等。

第三节　安全评价报告实例

一、××公司聚乙烯醇缩丁醛树脂胶片项目安全预评价报告（节选）

（一）概述

1. 安全预评价目的

为贯彻"安全第一，预防为主，综合治理"的方针，提高××公司聚乙烯醇缩丁醛树脂胶片项目的本质安全程度，特对拟建项目进行安全预评价。本次安全预评价依据《安全预评价导则》（AQ/T 8002—2007）等，结合××公司提供的项目资料，分析和预测项目可能存在的危险有害因素，防止和减少企业在生产过程中的安全事故，控制危险有害因素，降低企业风险，为拟建项目提出合理可行的安全对策、措施及建议，满足安全生产的要求，同时为安全主管部门对拟建项目实施监督管理提供技术依据。

2. 安全预评价依据

本次评价依据主要包括国家法律法规、部门规章、国家及行业标准、本项目可行性研究报告等。

3. 安全预评价对象及范围

本次安全评价对象为××公司聚乙烯醇缩丁醛树脂胶片项目。

本次安全评价范围为××公司聚乙烯醇缩丁醛树脂胶片项目的装置设施、配套工程及辅助设施，主要工程内容包括 1 号厂房、仓库、办公楼。

4. 安全预评价程序（略）

（二）建设项目概况

××公司拟在××省××市××地××路××公司现有厂区内，投资××万元新建聚乙烯醇缩丁醛树脂胶片项目（下文简称为"拟建项目"）。

拟建项目建成后拟定员 200 人，其中生产人员 150 人，管理及其他人员 50 人，全年工作 300 天，生产车间实行四班三运转制，每班工作 8 小时，年工作时间 7200 小时。

拟建项目基本情况汇总见表 10-1。

表 10-1　建设项目基本情况表

项目	内容
项目名称	××公司聚乙烯醇缩丁醛树脂胶片项目
项目总投资	××万元
投资单位及出资比例	企业自筹
项目建设地点	××省××市××地××路××公司现有厂区内
项目类型	新建

项目	内容
建设规模及主要内容	项目的生产工艺装置以及配套公辅工程，主要工程内容为1号厂房、仓库、办公楼
主要原辅材料	PVB树脂（聚乙烯醇缩丁醛树脂）、增塑剂（三甘醇二异辛酸酯）、添加剂（主要为聚乙氧基化脂肪醇）
主要产品、中间产品	产品：聚乙烯醇缩丁醛（PVB）树脂胶片（×吨/年）
安全许可品种	不涉及安全生产许可品种、不涉及安全使用许可品种
项目可行性研究报告编制单位	1）编制单位/日期：××公司/××××年××月； 2）资质证书编号：A××××7571
项目核准或备案	取得了××市发展改革委项目备案表

拟建项目生产工艺采用多层共挤流延膜挤出技术，根据《产业结构调整指导目录（2019年本）》，拟建项目属于"鼓励类：十九、轻工8、动态塑化和塑料拉伸流变塑化的技术应用"，符合国家产业政策，也符合当地人民政府的规划和布局。

拟建项目生产不涉及化学反应，为物理过程，不涉及危险化工工艺，生产中不涉及危险化学品，不涉及安全生产、使用许可品种。本项目涉及的主要特种设备为压缩空气储罐和行车。根据主要原辅材料、产品性能及生产需要，各种物料采取不同的储存方式。项目布局简单明了，自北向南依次布置1号厂房、仓库、办公楼，配套和辅助工程有给排水、供配电、供冷、供热、空压、消防和洁净区等。

（三）危险、有害因素的辨识结果及依据说明

1. 原料、中间产品、最终产品或者储存的危险化学品理化性能指标、危险性和危险类别及数据来源

依据《危险化学品目录（2015版）》判别，拟建项目不涉及危险化学品，不涉及剧毒化学品。依据《易制爆危险化学品目录（2017年版）》，拟建项目不涉及易制爆化学品。依据《易制毒化学品管理条例》（根据2018年9月18日《国务院关于修改部分行政法规的决定》第三次修订），拟建项目不涉及易制毒化学品。

2. 原料、中间产品、最终产品或者储存的危险化学品包装、储存、运输的技术要求及信息来源

根据《建筑设计防火规范（2018年版）》（GB 50016—2014），仓库（丙类，占地面积3654.56m^2）需划分防火分区，且使每个防火分区的建筑面积小于1500m^2。

3. 主要危险、有害因素及其分布

本项目生产过程中存在的主要危险因素有：火灾、爆炸、灼烫、物体打击、机械伤害、车辆伤害、触电、高处坠落、噪声和粉尘危害。危险有害因素分布情况详见表10-2。

表10-2　主要危险有害因素及其分布一览表

危险有害因素	危险有害因素物质/设备	危险有害因素分布
火灾	可燃物料	1号厂房、仓库、办公楼
爆炸	压力容器	1号厂房
灼烫	高温物料、设备	高温设备管道
物体打击	维修工具、配件等	1号厂房

续表

危险有害因素	危险有害因素物质/设备	危险有害因素分布
机械伤害	各类电机等	1号厂房
车辆伤害	机动车辆	厂区内部道路
触电	电	用电设备
高处坠落	高层平台作业，登高作业	1号厂房
噪声危害	噪声	空压机、制冷机组等噪声设备
粉尘危害	聚乙烯醇缩丁醛树脂等粉状物料	1号厂房、仓库

拟建项目生产过程不涉及危险化学品，故不构成重大危险源。

（四）安全评价单元的划分和评价方法的确定

本次安全评价主要划分为外部安全条件、总平面布置、主要装置或设施、公用工程和安全管理5个评价单元。

本次评价综合考虑项目原辅材料及产品性质、工艺流程、总平面布置、装置特点和划分的评价单元等因素，选用安全检查表法、预先危险性分析法、作业条件危险性评价等安全评价方法进行定性、定量分析评价。

（五）定性、定量分析危险、有害程度的结果

1. 工艺设备危险性分析

拟建项目生产为物理过程，不涉及化学反应；工艺采用多层共挤流延膜挤出技术，不涉及危险化工工艺。拟建项目选择的主要技术、工艺和装置、设备、设施情况如下。

（1）输送设备、管道均拟采用良好、可靠的防腐措施；同时采取有效措施，防止物料泄漏引发安全事故。

（2）高温物料输送全过程密闭隔离，防止烫伤事故发生。

（3）所有法定检测检验设备拟均按国家相关要求定期检验。

（4）拟建项目选用设备不属于国家淘汰及限制类的设备。

（5）根据《产业结构调整指导目录（2019年本）》，拟建项目属于"鼓励类：十九、轻工8、动态塑化和塑料拉伸流变塑化的技术应用"，符合国家产业政策。

（6）严格按照生产工艺条件和国家有关要求，选购有设计、制造资质的单位生产的合格产品，以确保装置、设备的安全、可靠性。

综上所述，拟建项目拟选择的主要技术、工艺和装置、设备、设施安全可靠。

2. 安全检查表法分析

依据《工业企业总平面设计规范》（GB 50187—2012）、《化工企业总图运输设计规范》（GB 50489—2009）、《化工企业安全卫生设计规范》（HG 20571—2014）、《建筑设计防火规范（2018年版）》（GB 50016—2014）等规范和标准编制安全检查表，使用安全检查表法对外部安全条件和总平面布置分别进行符合性检查和评价。

根据安全检查表法的具体结果分析可知，本检查表共检查33项，全部合格，拟建项目外部安全条件和总平面布置符合相关法律法规和标准要求。

3. 预先危险性分析

针对拟建项目的主要生产装置或设施和公用工程单元，采用预先危险性分析法对其进行分析评价，具体分析结果见表10-3。

表 10-3 预先危险性分析结果

危险、有害因素	危险等级	可能导致的后果
火灾、爆炸	Ⅲ级（危险）	物料跑损、人员伤亡、停产、造成严重经济损失
灼烫	Ⅱ级（临界）	导致人员灼烫伤、财产受损
机械伤害	Ⅱ级（临界）	人体伤害
触电	Ⅲ级（危险）	人员伤亡、引发二次事故
噪声危害	Ⅱ级（临界）	听力损伤
高处坠落	Ⅲ级（危险）	人员伤亡
粉尘危害	Ⅱ级（临界）	粉尘危害

4. 作业条件危险性评价法

项目作业人员的作业状况采用作业条件危险性评价法进行分析评价，结果见表 10-4。

表 10-4 作业条件危险性评价汇总

评价单元	作业名称	L	E	C	D=L×E×C	危险等级
主要装置或设施	生产车间作业	3	3	3	27	比较危险
	检维修中起重吊装作业	3	2	7	42	比较危险
	管道、设备维修作业	3	2	7	42	比较危险
	建（构）筑物维修作业	3	1	3	9	稍有危险
	焊割作业	3	2	7	42	比较危险
	原料等车辆运输作业	3	3	3	27	比较危险
公用工程	管、架、桥、电缆线检查、保养作业	3	2	3	18	稍有危险
	电气设备、电缆安装、维修作业	3	2	3	18	稍有危险

通过作业条件危险性评价方法可知，拟建项目生产车间作业，检维修中起重吊装作业，管道、设备维修作业，焊割作业，原料等车辆运输作业等比较危险，在设计、施工、安全管理中应作为重点，做好安全措施的落实。

（六）安全对策、措施与建议（略）

（七）安全预评价结论

（1）拟建项目厂址地理位置较好，交通便利，符合××市工业布局和城市规划的要求。项目所在地区不属于自然灾害频发地区，项目选址合理。

（2）拟建项目内外部安全防火间距符合国家现行相关标准规范的要求，总平面布置合理可行。

（3）根据《产业结构调整指导目录（2019年本）》，拟建项目属于"鼓励类：十九、轻工8、动态塑化和塑料拉伸流变塑化的技术应用"，符合国家产业政策。

（4）拟建项目生产不涉及危险化学品，不构成重大危险源，不涉及重点监管的危险化工工艺。

拟建项目主要危险有害因素是火灾、容器爆炸和灼烫；主要技术、工艺成熟，安全可靠；配套和辅助工程较完善，在采取可行性研究报告及本报告所提出的措施建议后，危险因素在可控制范围内，能够满足安全生产的需要。

综上所述，××公司"聚乙烯醇缩丁醛树脂胶片项目"符合国家有关法律法规、标准规范的要求，具备安全生产条件。

（八）附件

（1）安全评价委托书；

（2）企业法人营业执照；

（3）备案文件；

（4）区域位置图；

（5）周边四邻图；

（6）总平面布置图。

二、××公司××TPD 液体空分项目安全现状评价报告（节选）

（一）概述

1. 建设项目概况

本次评价为××公司"××TPD 液体空分项目"安全生产许可证换证评价。××公司现有一套××TPD 液体空分项目装置，于 2014 年 11 月通过竣工验收，从事深冷法空气产品生产。项目建设初期已取得政府部门颁发的立项许可、土地使用、规划许可等批复，符合建厂时××市工业布局和规划要求。2018 年 9 月，公司换发了安全生产许可证（证书编号：××；安全生产许可范围：××t/a 液氧、××t/a 液氮、××t/a 液氩）。

××公司成立了安全领导小组、事故应急小组、隐患排查治理小组等。公司配备专职安全员 1 人，兼职安全员 1 人。2020 年 12 月，公司委托××公司进行现场职业病危害因素监测，结论为合格。

本项目产品包括液氧、液氮、液氩，所使用的生产工艺、技术和生产能力与上次取得安全生产许可证时采用的工艺、技术和生产能力相比没有变化。项目主要是采用深冷法生产工艺技术，对照《国家安全监管总局关于公布第二批重点监管危险化工工艺目录和调整首批重点监管危险化工工艺中部分典型工艺的通知》（安监总管三〔2013〕3 号），本项目不涉及危险化工工艺；依据《首批重点监管的危险化学品名录》（安监总管三〔2011〕95 号）和《国家安全监管总局关于公布第二批重点监管危险化学品名录的通知》（安监总管三〔2013〕12 号），不涉及属于重点监管的危险化学品。该项目的生产、储存装置、设施，产品品种与上次取得安全生产许可证时相对照，除了更换一台增压透平膨胀机外，其他没有变化；防雷、防静电系统完善，取得建筑工程防雷装置检测合格证。

本项目液氧储罐区构成危险化学品三级重大危险源。

2. 评价范围

主要评价范围：××公司"××TPD 液体空分项目"的生产装置及其配套公辅设施、安全管理等。

3. 评价依据

本次评价依据主要包括国家法律法规、部门规章、国家及行业标准，本项目安全评价委托书，公司生产工艺流程图、总平面布置图、安全生产管理制度、事故应急救援预案、特种设备检测资料、人员培训及取证资料，《××公司危险化学品生产上一次取证安全验收评价报告》等。

（二）评价方法及单元划分

评价单元具体划定为：内、外部安全防火间距，生产设备、设施、装置实际运行状况，安全设施运行情况及完好有效情况，安全管理等单元。

评价方法主要使用安全检查表法。

（三）危险、有害因素辨识

1. 危险化学品辨识

本项目涉及的化学品包括：主要原料为空气，产品为液氧、液氮和液氩，循环水净化处理剂为氨基磺酸、次氯酸钠溶液，仪表供气涉及压缩空气和压缩氮气。

根据《危险化学品目录（2015版）》，本项目中涉及的主要危险化学品为：液氧、液氮、液氩、压缩氮气、氨基磺酸、次氯酸钠。项目涉及的危险化学品理化性能指标及危险类别辨识结果可列表表示（略）。依据《危险化学品目录》《易制毒化学品管理条例》《各类监控化学品名录》《重点监管的危险化学品名录》辨识结果：本项目主要产品、原辅料不涉及剧毒化学品、不涉及易制毒化学品、不涉及重点监管的危险化学品和易制爆危险化学品。

2. 主要危险、有害因素辨识

本项目涉及危险化学品的生产、储存、使用、装卸、运输，各种机械设备、电气设备、变配电等设备使用等，因此火灾、爆炸、中毒以及机械伤害、物体打击、高处坠落、触电、车辆伤害等其他危害因素存在于生产、运输、储存等工艺过程和相关场所。火灾、爆炸、中毒、窒息、灼烫事故的危险、有害因素分布情况见表10-5，其他危害、有害因素分布情况从略。

表 10-5　可能造成火灾、爆炸、中毒、窒息、灼烫事故的危险有害因素分布情况

危险、有害因素	危险、有害因素物质/设备	危险、有害因素分布
火灾、爆炸	氧、压力容器（压力管道）、供配电	厂房、室外设备区、变配电及控制室、槽车待装区、液氧储罐以及厂区配电等
中毒、窒息	氮、氩、氧	厂房、室外设备区、槽车待装区、液氧储罐、液氩储罐、液氮储罐等
灼烫	蒸汽、高温设备、水处理剂腐蚀品	高温设备、蒸汽管道、水处理间等

本项目的压力容器、管道及低温泵、阀门、法兰、管线等相关附件均有发生化学品泄漏的可能性，对出现泄漏可能性及严重程度的预测从略。

3. 重大危险源辨识

对该公司生产场所、储存区等场所按《危险化学品重大危险源辨识》（GB 18218—2018）进行辨识和确定重大危险源等级。危险化学品重大危险源分为生产、储存单元。辨识过程见表 10-6。

表 10-6　危险化学品重大危险源辨识一览表

单元	危险化学品名称和说明	类别	临界量/t	最大存量/t	判别结果
储罐区	氧	危险性属于2.2类（非易燃无毒气体）且次要危险性为5类的气体	200	2280	2280/200=11.4>1
生产工艺装置区	氧		200	12.9	12.9/200=0.0645<1

该公司涉及的危险化学品液氧储罐区构成重大危险源，其等级为三级重大危险源。参照《危险化学品生产、储存装置个人可接受风险标准和社会可接受风险标准（试行）》，采用危险指数法确定该液氧储罐与外部安全防护距离为50m，××公司危险化学品重大危险源单元的外部安

全防护距离满足要求。

（四）安全生产条件

1. 内、外部安全防火间距（略）

2. 生产设备、设施、装置实际运行状况

（1）生产工艺系统（含公辅设施）。企业在上一次领取安全生产许可证以来，运转正常，没有发生安全生产事故。××评价机构受其委托进行本次换证安全评价，组织安全评价组对其现场及资料进行认真、全面检查，总体情况完好，具体检查情况如表10-7。

表 10-7　生产设备、设施、装置安全检查表（节选）

序号	检查内容	评价依据①	实际情况	结果
1	空气预冷系统应设空气冷却塔水位报警联锁系统及出口空气温度监测装置	A6.5.5	空气预冷系统设空气冷却塔及出口空气温度监测装置	符合
2	储罐、低温液体储槽宜布置在室外	A4.6.9	布置在室外	符合
3	设备裸露的回转部位，应设符合有关国家标准的防护罩，严禁跨越运转中的设备	A5.12	设备裸露的回转部位，设符合有关国家标准的防护罩	符合
4	氧气管道宜架空敷设。氧气管道可沿生产氧气或使用氧气的建筑物构件上敷设，且该建筑物应为一、二级耐火等级	A8.1.4	氧气管道不穿过建（构）筑物	符合
5	氧气管道材质宜选用铜管	A8.3	铜管	符合
6	氧气管道、阀门等与氧气接触的一切部件，安装前、检修后必须进行严格的除锈、脱脂	A8.6.3	进行了除锈、脱脂处理	符合
7	氧气管道上的法兰应按国家、行业有关的现行标准选用	A8.4.2	按规范选用	符合
8	氧气管道的阀门应选用专用氧气阀门，并应符合下列要求：工作压力大于 0.1MPa 的阀门，严禁采用闸阀	A8.5.1	氧气管道的阀门选用专用氧气阀门。工作压力大于 0.1MPa 的阀门，采用球阀	符合

① A：《深度冷冻法生产氧气及相关气体安全技术规程》（GB 16912—2008）。

（2）全部特种设备及其安全附件（略）。

（3）全部安全设施运行情况及完好有效情况（略）。

（4）对事故隐患进行模拟。对可能造成重大后果的事故隐患，建立相应的数学模型进行事故模拟，预测极端情况下事故的影响范围、最大损失，以及发生事故的可能性或概率，给出量化的安全状态参数值。

（5）安全管理。该公司建立、健全了安全生产责任制、安全生产管理制度、安全技术规程和作业安全规程；设置了专门的安全生产管理机构，配备了安全管理人员，能够满足安全管理需要。公司主要负责人、专职安全员等人均取得安全管理合格证，安全管理资质证书在有效期内。特种作业人员均持证作业，且证书在有效期以内。该公司作业场所的职业危害防护符合相关法律、规范要求，经专业公司对厂区进行职业病危害因素监测，检测项目结果为合格。该公司成立了应急救援组织机构，按规范配备了应急救援器材、设施设备，应急救援预案已在属地安全生产监督管理局备案。公司于××××年××月对其应急救援预案进行了修订，并组织了演练，取得了预期目的。

该企业建立了重大危险源监督管理工作机构，建立、健全了危险源安全管理规章制度，制定了危险源安全管理与监控实施方案。

(6) 企业执行和落实化工过程安全管理情况（略）。

(7) 化工企业重大生产安全事故隐患判定。按照《化工和危险化学品生产经营单位重大生产安全事故隐患判定标准（试行）》和《烟花爆竹生产经营单位重大生产安全事故隐患判定标准（试行）》，对企业是否存在"化工和危险化学品生产经营单位重大生产安全事故隐患"的情况，共检查 20 项内容，均不属于重大生产安全事故隐患。安全检查表略。

（五）对策、措施与建议（略）

（六）安全评价结论

××公司"××TPD 液体空分项目"（安全生产许可证许可范围：××t/a 液氧、××t/a 液氮、××t/a 液氩），符合相关法律、法规规定的申请安全生产许可证的条件，××公司在"××TPD 液体空分项目"生产过程中能严格执行安全设施"三同时"，安全生产许可证在有效期之内。

该企业安全生产管理规范、制度健全、运行良好，能够严格遵守有关安全生产的法律、法规、规章和执行国家标准或者行业标准的要求，自取得危险化学品安全生产许可证以来，企业日常安全管理有效，企业各项条件符合申请安全生产许可证延期的条件。

参考文献

[1] 赵彬侠，王晨，黄岳元，等. 化工环境保护与安全技术概论[M]. 3 版. 北京：高等教育出版社，2021.

[2] 王新. 环境工程学基础[M]. 北京：化学工业出版社，2019.

[3] 姚日生，边侠玲. 制药过程安全与环保[M]. 北京：化学工业出版社，2018.

[4] 汪大翚，徐新华，赵伟荣. 化工环境工程概论[M]. 3 版. 北京：化学工业出版社，2006.

[5] 李凤祥，李楠. 基于环境生物电化学的废物能源化技术[M]. 北京：化学工业出版社，2020.

[6] 潘涛，田刚. 废水处理工程技术手册[M]. 北京：化学工业出版社，2010.

[7] 沈耀良，王宝贞. 废水生物处理新技术-理论与应用[M]. 北京：中国环境出版集团，2018.

[8] 王纯，张殿印. 废气处理工程技术手册[M]. 北京：化学工业出版社，2012.

[9] 许文，张毅民. 化工安全工程概论[M]. 2 版. 北京：化学工业出版社，2011.

[10] 齐向阳，王树国. 化工安全技术[M]. 北京：化学工业出版社，2016.

[11] 郑津洋，桑芝富. 过程设备设计[M]. 4 版. 北京：化学工业出版社，2015.

[12] 王文和. 化工设备安全[M]. 北京：国防工业出版社，2014.

[13] 蔡仁良，顾伯勤，宋鹏云. 过程装备密封技术[M]. 北京：化学工业出版社，2005.

[14] 段林峰，张志宇. 化工腐蚀与防护[M]. 北京：化学工业出版社，2010.

[15] 温路新，李大成，刘敏，等. 化工安全与环保[M]. 2 版. 北京：科学出版社，2020.

[16] 田文德，赵军，程华农，等. 化工过程安全[M]. 北京：高等教育出版社，2020.

[17] 张晓宇，胡华南，王慧娟. 化工安全与环保[M]. 北京：北京理工大学出版社，2020.

[18] 王起全. 安全评价[M]. 北京：化学工业出版社，2015.

[19] 曹庆贵. 安全评价[M]. 北京：机械工业出版社，2017.